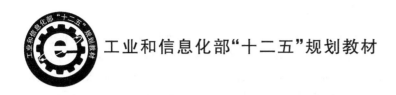

工业和信息化部"十二五"规划教材

人为因素与飞行安全

杜俊敏 编著

北京航空航天大学出版社

内 容 简 介

本书是工业和信息化部"十二五"规划教材,着重介绍与航空飞行安全相关的人为因素基本原理和基础知识。全书共分为10章,分别是:人为因素与飞行安全的总体介绍、飞行内外部环境和社会环境、人的差错、工作负荷量、情境意识、机组资源管理、视听觉和前庭觉、飞行空间定向和定向障碍、疲劳和应激、人为因素适航法规。这些内容侧重事关飞行安全的人为因素基础内容,反映了当前国际主流普遍关注的影响飞行安全的人为因素问题。

本书融基础性、系统性、全面性、开放性和新颖性为一体,既可作为高等院校航空相关专业课程学习的教材,也可作为民航局相关人员及航空企事业单位从业人员的参考读物,对于从事人为因素与飞行安全研究的人员亦具有较高参考价值。

图书在版编目(CIP)数据

人为因素与飞行安全 / 杜俊敏编著. -- 北京 : 北京航空航天大学出版社,2016.3
ISBN 978 - 7 - 5124 - 2049 - 6

Ⅰ. ①人… Ⅱ. ①杜… Ⅲ. ①飞行安全—人为因素—教材 Ⅳ. ①V328

中国版本图书馆 CIP 数据核字(2016)第 025271 号

人为因素与飞行安全
杜俊敏 编著

责任编辑 赵延永 胡绥霞

*

北京航空航天大学出版社出版发行

北京市海淀区学院路 37 号(邮编 100191) http://www.buaapress.com.cn
发行部电话:(010)82317024 传真:(010)82328026
读者信箱:goodtextbook@126.com 邮购电话:(010)82316936
北京建宏印刷有限公司印装 各地书店经销

*

开本:787×1 092 1/16 印张:12.25 字数:314 千字
2016 年 4 月第 1 版 2025 年 1 月第 8 次印刷 印数:7 501~8 000 册
ISBN 978 - 7 - 5124 - 2049 - 6 定价:35.00 元

前　言

　　飞行安全是民用航空的第一追求和永恒主题,确保飞行安全是民航的头等大事。飞行安全的三大要素是人、机器和环境。人是飞机运行中的能动主体,尤其是被称为飞行安全最后一道防线的飞行员,在飞行安全中起着举足轻重的作用。从 20 世纪 70 年代初,人为因素被认为是一个导致飞行事故反复出现的原因以来,它在飞行事故中占据突出地位,绝大多数飞行事故都与人为因素有关。对飞行中人为因素予以改善是提高民用航空安全水平的最有效途径,人为因素已成为国际航空界对飞行安全领域的重点关注内容之一。

　　人为因素是关于人的科学,研究的是工作和生活环境中的人,以及人和人、设备、程序、环境之间的关系,目标是实现系统的安全和高效运行。飞行安全中的人为因素是研究航空活动中人的一切表现的科学,包括航空飞行中人的能力和局限、单独工作或团体工作的行为和表现等。人是航空飞行系统的核心和关键,通过了解人的优势和局限,以及人和系统中其他要素的关系,寻找预防和克服系统中缺陷的措施,最终实现飞行安全和高效的目的。

　　飞行安全中的人为因素是涉及多学科领域的综合交叉学科,包括航空心理学、航空医学、航空生理学、航空工效学、社会文化学等多学科领域知识。本书以航空器飞行中的人为因素理论为基础,讲解影响飞行安全的人为因素基本原理和基础知识。第 1 章是人为因素与飞行安全的总体介绍,包括人为因素与飞行安全的概念,二者的发展与现状,人为因素在飞行安全中的地位和作用,以及本学科的研究对象和范围。第 2 章介绍飞行中的大气环境以及缺氧、低压对乘员的影响,大型飞机内部环境对乘员,尤其是对机组人员的影响,以及社会环境对机组人员行为活动的影响。这涉及航空医学、航空生理学、航空工效学以及社会文化学等知识。第 3 章、第 4 章、第 5 章和第 6 章主要涉及的是航空心理学的知识,对象是机组人员,主要内容包括信息加工理论和人的差错模型、机组工作负荷量的评估和适航要求、机组的情境意识、机组资源管理的发展和相关概念等。第 7 章和第 8 章介绍了人的视觉、听觉和前庭觉等感觉器官的结构、功能和局限,以及因飞行环境不同于地面环境而带来的飞行空间定向问题。第 9 章主要涉及航空生理学和心理学,介绍了因昼夜生物节律紊乱等原因造成的飞行疲劳,以及飞行员的常见情绪——应激。第 10 章介绍了航空器适航性的概念和适航体系,以及与人为因素相关的适航条款等。

　　本书内容根据北京航空航天大学 2014 年《人为因素与飞行安全教学大纲》和《人为因素与飞行安全教材编写大纲》编写,并参考了国内外相关资料文献。本书侧重事关飞行安全的人为因素的基础内容介绍,尽力反映当前国际主流普遍关注的影响飞行安全的人为因素问题。感谢国家留学基金委的资助,使我有幸作为访问学者在多伦多大学访问,对人为因素学科有了更宽视野的认识。感谢多伦多大学人因与统计实验室主任 Birsen Donmez 教授,令我在人为因素研究方面受益良多,为本书部分章节内容编排提供了启发建议。感谢参考文献相关作者的贡献。感谢北京航空航天大学交通科学与工程学院对本书成稿的理解和鼓励。

人为因素与飞行安全是近年来国内外航空领域普遍关注的热门话题,希望本书能对国内这一领域的研究起到抛砖引玉的作用。由于人为因素与飞行安全涉及的学科知识广泛,作者学识水平有限,书中难免有疏漏或错误之处,敬请读者批评指正,以便将来做出修订。作者联系方式:dujm@buaa.edu.cn

杜俊敏

2016 年 1 月

北京航空航天大学

目　录

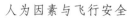

第1章 概 述

从飞机诞生之日开始,飞行事故就伴随着航空飞行的始末。在民用航空领域,飞行安全是头等大事和永恒主题。民航统计数据显示,绝大多数飞行事故都与人为因素有关,对飞行中人为因素予以改善是提高民用航空安全水平的最有效途径,人为因素已成为国际航空界对飞行安全领域的重点关注内容之一。

1.1 飞行安全的发展与现状

人们自古怀有对飞行的渴望。两千多年前的春秋战国时期,学者莫翟和巧匠鲁班曾制作过能飞的木鸢;16世纪初,著名画家达芬奇根据鸟的飞行原理设计了人力带动两翼的扑翼飞行器草图。

有动力航空飞行是20世纪最伟大的科技成就之一。1903年12月17日,莱特兄弟完成了人类首次有动力、持续、可操纵的飞行,开启了人类航空活动的新篇章。

航空飞行很快成为一种新的运输方式,美、英、法、日、意、澳等一些国家开始进行邮件、货物和旅客运输。军用飞机在第一、二次世界大战期间因强劲的作战需求而获得迅速发展。但是,早期参加航空活动的国家因为飞行事故付出了惨重代价。

第二次世界大战之后民用航空快速发展,航空运量和安全水平均稳步提高。如今航空运量在逐年上升,仅2013年全球国际和国内商业航空客运量约31亿人次,比2012年多出2亿人次。从统计数据来看,事故的数量在逐年减少,航空安全表现出令人乐观的趋势。2013年全球商业运输的事故率为每百万次离港2.8次事故,比2012的每百万次离港3.2次降低了13%。2013的的商业航空运输死亡人数是173人,这是自2000年以来的最低人数。图1-1所示是近五年全球商业航空运输事故数量和死亡人数,图1-2所示是近五年全球商业航空运输事故率。

图1-1 近五年全球商业航空运输事故数量和死亡人数[1]

与其他运输方式相比,当今航空运输已相当安全,业界也从未停止对安全的努力。但

图 1-2 近五年全球商业航空运输事故率(每百万次离港的事故) [1]

是,维持目前现有的安全记录是不够的,至少会有三个原因让人觉得航空安全记录不是足够好。

首先,空难非常容易吸引大众和媒体关注。一次惨痛空难可能造成大量的无辜人员死亡,无论发生在世界的任何地方,都会立刻成为重大新闻,引起公众高度关注。再加上事故调查是一个持续时间相当长的过程,不时发出的事故调查进展也令媒体和公众再次关注。

其次,保持离港事故率是不能让人满意的。全球航空运输量一直在持续增长,如果仅仅保持目前的事故率稳定,那么随着离港架次和旅客数量的持续增长,事故次数和死亡人数必然持续增加,这是公众不愿看到的。

第三,人的生命是最宝贵的,夺走无辜他人的生命是最大的过错。因此,我们不能满足于现状,要继续努力提高飞行安全水平。

图 1-3 所示是波音公司统计的全球商用飞机在飞行各阶段的机体损毁事故比例,可以看到,绝大多数事故发生在接近地面的起降阶段,尤其是仅占飞行时间 2% 和 4% 的起飞、初始爬升和最终进近、着陆阶段,是事故的高发阶段。其他诸如不同国家和地区的安全水平不均衡等问题,也同样要引起我们在理解安全与事故时的注意。如图 1-4 所示,从西方制造的喷气飞机发生机体损毁的事故率,可以看到如今全球各个地区在安全水平上的差异。

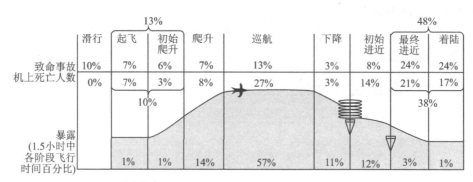

注:由于数值的舍入误差,百分比之和可能不是100%。

图 1-3 商用飞机在飞行各阶段的致命事故和机上死亡人数比例 [2]

全球平均
0.41
0.23
IATA成员
0.30
0.12

北美
0.32
0.11

拉丁美洲和
加勒比海
0.44
0.41

欧洲
0.15
0.15

独联体
2.09
0.83

中东和
北非
0.68
0.63

北亚
0.00
0.00

非洲
2.03
0.00

亚太
0.70
0.44

上排是2013年数据
下排是2014年数据

图 1-4 西方造喷气飞机每百万次飞行的机体损毁事故率[3]

1.2 飞行安全的含义

飞行安全是民用航空的第一追求和永恒主题,确保飞行安全是民航的头等大事。在航空领域,国际民航组织(ICAO)将安全定义为一种状态,即通过持续的危险识别和安全风险管理过程,将对人员伤害或财产损失的可能性降低并保持在可接受的水平或以下的状态。

飞行安全的三大要素是人、机器和环境。人是飞机运行中的能动主体,包括飞行员、空中交通管制员、维修人员和其他与飞行相关的人员。在飞机运行中,依赖训练有素的人员避免事故或灾难性错误的出现是非常重要的,同时,还要通过有组织的安排,保证这些人员保持足够水平的职业技能和身心健康。机器是航空器,包括所有与飞行运行相关的硬件和软件。环境不仅包括所有可能对飞行产生影响的气象条件、地形、机场、交通状况等外部因素,还包括会影响航空器本身和机上乘员的内部环境因素。广义环境还包括对飞行运行相关个体行为活动产生深刻影响的社会环境。

人、机器和环境这三大安全要素可以看做是飞行安全链条的三个环节,它们的一个重要特点是以串联的方式而非并行方式对飞行安全产生影响,单个环节失效足以引发事故。最好的飞行员也无法补救航空器一系列失效带来的后果,一个飞行员的失误亦可能将最好的航空器置入危险状态,飞行事故中不胜枚举的例子说明了这点。尽管飞行事故往往是多种因素综合而促成的,但事故的起因总是源于这三个环节中某一环节的失效。

尽管消除事故是飞行安全的终极目标,但应认识到,航空系统无法绝对避免危险和相关风险。人类活动和由人类建造的系统无法保证绝对没有操作差错。另外,如果我们的目标是实现完美的、理论水平的安全,那么为了保证绝对安全,需要使用非常昂贵的材料和极其复杂的工艺,这在成本上将是非常不经济而且难以实现的。因此,安全是航空系统的一个动态特性。还要注意到,安全性能的可接受性往往受到国内与国际惯例和文化的影响。只要安全风险保持在一个适当的控制水平下,那么像航空这样开放和动态的系统仍然可以在效益和安全之间保持适当平衡。一家航空公司的安全形象也是很重要的,而这个安全形象的保持与公众感知安全风险的概念相关。因此,飞行安全总是危险、风险和成本的妥协。

飞行安全常用衡量指标有百万次离港事故率、百万飞行小时事故率、万架次事故率、亿客公里死亡率等,从这些指标可以看出飞行事故与飞行安全的紧密联系。飞行事故是对安全的终极检验,它从不同角度暴露出了飞机设计、结构、机组、气象、环境、维修保障等各方面存在的薄弱环节。要注意,用于衡量飞行安全的单个指标,常常将事故率片面理解。例如,百万次离港事故率忽略了单次离港飞行里程数或单次飞行小时数的影响,而百万飞行小时事故率则忽略了起降次数的影响。

本书所涉及的飞行安全,指的是航空器的飞行安全,即航空器在运行过程中,不出现因运行失当或外来原因而造成航空器上人员伤亡或航空器损坏的事件。航空器运行过程界定为:任何人登上航空器准备起飞直至全部人员离机为止的时间内,所发生的与该航空器运行有关的飞行活动或事件。这一定义源自 ICAO 制定的国际标准和建议措施(standards and recommended practices,SARPs)——《国际民用航空公约-附件 13. 航空器事故和事故症候调查》第 1 章,具体如下①:

事　故:在任何人登上航空器准备飞行直至所有人员下了航空器为止的时间内,所发生的与该航空器的运行有关的事件,在此事件中:

a)由于下述情况,人员遭受致命伤或重伤:

– 在航空器内,或

– 在航空器的任何部分包括与已脱离航空器的部分直接接触,或

– 直接暴露于喷气尾喷

但由于自然原因、由自己或他人造成的受伤,或由于藏在通常供旅客和机组使用区域外的偷乘飞机者造成的受伤除外;或

b)航空器受到损害或结构故障,它:

– 对航空器的结构强度、性能或飞行特性造成不利的影响,和

– 通常需要大修或更换有关受损部件

但当损坏仅限于发动机整流罩或附件的损坏而造成的发动机故障或损坏除外;或当损坏仅限于螺旋桨、翼尖、天线、轮胎、制动器、整流片、航空器蒙皮的小凹坑或穿孔除外;或

c)航空器失踪或处于完全无法接近的地方。

事故症候:不是事故,而是与航空器的操作使用有关、会影响运行安全的事件。

不安全行为:违反纪律、操作程序和方法等具有危险性的做法。这是人的行为和管理方面的问题,例如违规操作、不执行安全要求、使用不安全设备等。

1.3　飞行事故的主要原因

飞行事故的主要原因可以分为三大类,即技术因素、人为因素和组织因素。这三个因素在飞行安全发展的历史进程中依次浮现,如今仍在事故致因中扮演主要角色。

技术因素——从 1900 年代初至 1960 年代末。航空器成为一种大众化的运输工具,但受当时技术水平所限,安全缺陷和技术故障是事故的主要致因,因此安全努力的重点放在技术因素的调查和改进。到 1950 年代,技术进步使得事故频率逐渐下降,安全流程被扩展到法规遵从和监督的层面。此后,随着航空技术水平不断提升,因为技术因素造成的飞行事故比例逐年下降。

人为因素——从 1970 年代初到 1990 年代中期。1970 年代初,由于重大科技和安全规章的进步,飞行事故频率显著降低,航空成为更安全的运输方式,安全努力的重点扩大到包括人机界面在内的人为因素的研究。在飞行事故中,人的表现被认为是一个导致事故反复出现的原因。但早期人为因素科学的研究倾向于关注个人,而没有充分考虑操作组织环境。直到 1990 年代,才认识到在复杂环境中,个人操作行为受到多种因素影响。

组织因素——从 1990 年代中期至今。安全开始被从系统性的角度来看待,除了人为因素和技术因素,安全还包括组织因素。因而出现了组织事故的概念,这考虑了组织文化和政策对安全风险控制有效性的影响。另外,传统的安全方法局限于收集和分析来自调查事故和严重事故症候的数据,如今,新的、积极的安全分析方法被补充进来。这种新方法基于主动和被动的常规数据收集和分析,以及监测已知安全风险和检测新安全问题。这些使得飞行安全走向了更加理性的安全管理方向。

1.4　人为因素的起源和航空人为因素发展

1. 人为因素的起源

有人认为,史前首次使用工具的人类是人为因素学说的奠基者。五千多年前,人类按照人手大小和形状制作斧头手柄,可以看作人为因素的早期萌芽。1898 年 Taylor 在伯利恒钢铁公司开展了重组生铁装载任务的研究。还有一些里程碑研究,包括 1910 年代 Gilbreth 的研究,以及 1920 年代 Munsterbers 在西方电气公司霍桑厂做的研究等。

人们已深入理解了人在产品设计、制造和服务中的作用。人的这种作用,在各种文献中至少有 70 余种定义,包括人为因素、人类工效学、人机工程学、人因工程学、应用工效学、人机环境系统工程学等。虽然用词不同,但是它们的基本含义相同,是可以互换使用的。

2. 航空人为因素在一战及之后民航领域中的发展

一战期间,英国人认为了解人为因素非常必要,他们对飞行员死亡原因作了统计,表明 2% 死于敌军,8% 死于飞机故障,90% 死于自身个体缺陷。英国、法国、意大利、美国等国家先后对飞行员选拔程序进行了研究,得出了一致结论,即人员伤亡的主要原因是人的差错,而非战斗原因或结构故障。当时的心理学家认为用更优的选拔程序可以改善状况,他们取得了一定成功。

在民航业发展初期,一些生理问题被最早意识到,这些问题促使航空医学医生涉足人为因素领域。由于航空环境与地面生活环境有很大不同,航空医学医生们从医学专业角度出发,选择了关注海拔高度、速度、加速度、温度、振动、噪声、疲劳等问题。航空医学医生对飞行员进行简单体检,即可大大降低初始培训阶段飞行员的淘汰率。1920 年代中期,美国的航空条例就开始要求飞行员进行定期体检。

可以看到,航空医学医生和心理学者为新兴的民航运输业做出了积极贡献,尤其是在飞行员选拔和培训方面。

3. 航空人为因素在二战时期的发展

二战极大推动了航空领域中人为因素的发展。制空权是二战期间的必争焦点。飞行员不仅要在高空复杂气象条件下控制飞机,还要执行搜索、识别、攻击敌机,以及躲避和摆脱敌机威胁的作战任务。相较于一战时期的飞机,二战时期的飞机在性能方面有了更大提升,可以飞得更高更快,机动性也更佳。同时,驾驶舱内的显示仪表和控制器数量也急剧增加,从一战时期的不足 10 个增加到二战时期的 20 个甚至更多。作战过程中,飞行员既要警视窗外敌情,又要巡视各种仪表,并且要快速做出判断以完成飞行与作战操作,这使得那些经过严格选拔和培训的优秀飞行员也难免出现差错,意外事故和伤亡频繁发生。

耗费巨资研制的"先进"飞机却未必获胜,这让军事首领们不得不寻找原因。美国对事故进行调查,发现飞机事故 90% 是由人的原因造成的。查到的一些原因包括战斗机驾驶舱仪表的位置设计不当、飞行员误读仪表和误操作控制器。例如两种功能相反的控制器,形状和标示相似,位置又太接近,这致使飞行员在紧急情况时不能迅速做出正确的判断。还有控制器操作步骤复杂、不灵活,以及形状和尺寸不符合人体生理形态和尺寸,导致战斗中的命中率低下。这些问题使得人们意识到,一味追求飞机技术性能,而不能与飞行员生理机能匹配,那么必然不能发挥飞机的预期设计效能,而且人的机能有限,并不是可以通过训练而一再突破的。

针对这些问题,一些国家聘请生理医学专家和心理学家参与飞机设计。驾驶舱仪表数量不变,改进它们的尺寸、刻度、标记、色彩、布局等,使之符合人的视觉特性,结果使认读速度和准确性获得了提高;控制器数量不变,改进它们的尺寸、形状、操作方式、操作力、布局等,使之符合人的生理和运动特性,结果使操作速度和准确性获得了提高。这些方法没有增加太多经费投入,却取得了事半功倍的显著效果。

正反两个方面的经验和教训,使人们认识到,只有当机器符合人的特性和限度,才能发挥出高效能,机器的设计要符合人的因素。

4. 航空人为因素在二战后的发展

二战结束以后,航空领域的人为因素研究集中在驾驶舱仪表布局以及其他一些问题上。例如:飞行仪表使用"T"字型布局准则,该准则要求驾驶舱的空速指示、高度指示、姿态指示等主要仪表排列布局成字母"T"的样式;自动驾驶仪功能日趋强大,飞行员更易于操作;发展用于导航和通讯的高频电台;加强模拟驾驶在飞行训练中的应用;玻璃驾驶舱的出现等。

增压座舱和喷气式发动机的使用标志着航空技术的重大工程进展,要求飞行员对它们的工作原理有很好的理解。航空业不断发展,伴随出现的生理问题也得到了较好的认识和控制,这些生理问题包括增压座舱对空气质量、温湿度、氧气等的需求,跨时区飞行以及长短程飞行排班不合理导致的机组人员疲劳问题,地基激光对机组人员和乘客的影响等。

5. 航空人为因素在近代的发展

航空人为因素在近代研究中越来越重视人的行为和表现,飞行员认知、决策、团队合作逐渐受到重视,驾驶舱布局、显控装置的适用性等在设计中受到重点考虑。包括社会文化对操控影响的生理学和心理学领域问题也考虑得更多。

人为因素在航空领域越来越受重视,一个主要原因是事故统计显示,大多数飞行事故是人为因素造成,或者至少与人为因素有关。为了解决航空领域人为因素造成大量飞行事故这个紧迫问题,1975 年国际航空运输协会将人为因素列为二十世纪技术会议主题。

6. 现代航空人为因素发展

航空人为因素在现代化技术的推动下出现了新的变化和挑战,包括商业客机从三人机组变成了两人机组,飞机和飞行环境更加复杂,操作和程序文件更多。相较以往的机械式工具,电子工具受到越来越广泛的使用而且效果更佳,但是电子工具也带来了一系列问题,例如:地图、近地告警、空中防撞等系统的显示和操作问题,自由飞行概念和全球定位导航系统带来的问题等。

飞行员选拔、培训和复核工作越来越受重视,甚至包括飞行教员、航空公司工作人员、规章执行人员和相关机构人员的选拔和培训也受到了越来越多的关注。这主要是因为人们开始意识到了社会环境对飞行安全的影响,承认社会环境在人为因素问题上起着不可小觑的作用,这也是人为因素研究方向的一个新变化。

航空运输的主要工作是飞行安全,人为因素在飞行事故中占据突出地位,绝大部分空难都与人为因素有关,人为因素将会继续扮演在飞行安全中的突出角色。

1.5　飞行安全中人为因素的概念

关于飞行安全中人为因素的概念,这里引用 ICAO 通告 227 中人为因素的定义,具体如下:人为因素是关于人的科学,研究的是工作和生活环境中的人,以及人和人、设备、程序、环境之间的关系,目标是实现安全和高效。

可以从三个方面进行理解:

① 人是核心和关键。飞行安全中的人为因素是研究航空活动中人的一切表现的科学,包括人的能力和局限、单独工作或团体工作的行为和表现等。

② 要解决人、机、环境系统中的界面问题,包括人与人、人与硬件、人与软件、人与环境等之间的关系。

③ 最终目标是实现飞行安全和效益。通过了解人的优势和局限,以及人和系统中其他要素的关系,寻找预防和克服系统中缺陷的措施,最终实现飞行安全和高效的目的。

飞行安全中的人为因素是涉及多学科领域的综合交叉学科,各个学科有各自的研究侧重点,共同构成了飞行安全中人为因素的研究工具。这些学科以及它们各自的关注点如下。

● 航空心理学。关注点:飞行员的心理、情绪、动机、压力、个体交流、团体协作、自动化交互、机组判断和决策等。

● 航空生理学和航空医学。关注点:航空环境对人的身心影响、药物和酒精对飞行员的作用、饮食和营养、飞行错觉、飞行疲劳等。

● 人体测量学。关注点:人体尺寸等结构和生理参数测量、人体肌力等生物力学数据测量、不同群体的人体数据差异、人体生物力学特性和运动特性等。

● 航空工效学。关注点:座舱空间结构和布局设计、人机功能分配、显示器和控制器设计、防错和容错设计等。

● 社会文化学。关注点:团队组成、团队协作、应急行为等。

● 飞行事故调查学。关注点:对飞行事故和事故症候的调查和结果分析技术。

● 统计学。关注点：分析实验数据、统计调查结果、趋势预测等。

思考题

1. 简述飞行安全的三大要素的含义，以及它们对飞行安全的影响。

2. 飞行事故的主要原因有哪几类？

3. 航空人为因素在其各个发展阶段的侧重点是怎样的？

4. 现代民用飞机的实践活动所表现的安全水平，在世界各个区域存在差异（参见图1-4）。试说明为什么会存在这样的差异？

5. 结合目前国际民航领域的安全现状，谈谈你对飞行安全的理解。

第 2 章　飞行外部环境、内部环境和社会环境

地面高度上适合人类生存所需的那些条件,在高海拔航空飞行中不再具备,如大气压力和温度,这是飞行外部环境的主要组成部分。航空器内部环境随着技术发展而不断进步,民航飞机由最初的开放式座舱、质量 1200 磅①、发动机功率 300～400 马力②、不搭载旅客或仅容纳两名旅客的小飞机,发展到今天的巨型载人运输机,容纳超过 500 名旅客,起飞重量、推力、续航时间都比过去增长了很多倍,内部环境有了巨大改变。社会环境对机组人员的行为活动有着深刻影响,为了理解航空飞行中的"人",不仅需要了解与飞行运行相关的个体,而且需要了解会对他们行为产生影响的社会环境。

2.1　大　气

根据大气温度、成分、电离程度等特点,地球大气层从地面开始依次划分为对流层、平流层、中间层、电离层和外大气层。

对流层是大气层的第一层,紧靠地球表面,其高度在极点是从海平面到 8 km 的高度,在中纬度是从海平面到 11 km 的高度,在赤道是从海平面到 16 km 的高度。对流层的空气温度随着海拔高度升高而降低。平流层的空气温度不随高度变化,但压强随高度增加而下降。

大气是有质量的,大气压力是顶部大气被压到底部,由空气质量而产生的压力。由于空气密度随海拔增加而下降,因而大气压力也是随海拔增加而下降的。由于接近地面的大气底部空气稠密密度高,因此增加同样的高度,在低海拔时带来的压力变化要比高海拔时的压力变化大。

标准大气条件下海平面的气温为 15.0 ℃,气压 101.33 kPa;海平面至海拔 11 km 的气温变化率为 −6.5 ℃/km;在 11 km 的界面上,气温为 −56.5 ℃,气压 22.63 kPa;海拔 11～20 km 的气温保持不变;海拔 20～32 km 的气温变化率为 −1.0 ℃/km。大气压力和海拔高度的关系如图 2-1 所示。

大气是由 21%氧气、78%氮气和 1%其他气体组成的混合气体。其他气体包括氩气、二氧化碳、水蒸气和一些稀有气体。可以近似认为空气由 21%氧气和 79%氮气组成。无论海拔高度是多少,大气成分的比例是保持恒定的。

航空飞行发生在对流层以及平流层的一部分,这些层的温度和气压变化,是飞行员所关心的。在较高海拔上臭氧集中、紫外线和电离辐射增加,也是飞行员要面临的问题。平流层之上的中间层、电离层和外大气层仅仅为太空活动所关注。

---

① 1 磅(lb) = 0.453 6 kg
② 1 马力 = 0.735 5 kW

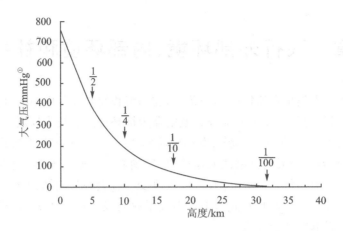

图 2-1　大气压力和海拔高度的关系

2.2　缺　氧

2.2.1　人体内的氧气平衡

氧气之所以受到特别关注,是因为我们人体中的每个生命细胞都离不开氧气,人对氧气的需求是维持生命的基本需要。

人体中的氧气通过两个途径产生:一是身体组织里的食物通过化学反应氧化产生;二是通过呼吸过程产生,呼吸系统把氧气传输到每一个细胞,同时以二氧化碳的形式将废弃物排出。由于血液存储氧气能力十分有限,因此对氧气的补给需求是经常性的。

保持人体内氧气平衡是一个复杂过程。基本过程是这样的:首先空气由口鼻吸入,经由支气管到达肺部气泡;由于肺泡与血液氧分压存在压差,氧气顺浓度差由肺泡通过毛细血管组织渗透进入血液;溶入血液的氧气分子与血红蛋白结合,由血液循环输送到达各个组织;此时血液氧分压高,组织氧浓度低,因此血液中的氧解离出来进入组织细胞;最后氧气与细胞里的能量物质产生化合反应,并引起能量释放;能量物质燃烧产生的废物即二氧化碳由于浓度差反向渗透进入血液,与血红蛋白结合,并经由血液循环到达肺泡,最后解离后经支气管、口鼻呼出体外。这个过程的示

图 2-2　呼吸示意图[4]

_____

① 1mmHg=133.322 4 Pa

意图见图 2-2。

血液是把氧气由肺部运输到身体各组织的主要介质,即血液通过运输携带了氧气的血红蛋白,把氧气送到各个组织。不提倡吸烟的一个原因是尼古丁有削弱血红蛋白的携带氧气能力,因为吸烟产生一定量二氧化碳,它们和血红蛋白的结合力比氧气强,而血红蛋白只能携带一种气体,于是二氧化碳就顶替氧气被运输到身体组织,这加大了组织缺氧的可能,组织缺氧则会导致组织功能的削弱。当组织缺氧严重时,就是整个身体的缺氧,这就是缺氧症,这种状况下人的大脑或者某器官可能遭到永久性的破坏。

迫使氧气渗透进入血液的压力称作氧气分压,根据波义耳定律,大气压随海拔高度增加而降低,因此氧气分压随海拔高度增加而降低。另外,查尔斯定律阐述了体积和压力的关系,解决了血液中氧气数量的问题;道尔顿定律解决了混合气体全压力与各组成气体分压力之间的关系。

2.2.2 缺氧的类型

缺氧是指体内氧气不能满足器官组织的需要。高空缺氧症(altitude hypoxia)是指器官组织得不到正常氧气供应,或不能充分利用氧进行代谢活动,所引起的一系列生理和病理反应。按照缺氧发生的原因,可分为四种类型,即缺氧性(气压性)缺氧、贫血性(血源性)缺氧、局部缺氧性(血管性)缺氧、组织毒性(组织性)缺氧。按照缺氧暴发的速度,可分为暴发性缺氧、急性缺氧、亚急性缺氧、慢性缺氧。在航空飞行中可能遇到的缺氧有以下几类:

- 高空急性缺氧。这是航空飞行中最为常见的缺氧类型,下文将重点介绍。
- 暴发性缺氧。海拔高度 12 km 以上,飞机机体发生爆炸减压时出现。
- 局部缺血性缺氧。高 G 值头-盆向超重时,头部血液减少,眼和脑组织因严重缺血而引起缺氧,产生灰视甚至意识丧失等反应。

这里重点介绍航空飞行中最为常见的高空急性缺氧,这是由高海拔的低气压所致。随着飞行爬升高度增加,周围环境的大气压力下降,但是大气中的氧气浓度并不随海拔升高而变化,而是始终保持在 21% 左右。由于大气压力降低,高海拔大气稀薄,空气密度低,从而可利用的氧气减少,这样每次吸入和渗透进入血液的氧气量也少了。当组织细胞不能得到代谢活动所需要的氧气时,便产生了缺氧并出现一系列生理和病理反应,人体缺氧效应随海拔高度的增加而严重。

在不同海拔高度上,人体急性缺氧的程度不同,按照缺氧症状的严重程度,可以划分为轻度缺氧、中度缺氧、重度缺氧、严重缺氧。人体急性缺氧程度与海拔高度的对应关系参见表 2-1。由于影响缺氧的因素很多,人体反应又很复杂多样,因此该表的划分与命名是相对的。

表 2-1　人体急性缺氧程度与海拔高度的关系[5]

缺氧程度	海拔高度/km		症　状
	呼吸空气	呼吸氧气	
轻　度	0～3	10～12	无症状或症状较轻
中　度	3～5	12～13	代偿
重　度	5～7	13～15	障碍
严　重	7 以上	15 以上	危险

2.2.3 高空急性缺氧的特点

高空急性缺氧具有广泛性、敏感性、反应有分类、量级范围宽、危害大等特点。

- 广泛性。缺氧几乎对身体各个系统、器官、组织细胞都有不同程度的影响。
- 敏感性。身体各系统和器官对缺氧的敏感性是不同的。功能层次越高,对缺氧的敏感性也越高。眼、脑、心脏是最敏感的,肌腱是最不敏感的。
- 反应有分类。从总体上看,缺氧反应可分为代偿反应和不良反应两类。代偿反应的作用在于增加摄氧量,并调动机体贮备能力,从而提高缺氧耐力,呼吸、循环和内分泌功能的增强均属此类;症状和体征属于不良反应。随着缺氧程度越来越严重,代偿功能将由增强转为障碍,变为不良反应。
- 量级范围宽。人体产生缺氧效应的海拔高度从 1.5 km 开始,此时人眼暗适应能力减弱,到海拔高度 12 km 以上出现的暴发性缺氧,缺氧反应程度从轻度到极严重,人体缺氧的耐受时间也相应从数小时缩减到 10 余秒。
- 危害大。一些缺氧反应在减压数秒钟后就会出现,严重的情况下在身处低压环境数秒至数分钟内丧失意识。更危险的情况可能在毫无察觉时悄悄降临,甚至飞行员在发生缺氧时还自我感觉良好,待发现时为时已晚,很快使人丧失意识,对生命的危害很大。

2.2.4 高空急性缺氧的症状

人在高空急性缺氧条件下可产生各种缺氧症状,缺氧对人的呼吸和循环功能、运动协调功能、视觉功能、脑中枢功能等均会产生影响,表现出的症状轻则困倦、疲劳,影响工作效率,重则恶心、胸闷,甚至意识模糊、丧失,严重威胁安全。因此,缺氧症状的评估和研究受到航空生理学领域的普遍重视,这对采取有效的防护措施,保证飞行安全和效率,以及确保机上乘员的人身安全都有重要的作用和意义。人在 3~7 km 海拔高度上的缺氧症状如表 2-2 所示。

表 2-2 3~7 km 海拔高度上的缺氧症状

感觉症状	头晕、头痛、头胀、头难受、复视、视觉模糊、眼睛发黑、热感、冷感、出汗、四肢麻木、心烦、躁动不安
呼吸症状	憋气、胸闷、呼吸困难
胃肠症状	胃难受、腹胀、肚子痛
植物神经紊乱症状	恶心、欲吐、面色苍白、冷汗
大脑抑制症状	呵欠、困倦、闭眼、打盹、嗜睡、疲劳、无力、严重无力、头下垂、不爱说话、意识模糊、意识丧失

1. 感觉症状

头晕、头痛、头胀等是缺氧引起的头部不适感觉。复视、视觉模糊、眼睛发黑是缺氧引起的视觉症状。其他如热感、冷感、麻木感也属于感觉症状。心烦和躁动不安是缺氧引起的综合感受。

2. 呼吸症状

憋气、胸闷和呼吸困难是缺氧时常见的呼吸系统反应和症状。

3. 胃肠症状

胃难受、腹胀和肚子痛是胃肠不适的症状表现。胃肠症状除了来源于缺氧之外,还有可能与低气压有关。

4. 植物神经紊乱症状

恶心、欲吐、面色苍白和冷汗等症状多伴随缺氧引发的人体循环障碍同时出现,属于植物神经功能的紊乱症状。

5. 大脑抑制症状

闭眼、打盹、嗜睡是困倦表现,反映了大脑的轻度抑制。头下垂、不爱说话是无力或者严重无力的表现,反映了大脑进一步的抑制,此时听觉尚存,意识清楚,但无力反应。严重无力进一步发展是意识模糊,表现为听而不解,即能听到他人的说话声音(说明初级听觉中枢还未受到侵害),但是不理解说话的意思,也不能进行有意识的动作,闭目(无力睁眼)、无表情静坐,这说明运动中枢陷入了严重抑制状态,意识中枢也受到了抑制。进一步发展出现意识丧失,基本特征是无反应,即对他人问话和推动一无所知,但面色正常(因呼吸循环代偿功能增强),此时初级听觉中枢和大脑意识中枢均陷入严重抑制状态。

意识丧失是高空急性缺氧最为危险的反应。一秒钟的时间对于衡量安全无意识时间都极为重要。安全无意识时间是指一个人不因缺氧而使大脑受到损伤的最长无意识时间。安全无意识时间最长只有 2 min,因此急救(解除缺氧)若超过这个时间,脑功能将不能完全恢复,再拖延则会因昏迷而死亡。

2.2.5　有效意识时间

有效意识时间是指在特定海拔高度失压缺氧后,在该时间内飞行员能够采取有效措施的最大反应时间。这是缺氧发生后,可供飞行员进行合理决策并实施措施的时间限度,亦即在没有氧气供给情况下,飞行员能够维持正常操作的可用时间。

在航空飞行中,随着海拔高度的增加,缺氧发生时有效意识时间随之急剧缩短。表 2-3 是有效意识时间和海拔高度的对应表。

表 2-3　有效意识时间

海拔高度/m	有效意识时间/s	
	静坐时	轻微活动时
12 190	30	18
10 670	45	30
9 140	75	45
7 620	180	120
6 710	600	300
5 490	1 800	1 200

可以看到,在 5 490 m 海拔高度发生缺氧时,飞行员的有效意识时间是 20~30 min,而在 7 620 m 高度时,有效意识时间降至 2~3 min。实际的有效意识时间受一些因素的影响,这些因素会加重缺氧反应,缩短有效意识时间,例如:

● 缺氧发生的海拔高度越高,缺氧反应越严重,有效意识时间越短;

● 失压时的压力下降率越大,有效意识时间越短;

● 身体活动量越大,有效意识时间越短;

● 身体状态越差,有效意识时间越短;

● 吸烟者的有效意识时间比不吸烟者要短。

2.2.6 高空急性缺氧的生理限值

航空飞行中发生急性缺氧事故的原因有三种:① 非密闭座舱飞行。早期航空飞行因缺氧而丧生的事故不胜枚举。当代无供氧装备的小型飞机也容易发生缺氧事故,例如无供氧装备的直升机,特别在高原飞行时,随时可能发生缺氧事故。② 增压座舱因故减压。例如民航客机因机体损坏而导致客舱失压,这样的事故国内外都发生了很多。典型事故如 20 世纪 50 年代的彗星客机机身解体,1988 年 Aloha 航空 243 航班机身部分结构剥落,1990 年英航 5390 航班风挡玻璃飞出等均属此类。③ 供氧装备故障或使用不当。典型事故如 2005 年太阳神 522 航班,因座舱加压系统处于手动模式而不是自动模式,导致缓慢失压而发生缺氧事故。

人体对氧气的需求是为飞行高度超过一万英尺(即 3 048 m)的航空器配备增压系统或供氧装备的原因所在。预防航空飞行中缺氧事故发生的有效措施是制定科学的飞行医学保障计划,提供安全可靠的供氧装备。科学的设计标准和规范是确保供氧装备安全可靠的依据,这些设计标准和规范的制定要以充分体现人的生理限值为依据。在保证飞行安全与高效的要求下,一般制定如下层次的划分,作为高空急性缺氧的生理限值。

1. 最佳值:1.5 km

该值是人体无任何缺氧反应的生理界限值。

在海拔高度 1.5 km 以下,氧分压足以保证人体各种活动对氧气的需要,不需要动用机体的储备和代偿机能,因此称为最佳值。在此界限值以下,人体没有任何缺氧反应,对工作效率也没有明显影响,在航空飞行中无需进行缺氧防护。

2. 夜航安全值:1.5 km

该值是保证人体不因缺氧导致夜间视觉降低的生理界限值。

夜间飞行时飞行员的视力降低、辨色能力减弱、判断距离困难,精力消耗大,易发生疲劳和错觉,缺氧则会进一步削弱夜间视觉功能。海拔高度 1.5 km 是人体开始出现轻度缺氧症状的高度。人眼对缺氧最为敏感,缺氧发生时最先出现的不良反应是夜间视觉的降低,相较在海平面上的正常水平,夜视能力在 1.5 km 的高度会下降 10%。另外,飞行中还存在破坏人眼暗适应能力的一些因素,主要是红光以外的可见光,如探照灯和雷电光等。发生在傍晚暮色微暗或者夜间黑暗时刻的飞行事故数量很大,夜间视觉对飞行安全的影响很受重视。在该海拔高度上,除了夜间视觉降低以外,其他缺氧反应不明显,因此,一般将 1.5 km 高度作为夜航安全值,即夜航供氧高度,目的是保障正常夜间视觉,从而保证夜间飞行安全和效率。

美国、英国、中国等国家的航空标准均采用了 1.5 km 的生理界限值,但出于执行任务特殊需要的考虑,美国规定直升机在 1.2 km 高度开始供氧。

3. 功效保证值:2.4 km

该值是保证人体不因缺氧导致昼间功效降低的生理界限值。

航空飞行中,飞行员功效要考虑的范畴包括感觉机能、神经机能、运动机能等。飞行员在飞行过程中起主导作用,要求时刻保持判断和决策能力,反应及时和灵活,操作动作正确,即需要保证飞行员功效。大量飞行事故显示飞行员由于功效降低而出现了操作差错,而飞行员的能力和行为又容易受到缺氧影响,因此,航空飞行的不供氧高度应等于或低于保证飞行员功效的缺氧阈值高度。

在海拔高度 3.0 km,人体的轻度缺氧症状有所加重。夜视能力进一步退化,相较在海平面上的正常水平,夜视能力在 3.0 km 高度会下降 30%。呼吸和循环功能开始出现代偿性增强,对体力活动负荷的适应能力开始降低,功效出现降低趋势。记忆力有相应减退,但神经系统仍能维持基本功能和工作绩效。个例有轻度头重或头痛,但绝大部分个体头脑清醒,思维正常。

飞行员在飞行过程中的活动水平相当于轻度体力负荷,在这种状态下,2.4 km 海拔高度上的缺氧反应除了夜间视觉明显降低以外,其他缺氧反应不明显,即该高度的轻度缺氧症状对昼间功效没有明显影响。美国、英国、中国等国家均在民航飞行中将 2.4 km 规定为功效保证值。轻度缺氧在人们生活与工作中经常发生,适航规章要求的民航客机座舱高度 2.4 km 正是产生轻度缺氧的高度。

4. 功效容许值:4.0 km

该值是不会引起人体功效明显降低,但允许有轻度缺氧反应的生理界限值,也称为安全值。在该高度上的允许停留时间不超过 1 h。若机上乘员有生理负荷或精神负荷,允许停留时间应缩短。

无氧气装备的直升机或其他机种,根据需要可以升至 4～5 km 高度。高原飞行时,4 km上下的绝对高度飞行属于常规飞行,这已经属于中等缺氧高度。该功效容许值可用于确定允许无供氧飞行的高度和持续时间。当机上供氧装备故障或其他原因引起供氧不足时,该容许值可作为采取应急供氧的依据。运输机上乘员多,用氧量大,当遇到机上供氧不足时,该容许值可用于制定氧气节省措施。

在海拔高度 4.0 km,人体处于中度缺氧状态,各项功效指标有不同程度的降低,记忆力轻度减退、动作协调控制能力变差、注意力降低明显。超过 4.0 km 人体不再出现完全代偿反应,因此,该高度被定为障碍阈高度。包括我国在内的多数国家均规定,在海拔高度 4.0 km以上飞行,或者当气密座舱内的气压低于 4.0 km 时,机上乘员需要用氧。

5. 缺氧耐限值:5.0 km

该值是引起明显缺氧反应,难以耐受的生理界限值。侧重反映的是人体的生理功能障碍,是人体生理上对缺氧的耐受限度。在该高度上的允许停留时间为 30～60 min,当有代偿障碍发生时,应立即下降到安全高度或吸入纯氧。

在该高度上:中度缺氧症状更加明显;缺氧症状发生率高;呼吸循环功能的代偿增强,少数会发生代偿障碍;记忆力和理解力锐减,动作协调控制能力更差,出现功效障碍。该海拔高度也是中等缺氧的耐力检查高度。

6. 缺氧极限值:7.6 km

该值是引起意识障碍的生理界限值,意识障碍包括意识模糊和意识丧失,侧重反映的是人体的意识功能障碍,允许暴露时间不超过 2 min。

在该海拔高度上,大气中的氧分压已经很低,使血液里的氧分压降低到了接近大脑意识丧失的限值。当呼吸代偿能力不太强时,就会使血液里的氧分压降低至大脑意识丧失限值或者以下,从而出现意识模糊和意识丧失,人会在无任何预兆的情况下失去行为能力。图 2-3 所示是在海拔高度 7.5 km 上,随着停留缺氧时间加长,人的主观感觉和数字书写的一份记录,可以看到高空急性缺氧对人意识和功效的影响。美国、英国、中国等国家在民航适航规章中,将 7.6 km 定为缺氧极限值,我国国家军用标准中将 7.0 km 定为缺氧极限值。飞行员执行飞行任务,是一个以脑中枢为中心进行的整体性活动,脑中枢的思维能力、意识状态和对全身的协调控制能力,都直接关系到飞行安全和飞行效率。但是,脑中枢对缺氧十分敏感,缺氧会引起脑功能一系列的不良反应,因此,供氧装备的性能必须充分保障脑中枢处于高效功能状态,提供必需的氧气,使飞行员可以正常执行操控任务,以达到安全和高效的要求。

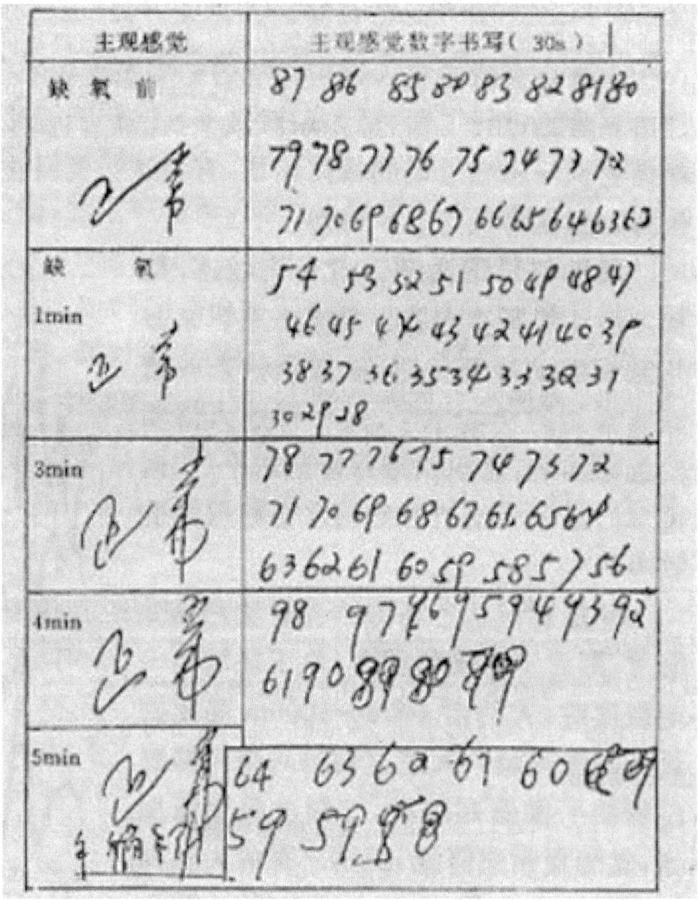

图 2-3 7.5 km 海拔高度上缺氧时间、主观感觉与数字书写记录[5]

2.2.7 换气过度

为了获得尽量多的氧气,缺氧个体可能会换气过度。换气过度是在低压环境中进行过深、过快的呼吸,使血液中二氧化碳的排出超出了限度。

引起换气过度的因素很多,如情绪激动、应激压力或高海拔缺氧状态时,都可能引起呼吸

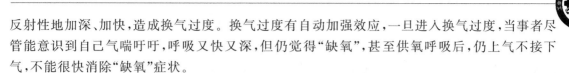

反射性地加深、加快,造成换气过度。换气过度有自动加强效应,一旦进入换气过度,当事者尽管能意识到自己气喘吁吁,呼吸又快又深,但仍觉得"缺氧",甚至供氧呼吸后,仍上气不接下气,不能很快消除"缺氧"症状。

换气过度对缓解缺氧的效果甚微,但是二者症状非常相似。换气过度破坏了体内血液的化学酸碱平衡,带来一些症状,如眩晕感、视觉模糊、肌肉痉挛、手指脚趾震颤、刺痛感、冷热感、昏昏欲睡、忧郁、注意力不集中、心跳加速、思维混乱,甚至意识丧失。

对换气过度的克服和预防的关键是正确识别它,即正确判断当前状态是缺氧还是换气过度。实际飞行中缺氧和换气过度可能交织在一起。例如,在某飞行高度,飞行员先发生了缺氧,紧接着由于人体自我调节机制,呼吸反射性地增加以补充氧气,或者,当飞行员意识到缺氧而进行吸氧时,也可能发生吸氧过度,这两种情况都会使飞行员从缺氧转化为换气过度。因此,在高空飞行中,若供氧后仍觉气喘,即可判断为换气过度。另外,如果座舱压力高度处于 3.0 km 以下,发生换气过度的可能性大些,而在 3.0 km 以上,则要首先考虑组织缺氧。换气过度与缺氧症状非常相似,正确区分二者是非常严肃的事情,因为如果换气过度发生在飞行员身上,尽管发生概率很小,但是后果会很严重。相对而言,换气过度发生在机组以外的乘员身上则很少会产生严重后果。

克服换气过度的方法相对简单,通过有意识地降低呼吸频率,减轻呼吸深度,或者缓慢吸入一小纸袋二氧化碳,就可以消除换气过度,迅速将呼吸恢复正常。

2.2.8　预防高空急性缺氧的措施

在 12 km 以下的高空飞行,预防高空急性缺氧而采取的供氧方法或措施称为普通供氧,为区别于高空加压供氧,普通供氧又称非加压供氧。

预防高空缺氧的措施有两个:一是使用增压座舱,控制舱内压力高度处于适当值;二是提高吸入气体的氧气浓度,使肺泡的氧分压达到要求水平。在民航客机上,普遍采用的是增压座舱;在军用飞机上,增压座舱和吸氧多同时采用。

人体对氧气的需要量是组织细胞为进行新陈代谢、单位时间内所需的氧气量,也称耗氧量。机体代谢活动量不同、状态不同,需要氧气量也有所不同。对飞行员的供氧有两种方式,一是环境供氧,二是使用供氧装备供氧。环境供氧适合于民航客机乘员(包括飞行员)的供氧,机上乘员呼吸舱室内的气体即可满足生理氧气需求,因此不必要考虑供氧量的问题。高空飞行的军用飞机情况则不同,飞机座舱是通风式半密闭舱,须通过供氧系统给飞行员提供必需的氧气。飞行员通过氧气面罩吸入氧气时,每次吸入的氧气只有少量进入血液被人体利用,其余的则被呼出而浪费。因此,这种供氧方式所消耗的氧气,与人体氧气需要量没有关系,而是取决于肺通气量,还有供氧系统的泄漏量。在高空飞行条件下,肺通气量的大小取决于多种因素,影响最大、常起作用的是体力负荷,其他因素如精神压力、温度、缺氧、加压呼吸等也会增加肺通气量,个体体质、年龄、性别、身高、体重等的不同,肺通气量也有不同程度的差异。

民航客机乘员的体力负荷较低,对氧气需求亦较低,因此采用低值供氧标准即可保证安全。2.4 km 高度的低氧水平,除了夜间视觉功能有明显降低以外,其他功效没有明显降低,也没有其他缺氧症状的出现和脑电图的改变,因此民航增压客舱不供氧的最大座舱高度普遍被规定为 2.4 km。

对于机上乘员的应急供氧,目的是当增压座舱发生减压时,保护机上乘员避免因高空急性缺氧而丧失意识。一般使用功效容许值(安全值)4.0 km 作为民航客机应急供氧的座舱高度。

在海拔高度 12 km 以上飞行,即使吸入纯氧,人体也难免不缺氧,这种情况下,一般采用两种缺氧防护措施,一是使用增压座舱进行环境供氧,二是使用个体加压供氧。

个体加压供氧仅在军用飞机上采用,是一种简便经济的供氧方式,适于飞行员在 12 km 以上飞行时,增压舱失压后的短时间缺氧防护。加压供氧装备可提供高于外环境的大气压力,即余压,通过飞行员吸入氧压力的提高,可以增加飞行员的飞行高度。除此以外,加压供氧还可以防止低压效应,因此,在高空飞行应急防护中,这是个一举两得的措施。根据体表有无对抗压力,加压供氧可分为两种类型:

● 单纯加压供氧。由 12 km 高度开始,随着高度上升,提高加压面罩(或头盔)的腔内余压,肺内压亦随之升高,从而产生加压呼吸效应。但由于胸部和全身仍然受到外环境压力,而没有体表对抗压力,因此人体能耐受的余压(或加压)值有限,能发挥短时间防护作用的最大高度为 15 km。

● 有对抗压力的加压呼吸。对于超过 15 km 高度的飞行,必须提高余压,并同时采用在体表施加对抗压力的措施,以此克服高加压呼吸效应。根据飞机战术技术性能,以及飞行员防护性能的要求,可以采用各种能产生对抗压力的装备,如加压面罩、加压背心、气囊上衣、高空代偿服、高空飞行密闭服等。

尽管增压座舱或增压系统发生意外减压的情况不算太多,但是一旦发生则非常危险。如果飞行高度在 3.0 km 以上,那么很可能使乘员缺氧,此时要求航空器迅速下降高度至可接受的水平。机组人员需要时刻具备有效处理座舱减压和紧急下降的能力。

2.3 低 压

在航空飞行中,高空低气压对人体具有物理影响。人体结构、生理系统、器官和组织的特点,决定了人体对低气压效应的承受界限,这是航空器和防护服设计的人为因素依据。低压对人体的危害主要有气压性损伤、高空减压病、体液沸腾等。

2.3.1 气压性损伤

人体一些器官的腔体内含有气体,当外界环境的压力降低时,器官腔内的气体相对膨胀,如果不能及时排出,则会引起体积膨胀,腔体内气压升高,出现异常感觉,严重时引发疼痛,甚至造成损伤。

1. 中 耳

中耳的腔壁大部分由骨质构成,是一个不完全密闭腔。中耳与外界接触的两端分别是鼓膜和咽鼓管(耳咽管)开口,鼓膜和咽鼓管由软组织构成。人耳解剖结构如图 2-4 所示。鼓膜在外耳道里端,直接接收声波振动,是人体听觉的感受部分。咽鼓管是气体出入的部分,平时处于关闭状态,只有当需要平衡压力时才开放。可见,人耳鼓室是一个含气腔,咽鼓管是保持鼓膜两侧气压平衡的调节装置。当鼓室压力大于外界气压时,咽鼓管向外排出气体较容易;当外界气压大于鼓室压力时,咽鼓管壁的膜部受直接作用而闭合,气体进入鼓室比较困难。

在飞机上升时,外界气压随高度增加而降低,造成鼓室内压高于外界气压。当鼓室内压比外界高 0.4～0.7 kPa 时,鼓膜受压轻度外凸,出现胀感。当鼓室内压比外界高 2.0 kPa 左右

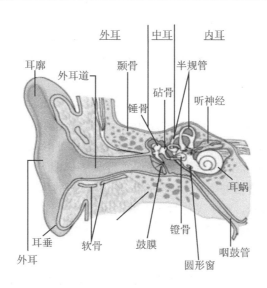

图 2 - 4　人耳解剖结构

时,咽鼓管开口被冲开,气体外流,达到内外平衡后开口自动关闭。

在飞机下降时,外界气压随高度减小而升高,造成鼓室内压低于外界气压。由于咽鼓管结构和通气特点,空气从外界进入咽鼓管困难。外界压力越高,咽鼓管越紧闭,造成鼓室内负压,引起鼓膜内陷。负压达到 $8.0\sim24.9$ kPa 左右时,达到痛阈,可见鼓膜出血。负压达到 10.7 ~28.2 kPa 左右时,咽鼓管紧闭部位将难以冲开。负压达到 21.3 kPa 以上时,可能发生鼓膜穿孔。

鼓膜变形会刺激人体的压力感受器,通过传入神经将信息发送至大脑中枢,使人感受到耳胀、疼痛,严重时还会引起头痛、恶心、呕吐。这些异常感觉会导致注意力分散、精力消耗,严重影响任务执行。

（1）座舱压力增压与减压速度要求

不管是非增压座舱还是增压座舱,在设计时都必须考虑座舱压力变化速度对人体的影响。人耳是对气压变化最敏感的器官,座舱压力变化速度设计的生理依据主要是中耳腔内的空气压力随外界大气压力变化的平衡能力。

鉴于中耳的解剖结构和通气特点,在飞机上升时,外界气压降低,人的咽鼓管容易开放使鼓室内外压力达到平衡,如无咽鼓管严重阻塞,人大多能耐受,因此对舱内减压速率要求不严格,一般民用客机要求以 2.5 m/s 的座舱压力爬升速度作为设计极限。而飞机下降时,外界气压升高,人的咽鼓管不易开放,若舱内增压速率过大,又不采取主动开放咽鼓管动作,鼓室中的负压就难以与外界气压平衡而引起中耳损伤,这就限制了座舱的增压速率,一般民用客机以 1.5 m/s 的座舱压力下降速度作为设计极限。

除了确定座舱压力变化速度绝对值以外,还应兼顾增压或减压的累积时间。若增压或减压持续时间长,那么即使增压或减压速度绝对值不高,仍然会因鼓室内的压力积累而达到痛阈。例如,增压变化率为 $0.3\sim0.7$ kPa/s 时,耳痛的产生与鼓室负压的积累程度直接相关,而与压力变化并没有直接关系。如果咽鼓管处于关闭状态,以 0.7 kPa/s 的增压速率增压,经 12 s 就会在鼓室内积累 8 kPa 的负压,这是大多数人的痛阈。再如,座舱高度由 25 km 下降到

8 km,下降速度为 100～300 m/s,则不会发生耳痛。原因在于虽然增压速度大,但大高度上的压力梯度小,且持续时间短,因此累积效应不明显,达不到痛阈。

民用客机上除了飞行员以外,还有各类未经过特殊培训的乘员,因此制定的座舱压力变化速度设计标准最低,与军用飞机相差悬殊。

（2）压力波动容许值

增压座舱在飞行中允许有一定范围的压力波动,但该波动不应超过人体容许限值,否则这种增压与减压的频繁交替和大幅度出现,不仅会引起中耳损伤,也会对人体其他空腔器官产生不利影响,甚至引起植物神经的功能紊乱,降低飞行员工作能力。

关于座舱压力波动容许值的确定,有研究者提出座舱内的压力波动不应超过 0.15 kPa/s,短时波动不应超过 2.67 kPa/s。水平飞行时压力波动应控制在 ±1.0 kPa/s 以内,波动频率不超过每分钟 3 次。

2. 鼻 窦

鼻窦位于头颅内,如图 2-5 所示。鼻窦共有四对,即前额窦、筛窦、蝶窦、上颌窦。鼻窦左右对称,内壁附有粘膜,开口各自通至鼻腔。

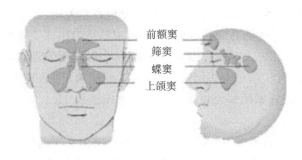

前额窦
筛窦
蝶窦
上颌窦

图 2-5 鼻 窦

鼻窦开口正常时通气自由,窦内外压力平衡。当窦口发炎、肿胀造成通气障碍时:

● 若外界环境压力降低,如飞行器升高,则窦内压成正压,一般气体能冲开窦口流出。
● 若外界环境压力升高,如飞行器下降,则窦内压成负压,窦口附近阻塞物吸附于窦口发生阻塞,使外界气体不能流入,即可能发生窦腔内粘膜充血、出血等病理变化,使人疼痛难忍。

但总的来看,鼻窦发生气压性损伤的几率远低于中耳受损伤的几率。航空飞行中,机上乘员的鼻窦炎发生率远低于气压性中耳炎。

3. 胃肠道

人体胃肠道内含有约 1 L 气体。随着飞行高度升高,外界气压降低,腹内气体膨胀。由于肠道很长,又有多个关口,气体不容易通过,更不容易及时排出体外。胃肠内壁的薄层平滑肌是弹性体,可扩张性较强,因此,随着腹内气压升高,管壁扩张,刺激胃肠壁的压力感受器。胃肠压力感受器有不同阈值,阈值从小到大依次为:胃 1.3～2.7 kPa,大肠 2.7～5.3 kPa,小肠 10.0～13.3 kPa。胃肠内气压达到阈值以上,则会随着内压升高,引起胀感、疼痛,严重时会经由内脏神经反射途径而导致休克。

气胀出现的高度因人而异,与饮食和上升速度也有关系。豆类等产气多的食物,会加重腹胀。一般情况下,高度缓慢上升,即外界环境缓慢减压时,大约在 8 km 开始感到腹胀,在 10 km 感到腹痛,在 11 km 以后腹痛难以忍受。快速减压,亦称爆炸减压时,对腹胀的影响程度与减压幅度略有关系。减压幅度不大时,快速减压与缓慢减压对人体的效应相似。减压幅度极大时,则可能出现破裂性损伤。

4. 肺　脏

如果由于工程技术、作战或高速飞行物碰撞等原因,飞机座舱结构突然破损,座舱内的气体就会通过破孔迅速外流,座舱内的气压可在很短时间内降到和座舱外气压相等的程度,这种速度很快的座舱内气压降低,称为爆炸减压或迅速减压。在爆炸减压瞬间,人体空腔器官内的气体突然大幅度过度膨胀,内腔压力过高,从而造成器官的机械性损伤,即气胀损伤。最容易受气胀损伤的是肺脏,其次是胃肠和鼻窦。

人体肺脏组织如图 2-6 所示。肺脏的含气量大、分支多、组织脆弱,飞机发生座舱爆炸减压瞬间,易造成肺脏损伤。

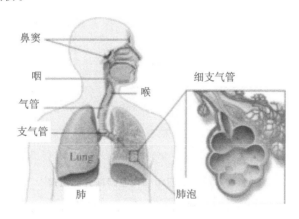

图 2-6　人体肺脏

肺内压力与座舱压力的变化和关系参见图 2-7,该图解释了爆炸减压中肺内压瞬间升高的机理。高空飞行中,飞机座舱普遍采用增压式座舱,这类似于一个密闭容器,破裂的座舱壁相当于一个气体出口。人体肺脏是一个小的气体容器,咽喉是气体出入口。当座舱发生爆炸减压时,座舱压力变化如图中曲线 I 所示,在小于 0.2 s 的时间内达到与外界环境压力平衡;肺内压力变化如图中曲线 II 所示,经 0.8 s 才达到与外界环境压力平衡。

肺内压力与座舱压力达到与外界环境压力平衡所耗费的时间不同,原因在于二者容积(V)与有效横截面积(A)比值的不同。V/A 比值大,意味着容积大或出口小,则减压速度慢。肺内压力随座舱减压而降低,但因肺脏的 V/A 比值较大,因此减压相当缓慢。另外,肺脏和胸廓有一定弹性,肺脏内压升高会造成肺脏和胸廓被动扩张,使得容积增大,从而对肺脏内压上升有缓冲作用。呼吸道内气体流速增大时,气流阻力会升高,从而使流速降低。肺脏内压增高还会压迫细小支气管,使其萎缩,也会在效应上减小肺脏气体出入口的口径。

曲线 III 是胸腔的内外压力差,也称跨胸廓压,这是由肺脏内部产生的扩张胸壁的压力。跨胸廓压在爆炸减压瞬间很快上升至峰值,随后逐渐下降。曲线峰值越大、时间越短,则造成肺脏损伤可能性越大。

曲线 I、II、III 的假设条件是肺脏 V/A 值大于座舱 V/A 值。显然健康人肺脏 V/A 值是

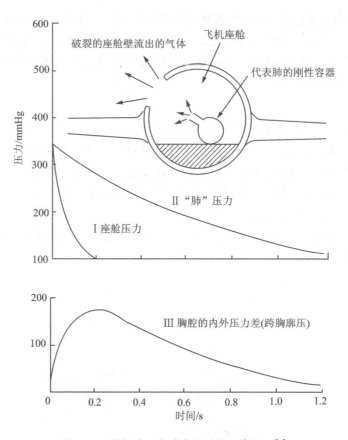

图 2-7　爆炸减压中肺内压瞬间升高机理[5]

恒定的,但座舱 V/A 值则不恒定,而与破口大小有关。座舱破口较小时, V/A 值较大,座舱减压速度延缓,反映在图中是曲线 I 延长,那么跨胸廓压峰值也随之降低,即曲线 III 跨胸廓压峰值降低,时间延长,气胀损伤可能性降低。可见,减压时间也是影响气胀损伤的一个重要因素。当座舱 V/A 值大于 200 时,减压时间越长,对肺内压的影响越不明显。从图 2-7 还可以看出,减压前后的座舱压差对气胀损伤有明显影响。在座舱减压速度大于肺内压减压速度时,座舱减压前后的压差越大,则肺内压的瞬间升高越明显。在减压值相等的条件下,减压后的压力值越小,即减压后的高度越高,那么肺内压峰值也越高。

前文所述是呼吸道通畅时的肺内压改变情况,同样的爆炸减压情况若发生在呼吸道闭塞时,则即使减压时间慢至 1 s 以上,发生气胀损伤的可能仍会明显增加。呼吸道闭塞包括吞咽、屏住呼吸、声门关闭等,气道闭塞使肺脏成为了一个闭合容器,减压后膨胀气体不能流出,产生肺内压过度升高。肺内压升高到一定限度则会引起严重生理反应,或者造成严重病理损伤,包括呼吸暂停、低血压、心跳减缓,以及组织或毛细血管破裂、出血、气肿、气栓,甚至死亡。

快速减压安全限有两种,一种是肺内压,适用于高空飞行加压供氧装备设计,一般认为不造成肺损伤的临界肺内压值为 6.7 kPa;另一种是气体膨胀率,适用于增压座舱压力制度制定,一般采用图 2-7 的原理而确定。

2.3.2　高空减压病

减压病是人体由高气压环境到低气压环境时,减压到一定程度,溶解在人体的气体因过饱和而游离出来(主要是氮气),形成气泡而导致的综合症候。减压病若发生在高空,则称为高空减压病,也称气体栓塞症;若发生在水下,则称潜水夫病。

高空减压病按气泡发生部位和症状,可分为如下基本类型。

① 皮肤型。气泡发生在皮下组织,产生瘙痒、冷热感、蚂蚁爬行感等。这是症状最轻的类型。

② 关节型,也称屈肢症。气泡发生在关节及关节周围组织,产生关节疼痛。该型多见。

③ 呼吸型,也称气硬症。气泡发生在肺脏的小动脉或毛细血管,产生胸骨下压迫感、干燥感、灼热感等不适感,甚至刺痛、咳嗽,乃至呼吸困难。该型比前面两个类型严重。

④ 中枢神经型。气泡发生在中枢神经,基于气泡停留部位不同,会产生不同的脑症状,如视神经障碍、头痛、神经麻痹、肌肉抽搐等。该型少见,属严重型,重则导致虚脱,如不急救,会发生意识丧失。

⑤ 混合型。该型是上面四种类型不同程度的部分存在,较为多见。气泡发生在血管外时,症状局限于局部感觉;气泡发生在中枢神经血管外时,会直接刺激神经组织而引起神经症状。若气泡形成缓慢,则在形成大气泡之前可能进入到血管,使血管里的气泡数量增多,另外,静脉血本身也产生气泡。若血管里的气泡汇合生成连续气泡,则在血液里形成气体栓塞,在人体生命重要器官里循环,会引起严重后果。

减压病这些类型是根据气泡形成的速度和部位而划分的。人体内气泡形成的原理都是一样的,气泡的基本成分也一样,主要是氮气,混以少量氧气和二氧化碳。根据 Henry 定律,在人体体温恒定的条件下,体内所溶解的气体量与外界气体压力成正比。当外界气压降低到一定程度时,溶解在体液和脂肪里的气体呈饱和状态,超出饱和量的气体使溶剂过饱和,多余气体便游离出来,直至达到新的平衡。

皮肤型的高空减压病症状,在高度下降过程(至 5～6 km 以下)便会消失。关节型和呼吸型症状,多数在下降过程中会消失或减轻,或在下降到地面后快速消失;但少数个例继续数小时,甚至数日才消失;还有极个别的关节型症状长期不消失。神经型症状在下降过程中开始缓解,下降到地面后逐渐消失;但有少数个例在降到地面后,症状仍不消失,并且进一步恶化;或降到地面后,虽然症状已消失,但数小时后症状复发;极个别会造成死亡。

高空减压病的产生受多种因素影响,主要包括高度、体力活动、年龄、肥胖、暴露时间、重复暴露、环境温度、性别差异等。这些因素是制定减压病预防方案的基本依据。

(1) 高度

高度越高,减压发生前后的压差越大,发病率越高,如图 2-8 所示。

可以看到,减压病的起始高度为 3.0 km。一般认为减压安全高度为 5.5 km,但在该高度以下仍有小概率发病率。

减压病的发生具有普遍性。该图来源于地面模拟实验与高空飞行的 1.4 万余例无限定条件资料,包含不同年龄、身高、体重、性别、易感者等,体力活动和发病程度覆盖了轻度、中度、高度,个体差异很大,他们在减压至一定程度时,出现了不同程度的减压病症状,说明了减压病发生的普遍性。

(2) 体力活动

体力活动会促进减压病的发生。例如,在 7.9 km 高度进行中等强度体力活动,减压病发病率和严重程度相当于 9.1 km 高度安静状态的情况。暴露在高空低压环境之前进行体力活

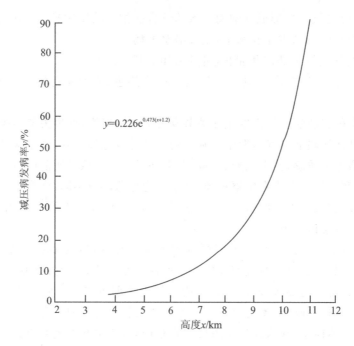

图 2-8 减压病的发病高度和发病率

动,也会促进减压病发生。

体力活动强度越大,发病率越高,症状越严重。例如,在 11.6 km 高度停留 40 min,体力活动为标准量时,减压病发病率为 60%;体力活动为标准量 1/3 时,发病率仅为 30%;体力活动为标准量 3 倍时,发病率达 80%。

(3) 年　龄

减压病发病率随年龄增长而上升。这是因为随着年龄增长,人的心血管功能降低,从而影响了氮脱饱和速率。资料显示,在 8.3 km 高度停留 2 h,17~20 岁年龄段发生减压病的比例为 0.8%,35~40 岁年龄段发生比例升至 5.2%;在 10.6 km 停留 2 h,17~20 岁年龄段发生比例为 4.2%,35~40 岁年龄段发生比例升至 27.8%;在 11.4 km 停留 1 h,17~20 岁年龄段发生比例为 25.4%,35~40 岁年龄段发生比例升至 64.6%。

(4) 肥　胖

肥胖者易发生减压病,且多发呼吸型和神经型。与同等体积的水相比,人体脂肪溶解的氮气量要多 5 倍,排氮速度慢 5 倍。脂肪含量占体重 16% 被认为是易感减压病的临界值。统计显示,脂肪含量超重 6~7 kg 以上的个体易发减压病。

(5) 暴露时间

暴露时间越长,发病率越高。在 7.6 km 高度停留,减压病症状较早出现的暴露时间在 5~15 min,较迟出现的暴露时间可达 450 min,其中半数出现在暴露时间 210 min 之前。

(6) 上升速度

飞机在缓慢减压(如常规爬升)时,上升速度对高空减压病的发病影响没有明显差别。而快速减压时发病率则高于缓慢减压。例如,从座舱压力高度 3.0 km 减压到 11.6 km,缓慢减压的发病率为 62%,快速减压(减压时间 1 s 左右)为 88%。

(7) 重复暴露

低压暴露会降低人体对减压病的抵抗力。若在减压病症状消失后,立即再次低压暴露,则易发生严重减压病。这是由于前次暴露形成的气泡和体内变化,尚未来得及完全消除。实践表明,人在高海拔上安静状态出现的减压症状,随着高度下降和外界气压增高,虽然症状已消除,但是为了排除再次暴露时症状复发,需要在地面常压条件下停留 3～4 h。为了确保在任何条件下再次暴露时不出现减压病症状,则两次暴露的时间间隔不应短于 48～72 h。

减压病易感者的发病有连续性倾向,即使是非易感者,若有发病史,也应重视。低压重复暴露,可以发现减压病易感者,因此重复暴露可用于减压病非易感者筛选。这对飞行员,尤其是战斗机飞行员,以及航天员的选拔和减压病预防方案制定均具有参考价值。

(8) 环境温度

寒冷环境会促进减压病的发生,而环境温度较高则能减少发病。这是因为在高低温环境里,皮肤和全身血液循环的调温机理不同,从而影响了人体的排氮速率所致。

(9) 性别及其他

女性发病率比男性高 3～4 倍,这与女性脂肪含量高有关,一般女性脂肪含量要比男性高 $6\%～10\%$。

除了以上影响因素之外,呼吸循环功能不全者易于发病,曾经受伤的肌肉或关节部位也易于发病,症状发生时疼痛易来自旧伤部位。

高空减压病的预防措施包括采用增压密闭舱和个体防护服,后者一般在军机和航天领域使用,民航飞机采用增压密闭舱来预防减压病。飞机的增压密闭舱,在飞行高度上由起调高度开始,舱内即保持一定余压。依据飞机机种不同,采用的压力制度略有差异。

飞机由地面常压起飞开始,舱室内减压前后的压差要足够小,以保证不产生减压病,这个减压前(初始)压力与减压后(终末)压力的比值称为减压安全系数。根据 Haldane 在防治潜水夫病中所运用的原理,在减压过程中,若减压幅度不超过 50%,即减压前后的比值不高于 2,则不会发生减压病,因此以减压前后的比值(即减压安全系数)2 作为减压安全界限值。减压病的起始高度为 3.0 km,一般认为减压安全高度为 5.5 km。这些是制定飞机座舱压力高度的依据。军用飞机(如战斗机、高空侦察机)的飞行员还采用吸氧排氮的方式来提高上升高度和预防减压病。

关于减压病的治疗,对于轻型和中型症状,通过简单的加压或下降高度复压即可消除;对于重型症状减压病者,如局部疼痛难忍,上述简单方法无效时,需要进入高压氧舱实施加压治疗,高压可以强化氮气饱和,缩减气泡体积,氧气可以促进氮气在体内组织的扩张;严重的神经型减压病者,有休克危险,需临床急救。

2.3.3 体液沸腾

在 19.2 km 高度上,水的沸点为 37 ℃。人体体温是 37 ℃,人体结构中水分占体重的 70%。理论上人体突然暴露在该高度,体内液体会沸腾汽化。但由于人体结构特点,体液沸腾发生在 20 km 以上。

人体的组织细胞里含有水分,还有大量体液(如血液、组织液、淋巴液、脊髓液、眼球房水等)和粘液。由于人体各部位血压、组织弹性、密度、体温等不完全一致,因此各部位出现体液沸腾现象的时间和程度也不完全相同,可以归纳为以下几个方面。

1. 组织气肿

在体液沸腾高度,暴露部位(如眼球结膜、鼻腔粘膜、口腔等)体液立即沸腾。数秒后出现腹部膨胀(这不是体液沸腾,主要是胃肠气胀),颈部等皮下组织疏松的部位开始肿胀。这种皮下气肿迅速发展到全身,使整个身躯变粗变大,像气吹起来的模特。因此高空体液沸腾也称为高空组织气肿。

2. 蒸汽胸

由于胸腔气压较低,胸腔组织水分容易汽化。当水蒸气增多到一定程度时,会出现肺脏局部萎陷,丧失气体交换功能。过高的胸内压,以及局部压迫和牵拉,会影响呼吸和心肺循环,严重时,通过内脏反射引起虚脱,甚至发展到呼吸停止。

3. 循环障碍

若血管中含有大量水蒸汽气泡,则会产生类似高空减压病的危害。血液中含有大量气泡,相当于减少了循环血量,造成静脉还流和心输出血量均减少。流通组织的血液被气泡替代,相当于没有了血液循环。这种情况若发生在心脏或中枢神经系统等要害器官,则会造成生命危险。

但有动物实验表明,生命是否存活主要取决于缺氧的程度。若在体液沸腾高度停留时间不大于 2 min,迅速下降到 19.0 km 以下,则体液沸腾立即消失,动物仍存活。即使死亡,也并非体液沸腾所致,而是由于严重缺氧造成的。

预防体液沸腾,除了控制座舱压力高度之外,还可通过提高外界环境气压来预防。在军机上,当增压座舱丧失气密时,使用加压供氧装备是个良策,这既可以防止缺氧,又可以防止体液沸腾。

2.4 低 温

人体有一个复杂的温控系统,将体内核心温度维持在 37 ℃左右。人体的各种生理活动只有在体内温度相对恒定的条件下才能进行。影响人体温恒定的因素有两方面,一是人体自身产生的热量,二是在外界环境中的散热或得热。产热和散热(或得热)保持动态平衡,体温才能恒定。

当人体正常的体温平衡被打破时,人体会产生一系列生理反应和行为调节,以维持体温平衡。生理反应包括神经控制、心血管系统调节、汗腺活动、寒颤等,行为调节包括改变姿态、增减衣物、转换场所、采用通风或温控装置等。对体温的行为调节是对生理性调节的有力补充和保证。

凡是不利于人体体表正常散热,不能维持人体温度平衡的温度环境,均属于应激温度环境,包括冷应激环境和热应激环境。在冷(热)应激环境中,人体将产生一系列复杂生理和心理变化,称为冷(热)应激反应或冷(热)紧张。冷(热)应激反应(紧张)过程大致有代偿、耐受、冷(热)病和冷(热)损伤四个阶段。无论是低温环境还是高温环境,对人的作业功效都有不利影响,包括对人的智力、体力、协调能力和综合能力的不利影响。

低温对人体的伤害可以归纳为三种情况:① 极度低温下,短时间便会造成身体组织的疼痛、冻伤和冻僵;② 低温表面(如冷金属)与皮肤接触,产生粘皮伤害(−10 ℃以下);③ 温度虽未低到疼痛或冻伤的程度,但人体低温暴露时间过长,热损失过多,导致体内核心温度低于35 ℃,使人体处于过冷状态,引起心率和呼吸加快、颤抖、头痛、嗜睡、动作反应迟钝、麻木、负面情绪体验等不适症状;体内核心温度降至 30~33 ℃时,则会出现肌肉僵直、产热丧失,甚至死亡。

人体与环境之间的热交换通过辐射、传导、对流、蒸发等途径进行。热交换中的物理变量有气温、气湿、风速、辐射热等,这几个因素是在地面环境中热交换时必然涉及的变量。在航空活动中,气压变化等因素也会影响人体与环境之间的热交换。舱室内的温度环境经过工程控制和调节可以满足人体生理要求。下面对各个因素的影响进行简要说明。

1. 气　温

气温(℃)即空气温度,是确定舱室温度要求时的首要参数,需具体规定并加以保证。人在安静或轻度活动,穿着合适服装的条件下,舒适温度范围为 18~27 ℃,具体数值根据不同季节室内外温差、服装隔热值、人的活动强度等影响而略有差异。

2. 气　湿

气湿(RH%)通过影响汗液蒸发而影响人体热平衡。由于皮肤表面水分蒸发速率仅仅与空气绝对含湿量有关,因此可用水分压来表示空气含湿量。适于人体长时间逗留的含湿量为0.8~2.0 kPa。在不同气温下,同一含湿量的相对湿度不同。在舒适气温范围内,相对湿度的变化对热平衡的影响不明显,因此对气湿的要求不必像对气温的要求那样严格,一般情况湿度取 30%~70%。相对湿度过低或过高均影响人的舒适感,如低于 15%会引起皮肤干燥、眼干燥、鼻粘膜出血等反应。

3. 风　速

风速(m/s)指的是人体周围的气流速度,它影响人体表面的对流散热,同时刺激皮肤,令人产生不舒服的吹风感。这种吹风感是削弱舒适感受的一个主要因素,还会造成人的注意力分散和功效下降。吹风带来的不舒适感随平均风速的增加而增强,并且与气流扰动有密切关系。在舒适温度范围内,适宜风速为 0.1~0.5 m/s。

若不考虑吹风感对舒适度的影响,仅为了保持热平衡而言,则舒适气温随着风速增加而升高,较高的气温可借助较高的风速来维持散热。但若气温接近或超过人体皮表平均温度,则会有明显热感出现,不能再保持舒适。因此,对某些特殊场所或特殊作业阶段,若存在较高风速,则应适当提高气温,以维持热平衡。这时由于强烈的吹风感,使得人的主观舒适度大为降低。此外,吹风所及的人体部位应尽量多变和分散,尤其应避免直接吹向面部。

4. 热辐射

热辐射(℃)可以用平均辐射温度来表示,它通过改变辐射热交换而影响人体热平衡和舒适感。热辐射有较强方向性,会严重影响温度场均匀性,因此除了考虑平均辐射温度,还需要考虑辐射的不对称度,这在考虑乘员舒适性时尤为重要。

5. 气　压

气压(kPa)对人的首要影响与呼吸和减压病有关,其次对热交换的影响也不可忽略,它对对流和蒸发换热均有影响。一般而言,对流换热系数与空气密度平方根成正比,因此当高度上升(环境气压下降)时,对流换热系数减小,对流散热略为降低,因此满足舒适度要求的环境温度则有所降低;另一方面,体表蒸发散热系数与空气密度平方根成反比,即低气压有利于蒸发,因此满足舒适度要求的环境温度略有上升。但温度舒适时出汗量非常有限,因此综合低气压对对流和蒸发换热的影响结果,满足舒适度要求的舱内温度为略有下降。当舱室内温度偏高,人体大量出汗时,低压条件下人可耐受的最高温度明显高于常压条件。

6. 环境温度均匀性

环境温度均匀性指的是组成温度环境的各个因素在空间的分布特征,如气-壁温差、头-足温差、辐射不对称度等。环境温度不均匀不一定引起人体热平衡的明显变化,但会严重影响舒适感、降低工作绩效。

像飞机座舱这样易受舱壁温度影响的狭小舱室,需要考虑气-壁温差,通常要求控制在2~6 ℃。头-足温差是人在正常操作姿势时头、足两处的平均气温之差,通常要求不超过3 ℃。热辐射不对称度包括横向和纵向两种特例,通常要求分别控制在10 ℃和5 ℃之内。

7. 环境温度恒定性

环境温度恒定性指的是温度的时间变化速率和变化方向。人体对温度反应的速度较慢,因此从满足人体热平衡和舒适感角度出发,舱室环境温度变化率控制在每小时3 ℃以内即可,同时持续变化的结果不应超出允许波动范围。通常飞机舱室温控系统能够满足维持环境温度恒定的要求,但在某些不利情况下是较难维持的,如大面积透明舱盖直升机在夏季进行长距离飞行,强烈热辐射会使座舱温度迅速上升,为此需要采用个体调温服等加以防护。

8. 表面温度

舱室内若存在较大面积的异常温度(过热或过冷)表面,则会造成温度不均匀,需要加以控制。另外异常温度表面可能会与人体皮肤直接接触,发生热传导,引起人体局部温度反应,产生疼痛或损伤,因此可能与皮肤接触的表面,其表面温度需要控制在一定范围,或采取措施加以防护。

2.5 其他外部环境

在航空飞行中,机上乘员和外部环境的接口问题被最先意识到。早期飞行员通过穿飞行服来御寒,通过带氧气面罩解决高空缺氧问题,通过戴头盔预防噪音和寒冷,通过戴玻璃眼罩防止气流吹袭。这些装备使飞行员在外部环境变化情况下可以保持作业能力。之后出现的密闭舱、增压舱和增压系统等也是应对高空外部环境问题的有效措施。

当前人们意识到了一些新的外部环境问题,例如高海拔飞行可能遇到的湍流、臭氧、紫外线辐射、电磁辐射等。

高海拔飞行可能受到来自太阳和宇宙的辐射。短时间暴露在高辐射状态下,或者长时间暴露于低辐射状态下,均会对人体造成伤害。电离辐射作用在人体的效果是不可见的,人也没有异样感觉,电离辐射在人体上有一个累积的过程,衣服、飞机的挡风玻璃和结构基本不能阻挡电离辐射。电离辐射问题已经被意识到很久了,但是对它的影响仍存在争议。

高海拔的臭氧也属于外部环境问题。臭氧是氧气的变异,在阳光下,空气中的氧气会自然生成臭氧。臭氧可以吸收太阳紫外线,保护地球生物体。但是,臭氧是一种有毒气体,会对人体肺部和呼吸系统产生负面影响,其副作用与暴露时的浓度正相关。臭氧过量会导致鼻子和咽喉发干、胸部不适、肺部异常和哮喘等。有效防护臭氧影响的方法包括采用具有臭氧防护功能的舱室加压系统，或者限制不具备臭氧防护功能飞机的飞行高度和航线。

此外，地基激光这样的人为干扰，也属于飞行安全要考虑的外部环境问题。

2.6　大型飞机内部环境

2.6.1　舱室内部环境设计的综合考虑

飞行过程中，包括机组和乘客在内的所有机上乘员在舱室内受到的各种影响，需要在飞机设计和制造过程中进行综合考虑。

驾驶舱是飞行机组的工作场所，舱内的控制台和显控仪器等都很复杂，而且其使用环境也经常变化。驾驶舱设计的一项基本原则就是要安全、有效的操作控制台和显控装置，这就需要深晓各个仪器的基本限制条件。驾驶舱中可能出现的各种情况都要充分考虑，如操作范围、控制器功能、内外视野、舒适度等。此外，飞行手册、地图、航线图、个人衣物等附件物品和服务项目的存放也需要考虑在内。驾驶舱设备需求的一些项目参见表 2-4。客舱是乘客的主要活动场所，需要充分考虑乘客的安全和舒适度，以及包括应急装备在内的设施使用效率。

表 2-4　驾驶舱设备需求

项　目	设备需求
仪　表	飞行和导航仪表、通讯仪表、动力仪表、系统(液压、电源、环境等)仪表、起落架仪表、紧急仪表、门指示仪表等
操作项目	麦克风、耳机、氧气面罩、写字板、灯、飞行手册、地图、航图等
应急设备	灭火器、消防斧、逃生设备、烟气护目镜/头盔、漂浮装置等
杂　项	行李架、手提箱架、壁橱、笔架、餐桌板、座椅、脚踏板、把手、观察员座椅、机组人员预留空地等

尽管这里的讨论是基于舱室进行的，但实际上人为因素的考虑是贯穿整个航空和飞机系统各个环节的，还包括在操作和维修环节的考虑。下面主要介绍驾驶舱的内部环境设计考虑。

驾驶舱里的人是航空系统中最为复杂的元素，飞行员在驾驶舱中的能力是弥补系统能力降低而避免发生事故的最后机会。飞行员的个体差异范围较大，人为因素要尽最大努力让任何飞行员的能力最优化。出于设计目的，人为因素可以从三方面考虑，即人的特性、机器特性和环境因素。其中人的特性包括人的生理、心理和行为等，如表 2-5 所列；机器特性包括装备几何特性、布局、信息流量等；环境

表 2-5　人的特性

项　目	内　容
人体尺寸	身高、肢体长度等基本人体参数等
力　量	肢体力量极限、姿态和肢体位置对力量的影响、力量持续时间等
体　积	大小、形状、截面积
姿　态	坐姿、站姿、仰卧姿、俯卧姿、跪姿、蹲伏姿
运动学	角度限制、移动幅度、铰接位置等
生物力学	质量、重心、惯性矩、旋转半径等
视　觉	内外视野、立体成像等
绩　效	运动准确性、完成时间等
环境对人的影响	空气、声音、振动、光照、辐射等

特性包括舱室压力、温度、湿度、噪音等。

飞机驾驶舱集成系统设计必须考虑的项目参见图2-9,显然,这些项目需要在设计阶段尽量考虑全面。

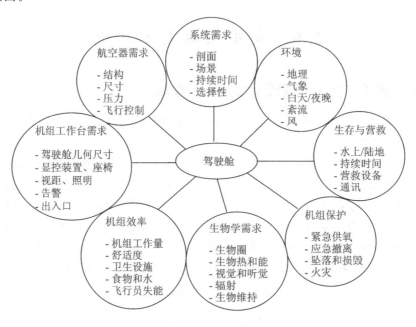

图2-9 飞机驾驶舱集成系统[6]

2.6.2 舱室空间和设施

驾驶舱和客舱为机组和旅客提供舱内物理环境。由于航空器可用空间的有限性,同时又要满足多方面的需求,包括驾驶舱作业空间、旅客座位、过道、行李空间、厨房设备、旅客服务设施、乘务人员座位、乘务人员设施等,因此不可避免需要进行一些折衷处理。

驾驶舱设计要考虑仪表面板、系统控制面板、飞行员沟通模式、座位空间、机组行李、随身衣物、紧急设备等所需要的空间。备用座椅也是一个要考虑的因素,这是驾驶舱内的观察员席位,不但是民用航空管理当局或航空公司对航线检查所需,也是机组活动的需要。长途飞行的飞机还需配备专供机组使用的休息设施,一般安置在座舱后部区域。飞行员必须系安全肩带,但不能限制或阻碍飞行员的控制动作或行动。飞行员座椅必须舒适,并且可以在上下和前后方向调节。乘客也要求在多数时段系安全带,座椅也要提供足够的安全保护和舒适度。

人体测量学通过测量人体各个部位的尺寸、肌力等,来确定个体之间以及群体之间在人体结构和生理参数、生物力学上的差异,用以研究人体形态、运动和力学特征,进而为产品的人机工程设计提供数据。在人机系统中,凡是涉及人体的产品,其结构确定均需应用人体测量学数据,其目的是为了提高设计对象宜人性,让使用者能安全、高效、舒适地完成任务。

飞机驾驶舱是飞行员操控飞机的工作场所,驾驶舱内部设计不仅影响飞行员体力、脑力的付出程度,而且直接影响操控效率和飞行安全。驾驶舱需要为飞行员提供一个安全、高效、舒适的工作环境,使飞行员可以安全而高效地完成任务,而疲劳、负荷、紧张等保持在适当程度,同时维护和保障要简单方便。客舱则是旅客在飞机上的主要活动场所,客舱环境对旅客产生直接的安全和舒适影响。

飞行员因所在人群、种族、性别等不同而不同。在飞机设计阶段,就需要对飞行员的身体尺寸、肢体力量等数据加以考虑。驾驶舱内的控制设备必须布置在飞行员的可达范围之内,所需的操作力量也必须是正常情况下飞行员力所能及的。同样,客舱座椅和通道尺寸等也必须加以考虑,这不仅关系到乘坐舒适性,更重要的是关系到应急撤离等紧急情况时的安全问题。充分利用人体测量学,并转化成舱室布局、尺寸、形态等的设计数据,是保障舱室能够获得安全、高效、舒适应用的基础。

飞行员的身高和体型是差异巨大的,但在早期的活塞发动机时代,飞机设计很少考虑飞行员身高情况,如美国著名航空邮递飞行员 E. Hamilton,他因为身材矮小,必须携带一个特殊垫子,通过这个垫子,他才能接触到常规 DC - 3 飞机的方向舵踏板,这个垫子伴随了他的整个飞行职业生涯。为了满足潜在飞行员的身高差异,如今的飞机驾驶舱被设计成能适应 1.59~1.92 m 身高的个体,对操作力量的要求也可以满足不同性别的需要。

当今的大型飞机制造商普遍使用计算机辅助设计,生成数字模型,来研究人体测量学问题。根据人体尺寸构建人体三维模型,通过人体模型模拟在数字舱室内的各种活动,可以检测舱室布局和尺寸等设计的合理性,如:座椅尺寸外形是否与飞行员身体尺寸匹配,操控器件位置是否可达,飞行员操作姿势是否舒适,客舱通道和出口尺寸是否满足乘客应急撤离要求等,据此即可对舱室设计进行评估和改进。在设计阶段对这些人体测量学因素加以考虑,将可以节约大量的时间和金钱成本。相反,如果等飞机制造完成之后才考虑这些问题,那么将耗费无法预估的时间、金钱,代价昂贵,甚至不太可能做出修改了。

2.6.3　压力和温度

座舱压力和温度由飞机压力和空调系统控制,营造人体所需要的空气压力和温度环境,保障机上乘员不发生缺氧和低温伤害。

2.6.4　湿　度

在增压飞机中,湿度是一个问题,尤其对于机组问题更大,因为机组比普通乘客飞行更多,他们暴露在干燥空气中的时间更长。

高空中外部空气非常干燥,空气通过飞机的动力压缩机时被加热,这样的空气被供给驾驶舱和客舱,使舱内空气变得更加干燥。

暴露在干燥空气中,会造成呼吸道和皮肤干燥,引起鼻腔和喉咙不适,甚至发炎。眼睛结膜和角膜干燥,会引起不适、发痒和无泪感。此外,长时间暴露在干燥空气中,还会增加主观疲劳的敏感度。这些症状对乘客是很大困扰,对机组人员则更加严重,因为机组要经常暴露在这样的干燥环境中。

人们曾尝试在长途飞机上增大湿度,但花费很高且收效甚微。不仅额外水箱和附加管路会增加重量和占用空间,而且安装和维修费用也很高。高海拔时增加的湿度能使环境更舒适,但低海拔时这些湿气会凝结成水汽和水滴,给电子仪器设备带来不利影响。湿气还会渗透到绝缘材料中,当再次回到高海拔时,那些在低海拔凝结的水滴会在高空冻结绝缘材料。现代一些飞机(如 B747—400)仅在驾驶舱增加了湿度。但若在长途飞行中保持驾驶舱湿度适宜,则下降过程中湿度会达到饱和,湿气浓缩不可避免地出现在驾驶舱中。

2.6.5　空气质量

由于舱室内外压力、温度、湿度、通风、污染物等问题都需考虑,使得维持舱室内空气质量成了一个复杂问题。是利用舱室内的原有空气,还是适当利用舱外新鲜空气加热冷却,尚未获得统一意见。与利用舱外新鲜空气相比,利用动力压缩机获得再循环空气所需能量成本更低,压缩机溢流,之后利用空气循环机流通,把空气传送到驾驶舱和客舱。为了节约燃油成本,制造商和航空公司倾向于尽可能多地使用可循环空气。

烟草烟气和再循环烟草烟气曾是舱内空气污染的重要来源,因此目前绝大多数航班都已禁烟。大部分细菌和真菌颗粒直径在 $0.3~\mu m$ 以上,使用高效粒子过滤器,可以将 99% 直径大于 $0.3~\mu m$ 的颗粒过滤出去,因此客机舱室中的微生物数量和聚集程度是较低的,远低于地面的一些日常活动场所。商业飞机都推荐安装这样的高效粒子过滤器,以便将因微生物聚集而引发疾病传播的风险降至很低。

2.6.6　噪　音

隔音和绝缘装置将驾驶舱和客舱的噪音控制在可接受范围以内。客机噪音主要来自发动机,以及空气与飞机撞击产生的噪音,尤其是空气撞击风挡玻璃产生的噪音是驾驶舱的一个问题。早期飞机驾驶舱内噪音很大,机内若没有内部通讯系统,或者耳机不合适,就会影响驾驶舱内机组人员之间的交流。多数涡轮螺旋桨飞机驾驶舱有噪音问题,但喷气飞机的舱室内噪音问题已经不太严重。

2.6.7　其　他

高海拔飞行中,机上乘员可能受到来自太阳和宇宙的辐射,这不仅需要制造商从飞机防护设计方面考虑,而且航空公司和民用航空管理当局等权力机构也应考虑从规章方面加以要求。高海拔的臭氧及其对人体呼吸和肺部的影响也是值得关注的问题。

2.7　社会环境

飞行员是预防飞行事故发生的最后一道防线,但卷入飞行事故的人员因素绝不仅限于飞行员,其他一些因素也往往与事故有着密切联系,其中社会环境对驾驶舱内机组人员的行为活动影响深刻。为了理解航空飞行中的“人”,不仅需要了解与飞行相关的个体,而且需要了解会对他们行为产生影响的社会环境,这主要包括民族文化、监管文化和组织文化。文化将人们凝聚为一个团体,并因价值和行为而区别于其他团体。不同国家之间可能具有截然不同的文化,甚至在同一个国家的不同航空公司之间也存在文化差异,这些明显或不太明显的文化差异会影响航空运营,对飞行安全产生不可小觑的影响。

2.7.1　民族文化

民族文化是与社会环境相关的最主要因素,它几乎对所有人的行为都会产生影响。不同国家的民族文化各不相同。飞行安全涉及到航空运营所有个体行为,若民族文化中任何价值或行为需要改变,那么个体需求必须受到注意。无论是个体对决策和监管的反应,还是个体对公司程序和政策的反应,都会受到民族文化的影响。

价值观和信仰是民族文化的组成部分,也是每个人文化背景的组成部分,它们根深蒂固很难改变,即使发生改变也是缓慢地改变。不同国家飞行员具有不同文化背景,在常规条件下操控相同机型时,他们的行为不会表现出很大差别,但还是会受文化背景差异的影响。当飞行员面对的操控问题是意料之外情况时,文化背景的冲突和潜在影响会变得更加突出。也就是说,尽管正常状态下,文化差异造成的操作差别是细微的,但是在像飞行这样非正常和一般的状态下,文化差异影响就很重要了。在不利情况时,人们会产生压力状态,趋向于做出根深蒂固的下意识行为,这使得不利情况下的文化差异问题变得突出。例如,副驾驶为了不冒犯他的上级,即使意识到机长操作不妥当,也可能不采取有效措施。因此,航空公司需要积极开展针对飞行员文化需求的机组资源管理培训。

民族文化环境特性可以用个人主义和集体主义,以及权力距离来描述,这些因素是评估航空飞行安全性和有效性时必须要考虑的人为要素。个人主义是指在机组成员中的一种高级别自主性;集体主义是指团体固有和高度互助的集体导向结果;权力距离是指团队中权力低的成员不平等地接受权力(或影响)的限度,并且他们认为这是正常、公正和合理的。

涉及权力距离问题的一个典型是机长和副驾驶之间的关系,被称为跨越(驾驶舱)权力梯度,如图 2-10 所示。这个概念由爱德华于 1975 年提出,意指在进行机组匹配搭班时,既不能将技术和资历很高的机长与年轻胆小的副驾驶放在一起搭班(权力梯度过陡),也不能将两名技术和资历相当的飞行员放在一起搭班(权力梯度过平)。权力梯度过于陡峭,副驾驶可能屈从于机长威望,不敢质疑机长和表明自己的主张,从而起不到监控和交互交叉的目的。而权力梯度过于平坦,则不利于机长决断,可能造成相互排斥、挑剔、逆反、攀比心理,甚至相互不配合反其道而行之。

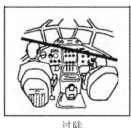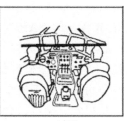

最佳　　　　　　　过陡　　　　　　　过平

图 2-10　跨越(驾驶舱)权力梯度[7]

在一个权力距离小和个人主义高的团体中,接受一个观念相对容易,这需要有合适的跨越权力梯度和好的驾驶舱团队。但权力梯度很好的团队也不能完全保证不出任何问题。团体中的个体具有多样性,一些人能较好地适应变化,另一些人则可能很难改变。一支优秀的机组团队,需要那些不易接受其他人意见的成员在价值观理念上发生显著改变。当今飞行操控中要求驾驶舱权力梯度是适当的。

在权力距离大和个人主义低的团体中,很难建立优秀队伍。航空飞行的安全性和有效性,需要机组中有较小的权力距离和较高的个人主义。在机组内,如在机长和副驾驶之间,权力距离过大是与集体观念相矛盾的,这在副驾驶职责受到个人主义约束时更为不利。当今航空运输中的飞行安全操作,集体观念是必要基础。若一个飞行机组中权利距离大和个人主义低,那会存在很大问题,机组成员必须改变他们最根本的个人特性,起码在飞行中要改变。最困难但也是最重要的一个情形是,在必要时副驾驶能否有效监控并挑战机长行为,因为在一些民族文化里,机长被认为是不可冒犯的"上级",甚至被认为是不可能犯错误的"国王"。实际上,由于航空运输的运作传统,机组中的下级乘员要做出斩钉截铁的决定是几乎所有民族文化的一个难题,并不限于那些飞行事故多发的国家。自从副驾驶加入驾驶舱成为飞行机组的那天起,因副驾驶未能有效监控或者积极干涉机长行为而导致的飞行事故屡见不鲜。

除了上面介绍的个人主义、集体主义和权力距离之外,像个人特殊背景等也是对飞行安全有重要影响的民族文化因素,例如,军人或平民、教育类型及民族文化中的其他部分。很难改变或改变缓慢的社会生活基础结构,使飞行员都带有会影响他们的驾驶舱操作行为的文化背景。

为了降低民族文化给飞行安全带来的不利影响,包含机组资源管理在内的运营策略和行为观念得到发展和实施,内容包括增强责任感和团队观念,强调任何情况下非操控驾驶员(PNF)对操控驾驶员(PF)行为进行有效监控的重要性,认识到每个人都可能犯错误,努力减少和控制运行错误等。

2.7.2　监管文化

监管职责需要在航空器和人员的证明和运行中重点考虑,这是一个重要的国家职能。由于各个独立国家拥有自己的监管职责和权利,因此不同国家之间监管文化是存在不同的。从安全的角度考虑,所有的安全措施都应该被妥善实施,但是,对于运营者(如航空公司)来说,许多安全措施的实现成本是昂贵的,出于竞争和经济利益的考虑,他们可能会降低要求。因此,有必要对安全措施采取适宜的监管要求或建议,以确保统一执行。例如,风切变预警系统(WSAS)、空中防撞预警系统(TCAS)、近地警告系统(GPWS)等是监管安全要求的范例;民用航空管理当局对机组资源管理培训(AC120—51E)等活动的支持则是安全建议的范例。

为了强化ICAO的SARPs,FAA(美国联邦航空局)在20世纪90年代初期开发了IASAP(国际航空安全评估程序),用于监控其他国家对国际航空安全规定(特别是对SARPs)的执行有效性,不满足安全监管保证的国家的航空公司禁止进入美国运营市场。评估关注的不是一个航空公司运营是否安全,而是一个国家是否有权力适当的民航当局来保证航空运输的安全有效。从现实意义看,这实际上是在评估一个国家监管文化的有效性。

ICAO在国际民航安全中的作用不断扩大,1997年11月召开的ICAO会议通过了在其成员国中开展安全审计,并严格执行审计结果的决议。ICAO于1999年1月推出了USOAP(通用安全监督审计计划),以应对普遍关注的全球航空安全监督的妥善性。USOAP的终极目标是通过定期审计ICAO成员国的安全监管系统,促进全球航空安全。USOAP审计关注的是一个国家提供安全监管的能力,采取的方法是评估该国家是否有效和持续地实现了安全监管系统的关键要素,确定该国家实现ICAO安全相关SARPs,以及相关程序和指导材料的级别。2005年,审计计划扩展到USOAP综合系统方法(CSA),囊括了芝加哥公约所有安全相关附件的规定。之后,审计方法不断发展,2007年,提出基于持续监控和安全风险因素分析理念的灵活应用审计的新方法——持续监控法(CMA),该方法能更有效和高效地利用ICAO资源并减少国家因重复审计造成的负担,以及增加ICAO其他办公部门和区域办事处的角色参与等。2010年,ICAO第37届大会通过决议,将继续推进CMA列为首要任务,以确保能将成员国的安全执行情况提供给其他成员国和公众。这需要所有成员国的参与和支持,特别是在2011～

2012 年的两年过渡时期发展 CMA 所需的工具和指导。2013 年 1 月，USOAP CMA 全面启动，而它的各种工具、原理和指导材料还将不断改进。

ICAO 通过对其成员国的安全审计，检查和评估了一个国家的安全监督能力和该国家航空活动的整体安全水平，通过对照各成员国执行 SARPs 的情况来实现全球范围内的统一标准。审计能帮助各个国家更好地发挥监管权力，发展良好的监管文化，提高整体的航空安全水平。

2.7.3　组织文化

组织文化也可以称为公司文化或企业文化，其核心内容是安全。无论航空器是好还是差，一旦被购买并使用，航空公司就要担负起保证航空器运行安全性和有效性的责任。组织文化是航空公司能否达到这点的主要决定因素，安全问题是航空公司保持生存的必要条件。

组织文化对员工行为和运营安全有直接影响，其评估系统对确保飞行操作中保持安全行为和不违背标准操作程序是至关重要的。完成一次飞行任务的机组是一个团队，所完成的任务是团队任务，而飞行机组是始终在组织文化环境中进行任务操作的，由于不间断的监督是很不实际的，因此机组是一个需要有自我管理的团队。在一个航空公司内，组织文化受参与运行的每个人的个体文化的影响。个体文化是一种特殊文化，这种文化会对组织文化和安全文化产生影响，甚至是民族文化的一部分。如飞行机组人员、乘务机组人员、机场服务人员各不相像，而且他们的行为与公司中的其他人也不相像。航空公司的行为规范与旅游代理商、律师、会计或搬运工的行为标准也不同。航空公司组织文化的一个重要目的是要利用和升华个人文化，达到提高运行安全性和有效性的目标。组织文化里有许多方面是不能完全用明确语言描述的，不成文的潜在行为准则对个体行为有深刻影响。因此，成文和不成文的组织规章都具有现实的重要性。

在航空公司内建立良好的组织文化氛围，对于保证航空器和体系的安全有效运行是至关重要的。组织文化和安全文化基本原则可以归结为四个方面，即 4 个 P[8]：管理理念(philosophy)、政策(policies)、程序(procedures)和实践(practices)，该方法是基于驾驶舱操作问题而建立的，如图 2-11 所示。

1. 管理理念

管理理念是组织文化的基础，是指导实际行动的原则体系，这是一个关于如何经营的具有广泛含义的观点。航空公司通过管理理念对航线业务，包括对飞行运行过程进行全面把握。公司管理理念会受到公司高层决策者的个人理念的极大影响，也会受到公司文化的影响。管理理念的有效执行，需要公司的各项政策和程序将公司理念体系囊括进来，同时航空公司的日常运行也必须符合已建立起来的政策和程序。4P 仅是运行体系中的一部分，为了保证航空公司运行的安全有效，所有与安全和有效相关的因素都必须得到考虑，如基础设施、工效、规章、决策、自动控制等，而且这些因素都是相互关联的。

2. 政　策

公司管理理念与经济、竞争、新型航空器、组织改变等因素结合在一起，就产生了公司政策。政策是反映并执行公司管理理念的，建立公司运营政策的目的是为了提供一种引导航空公司运营的方式。政策关注的是如何完成操作，涵盖了培训、飞行、维修、个人行为、权力行使、

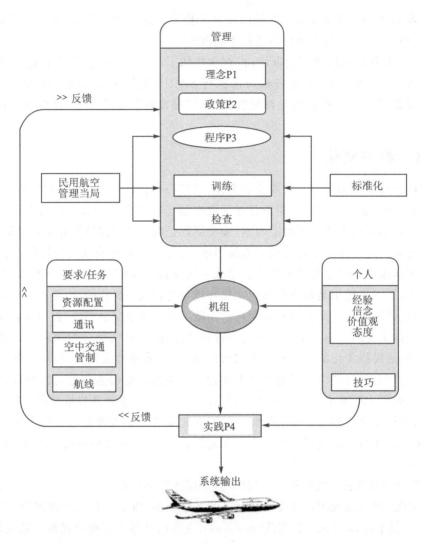

图 2 - 11　驾驶舱操作的 4 个 P[8]

惩罚措施等诸多领域。此外,驾驶舱内部本身、驾驶舱与客舱之间、公司内外其他人员等机组资源管理原则也受到运营政策的支持。

因为政策和运营环境变化有紧密关联,因此公司政策具有灵活性和动态性,而公司管理理念的原则是保持不变的。政策的发展是个动态过程,例如,机长和副驾驶的作用和职责、机组资源管理原则的执行、飞行机组和客舱之间的接口与关系等,都是经过比较长时间的改变、调整而成为目前成熟的政策。另外,机上乘员不准抽烟的政策也是一个随时间而改变的例子,而且现在禁烟政策对绝大多数承运人来说已经是固化了的。

3. 程　序

程序应包含公司政策方针和管理理念,其设计要与政策保持一致,当然与公司理念也必须是一致的。程序必须基于广泛的用户操作概念而建立,目标是明确怎样才能更安全有效地操控设备,关注的是特定操作如何执行的规范。如果以书面形式列出来,那么需要制定一个与公司政策和理念保持一致的统一合理的驾驶舱规定,有冲突和矛盾的程序要易于被发现,飞行机组要了解每个运行标准程序内在的逻辑关系。

驾驶舱程序包括有六个明确的事项,即:任务是什么、任务什么时候执行(时间和顺序)、任务由谁执行、任务怎么来做(行动)、行动有哪些组成序列、提供怎样的反馈(调出、指示器)。设计良好的驾驶舱程序对子任务和行动有明确说明,其功能在于可以辅助飞行机组对手头的主要工作进行有效的、有逻辑的和防差错的处理。驾驶舱程序的另一个重要功能是提升飞行机组、客舱机组、地面人员或其他人员之间的协调性。程序也是公司管理和规章政策在整个航线的一种质量控制方式。

4. 实　践

实践关注的是机组履行与飞行任务相关的职责。程序的终极用户是飞行机组,他们的决策和行动决定了系统输出。驾驶舱里的实践包含了飞行机组的所有产出:程序的正确执行、对程序的偏离、对程序的疏忽、技术的使用以及任何其他行动。程序可能是强制性的要求,而遵从还是背离它则是飞行员的决定。管理层制定了驾驶舱程序,驾驶舱实践则是由飞行机组来执行。在已经制定了程序但实际执行不符合标准的情况下,出现的差异常被称为"部门培训"或"文本方式"与"现场实际"的对比。为了让实践更好地与制定的政策和程序保持一致,前3个 P 已经做得很好的航空公司需要建立一个内部系统,收集来自实际操作的、认为政策和程序需要做的改进,同时也要建立一个能够将正确的改进整合为新政策或新程序的内部系统。这可以帮助程序制定者了解程序条款与飞行员操作行为之间的异同,同时也是保持程序动态化改进的一个方式。

理念、政策、程序和实践相互作用来提高飞行安全。但是,无论任何时候,若4个 P 之间出现冲突,则会危及飞行安全而发生事故。可以这样认为,安全、准时起飞是多数航空公司的运营目标,这样的政策对航空公司的成功运营至关重要,并且已经深深扎根在管理结构中。为了把公司经营理念转变为政策,航空公司制定大量计划,以确保航班、机组人员配置、燃油补给、日常维修、乘客登机和行李装载都能有序进行,从而保证飞机能"按时起飞"。对驾驶舱进行检查的程序更加详细,其他各种安全和服务检查也有序按时地进行。但是,这些过程最终都需要由执行这些任务的人员来完成,这样组织的理念、政策和程序就变成了实践。如果4个 P 存在冲突,例如,如果公司里影响政策的经营理念不是被安全驱动,而是被利益驱动的话,如不惜一切代价都要求准时起飞,那么这种理念和政策就会导致不良程序,如驾驶舱检查单的简化或者没有对飞机进行彻底的一套检查,甚至引发机组和其他人员出现不安全的实践行动。

思 考 题

1. 低压对人体的危害主要有哪些?简单解释发生原理。

2. 什么是高空缺氧症?高空急性缺氧的生理限值有哪些?有什么措施应对高空急性缺氧问题?

3. 飞机座舱压力设计要考虑哪些内容?

4. 驾驶舱内部环境的人为因素设计需要考虑哪些方面的内容?

5. 社会环境是如何对飞行安全产生影响的?

第 3 章 人的差错

人类自身具有许多局限性，人体结构、承载能力、适应范围、反应能力、情绪、环境等各种因素对人产生着影响。无论怎样选拔和培训，人总有一定的局限性，当局限性超出了基准，就会引发事故症候或事故。多年来，60%～80%的飞行事故和事故症候与人的差错有关。包括飞行员在内的所有人都会出现差错，这是个基本事实。关于人为差错的定义有很多，这里引用Wickens 的定义——人的差错是指降低系统有效性或安全水平的人类不恰当行为[9]。人的差错是难以完全避免的，但通过对差错来源、类型、性质等进行识别，采取有效措施加以预防和减少，是对待人的差错的积极态度。

3.1 信息加工理论和人的差错

3.1.1 信息加工理论

现代认知学用信息加工的观点描述了人的认知过程，指出人的差错会出现在信息加工过程中的任何阶段，如图 3-1 是人的信息加工过程模型。

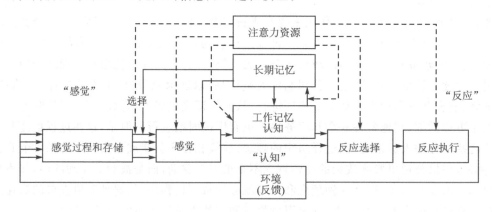

图 3-1 人的信息加工过程模型[9]

1. 信息的接收

感觉系统是人类接收外界信息的系统，包括视觉、听觉、前庭觉、本体感觉、嗅觉、味觉、肤觉等数量庞大的感觉器官。不同感觉器官负责觉察特定形式的信息，使人们可以感受到光线、声音、移动、气味、味道、接触和冷热等。这些感觉帮助人们对外界事物做出正确反应，以及获得完成特定任务所必需的信息。

对于同一个信息，不同人的感受性存在个体差异；同一个人，在不同时间和环境中，感受性也会发生变化。人体生理特点、体质、疲劳、情绪状态等都会影响人的感受性，并且任何感觉都有其局限性，这意味着人的感觉器官不能觉察到所有信息，例如人眼的可见光范围只有 380～780 nm，而听觉范围只有 50～20 000 Hz，人的前庭器官只能感受加速度和合力等。

2. 信息的处理

外界信息被人体器官觉察到以后,该信息便沿着相应的神经通路传递至大脑,并在大脑进行加工处理,信息被认知和破译,并被赋予特定意义。对感觉信息的意义解释称为知觉,知觉与感觉是不同的两个概念。例如,眼睛看到一团光线这是感觉,经大脑处理后认出这是一幅图画则是知觉;耳朵听到一段声音这是感觉,经大脑处理后识别出这是一段音乐则是知觉。

来自环境的刺激(如声波或光线)被存储在短期记忆(工作记忆)中(如声音记忆或图像记忆),足够多注意获得的刺激信息转变为短期记忆中信息,这些信息会和长期记忆信息进行比较,从而形成对外界当前状态的心理表征。

人对知觉对象能否进行准确和有效的解释,特定情境、知觉者知识经验、当前动机等都是重要决定因素。人类知觉能力的局限性限制了人同时知觉不同类型信息的能力。大量研究表明,大脑不仅能够控制接受刺激的强度,而且能隔离部分多余刺激。注意力选择的关注目标取决于刺激信息的显著性,这包括两个方面,一是来源于外界刺激本身的显著性,如醒目的颜色、突出的字体、亮度、方向、运动、深度等;二是来源于大脑高级皮层控制产生的显著性,如事先根据任务要求对不同的目标设定的重要性或优先级权重、期望、目的、动机、知识、甚至情感等。如果两组刺激源同时竞争引起人的注意时,那么往往是强度、广度、频率大,且对比度、颜色、轮廓清晰的那个刺激占优势。但是,个体的动机最终会让其所感兴趣的、需要的刺激获胜。相同的刺激,但知觉却是千变万化。

由于大脑会将注意力放在它认为重要的信息上,因此常会导致对个别因素的过分注意,而忽略了其他可能同样重要的因素,以至不能注意到或许更重要的其他因素。在这种情况下,人们可以感觉到刺激信息,但不能进行正确的知觉和行动。

当需要人对外界刺激做出知觉和反应时,反应定式是一个影响因素。反应定式是基于已有知识或经验,运用特定方法对外界做出响应和解决问题的倾向,人们往往用这种方式对外界环境进行感知并做出响应。闻所愿闻,见所想见,是对反应定式的通俗说法。社会环境和个人习惯会显著影响反应定式的行为表现。在面对模糊不明确的信息时,动机成为一个至关重要的因素,人们往往会专注于所期望的外界刺激,换句话说,越想听到的信息就越容易听到,越想看到的信息就越容易看到。动机作为行为的核心要素,对行为表现至关重要,它激励意志,引发并指导行动。当相互冲突的动机同时出现时,则会使人产生相互矛盾的反应,要解决由此导致的冲突,人们会延缓决断或不做决断,回避反应或者寻求折衷方案。冲突的动机还会引起不稳定的行为、为逃避问题而保持一成不变的行为、情绪化反应等。许多飞行事故归因于冲突因素,与注意力和动机等相关因素造成的人的差错需要从改善驾驶舱的设计、制定规章和条例等方面加以解决。

3. 反应执行

前面的信息处理结果传递到反应执行阶段,此时需要选择适当的行为模式,做出执行行动。此时信息处理还未停止,行动的结果会通过感觉器官再次觉察,经由感知反馈回路对行动结果进行监视,如果问题没有获得解决,则会刺激系统进行修正和调整,直至问题解决。

人的差错可能在以上过程的各个环节产生,例如,信息接收阶段,线索不明确、不能被觉察或者缺少线索,都会导致人对当前情景不准确的评估;在信息处理阶段,人或许对当前事件状态做出了正确评估,但却选择了错误的应对方法或者承受了不必要的风险,同样也会导致结果失败;在反应执行阶段,如果前面环节都做得很好,但却不具备执行操作技能,则同样难免灾难发生。

3.1.2 Rasmussen 技能型、规则型和知识型差错

同样利用信息理论的方法,Rasmussen 提出了针对人信息处理差错的一种详细分类法[10],将差错类型分为 3 种,并画出了决策流程图。差错取决于三类行为类型或水平,即技能型(skill based)、规则型(rule based)和知识型(knowledge based)。技能型行为受潜意识的惯例或储存的行为模式控制,适用于例行程序,技能型差错主要是非有意的执行差错;规则型行为适用于熟悉的情况,此时大脑记忆储存的规则能得以应用,规则型差错涉及是否识别出状况、回忆和应用正确的规则;知识型行为发生在不熟悉的、特别的情况下,此时行为必须根据目标来计划,此类型差错源于不充分的分析或者决策。

1. 技能型差错

在正常运行时,人的自动活动属于技能型,人只对外界信息作浅层处理(即习惯性反应),即技能型活动。这种行为在信息输入与人的响应之间存在非常密切的关系,它不完全依赖于给定任务的复杂性,而只依赖于人员的培训水平和完成该任务的经验。这种差错的特点是不需要人对显示情况进行解释,常常是一种人对信号的直接反应。

遗漏和过失常常发生在技能型动作的执行过程中,主要是因为人丧失(或分散)注意力,或由于作业环境的高度自动化性质所致。当飞行员工作量较大、压力较大、疲倦或精神松懈时,容易发生此种类型的差错。

2. 规则型差错

当飞机进入异常状态,飞行员注意到这种情况之后,他就会对这些异常信息进行深层处理,运用现成的规则去解决问题,在这种情况下出现的差错就是规则型差错。在此情况下,人的行为是由一组规则控制和支配的,它强调对实践的了解或掌握的程度,如果规则没有很好地经过实践检验,那么人们就不得不对每项规则进行重复检验和校对,这时,人就可能由于时间短、认识过程差等原因,造成对规则的理解不够,产生差错。

3. 知识型差错

如果发生的异常情景十分复杂,从前没有遇到过,飞行员不得不运用所掌握的基本知识深入考虑造成异常工况的原因并采取相应的措施,这就是知识型的问题解决过程。在这个过程中出现的失误就是知识型差错。

错误通常发生在规则型和知识型差错上,主要是判断错误或危险感觉错误,这使得差错的恢复更加困难。

3.1.3 O'Hare 评估机组差错的分类框架

O'Hare 等人将信息处理差错的分类应用到了航空领域,使用信息加工的连续六个步骤来诊断导致人出现差错的潜在原因,如图 3-2 所示。

这个分类框架包括信息加工的六个环节,即刺激信息探测、识别判断、目标选定、策略选择、程序执行和行动,它们每个都能单独失效,也能结合起来导致差错。这种分类和 Wickens 等描述的信息加工模型是基本对应的。

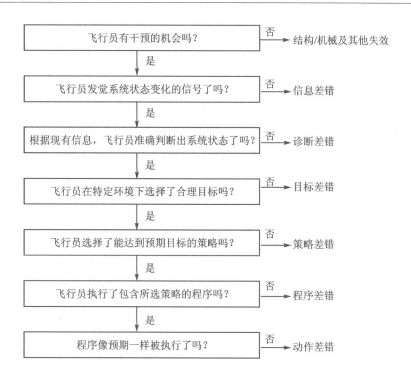

图 3 - 2　评估机组差错的分类框架[11]

　　这是基于信息加工理论提出的人的差错模型,是逐步分析、逻辑性强的认知观点,有利于理解导致人的差错的潜在原因,例如是注意差错、记忆差错、决策差错或其他类型差错。

3.1.4　Reason 的 GEMS 框架

　　Reason 的 GEMS(generic error-modelling system)框架将人的差错按照是否有意分成两大类,如图 3 - 3 所示。第一类是无意行为(unintentional action),包括过失(slip)和遗漏(lapse);第二类是有意行为(intention action),包括错误(mistake)和违规(violation)。

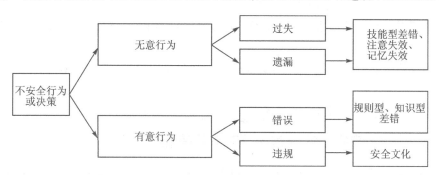

图 3 - 3　GEMS 框架[12]

　　过失是正确意图被错误执行了,即不正确行动取代了意欲行动。诱发原因包括三种:①目标行为与经常实施的行为稍有不同;②刺激环境或行为本身某些特点不适合当前情境;③行为较自动化,因而未获得注意和密切监视。

　　遗漏是该采取行动的时候没有采取任何行动。遗漏和记忆失败直接相关,但与基于知识的错误存在明显差别。当人因忘记适用情境,而将适用于某模式的特定行为应用到不同且不合适的模式下时,就产生了模式错误(mode error)。模式错误是高度自动化操作、高工作负荷和不当设计共同促成的,模式混淆在其中起主要作用。模式错误既与过失有关,也有遗漏的记忆失败特征。

错误指目标意图不正确,是因诊断错误或规则选择错误而引起的行为目标意图错误,和知觉、记忆和认知方面缺陷有关。Reason 将其划分为基于知识和基于规则的差错。基于知识的差错,如决策中所犯的错误,原因是对情境错误理解,进而形成了错误的行动计划,该差错的特征是情境经验低、任务对注意力的需要高。基于规则的差错,与较高技能水平相联系,常发生在人有某种自信的情境下。

违规是有意做错事情,偏离某种规范和标准,与安全文化密切相关。

3.1.5 执行差错和遗漏差错

按照差错表现的外在形式,人的差错可以分为两类:执行差错(commission)和遗漏差错(omission)。执行差错是添加了不应该的行动或者用其他行动替代了正确行动,例如关错发动机、误放起落架。遗漏差错是漏掉了一些本应该做的事,如遗漏了检查单上某些项目,这可能诱发其他差错。

NTSB(National Transportation Safety Board,美国国家运输安全委员会)将飞行员差错分为执行差错和遗漏差错。NTSB 还按照任务类型对飞行员差错进行了如下分类[13]。

① 飞机操纵:飞机未能控制在设定参数内;

② 通讯:不当的回读、回听,提供的信息不准确或不当;

③ 导航:选错无线电导航所需频率,选错航向或方位,误读航图;

④ 程序:缺少必要标注或标注不准确,对飞行检查单或简报的处理未做或未做完,未遵守检查单程序,未参考航图,未获得关键信息;

⑤ 资源管理:未对机组成员分配工作职责或任务,未区分任务优先次序,机组成员工作负荷量超载,未做好飞机操控任务的交接;

⑥ 情景状态:控制飞机中出现错误参数;

⑦ 系统操作:不当操作发动机、系统,误读或误设置仪表,预警系统失灵,未做防除冰处理;

⑧ 战术决策:错误决断,未注意到要求操作步骤改变的警告,未响应信息作出操作步骤的改变;

⑨ 监控/质疑:未对机组成员错误操作或不作为作出监控或提出质疑。

3.1.6 随机差错、系统差错和偶发差错

按照差错的分布,人的差错可以分为随机差错、系统差错和偶发差错,可用子弹射击在靶子上的分布情况来描述,如图 3-4 所示。

1. 随机差错

随机差错指人的差错随机分布,无规律可循,这可能由各种原因引起,与直接目标的相关关系不确定,因而难以预测。随机差错很难通过优化设计、加强培训或提高工艺予以消除,因此航空系统必须能够容忍随机差错。例如,在操控飞机着陆时,如果飞行员的着陆接地点偏离

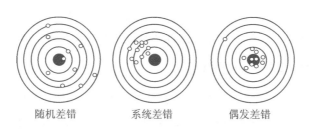

随机差错　　　系统差错　　　偶发差错

图 3 - 4　随机差错、系统差错和偶发差错[7]

无规律可循,这时飞行员所犯差错就是随机性差错。

2. 系统差错

系统差错有较小的离中趋势,引起差错的原因通常局限于个别因素,是有规律可循的。系统差错是缺乏最优设计、培训或工艺的产物。系统差错可以预测,但并非每次都会发生。要消除系统差错,首先需要进行差错识别,然后再改进设计、培训或工艺的不足。例如,一位飞行员一贯的着陆未达跑道,这属于系统差错。

3. 偶发差错

偶发差错发生在良好运转的日常过程中或过程后,表现为在一系列良好表现之中或者之后偶尔出现一次差错,这种差错很难预测和预防。例如,一位飞行员通常都可以精确着陆,但是偶然有一次出现了难以解释的罕见的着陆未达跑道,这就属于偶发差错。

3.1.7　可逆差错和不可逆差错

从安全角度考虑,把人的差错分为可逆差错和不可逆差错,是很实用的一种分类方法。可逆差错是可以补救的,不可逆差错则是无法补救的。攀岩者如果不带安全绳,那么在攀岩时失手就可能是一次不可逆差错;如果带了安全绳,同样的失手差错可能是一次可逆差错。飞行员如果对飞机穿过雷雨带所耗时间计算错误,但在实施穿越雷雨带行动之前复查到了,那么计算时间错误就可能转变为可逆性差错;如果没有检查出计算错误,就可能无法完成穿越而遭受雷雨导致一次不可逆差错。

3.2　SHEL 模型

1972 年,Elwyn Edwands 提出了 SHEL 模型,该模型描述了以人为中心,由人、软件、硬件、环境构成的工作系统和交互界面。任何系统都是整合一体的,人的差错或事故很少单独由个人造成,而往往是多种因素的相互作用结果,人和其他要素间的交互界面是易于出现问题的地带,当交互界面不匹配时,人的差错就会产生。该模型常被用于分析飞行中的人为因素与飞行员差错来源。SHEL 模型如图 3 - 5 所示。

图 3 - 5　SHEL 模型

SHEL 是组成模型的四个要素首字母的缩写词,其中:S 是软件(software),代表管理系统的运行规章和规则;H 是硬件(hardware),代表系统硬件,如设备、材料等有形资产;E 是环境

(environment),代表人所处的工作环境;L 是生命体——人(liveware),代表系统中的人。要素之间的界面凸凹不平,意味着各个界面之间需要相互匹配,否则差错和事故就会发生。

3.2.1 人-软件(L-S)界面

驾驶舱内的软件包括飞行程序、航行情报、飞行手册、设备手册、检查单、运行公告、信息显示等非物理性信息。不合理的软件设计、不恰当的信息显示、不适宜的自动化或对信息的误解、误用等,都会诱发飞行员错误。例如,检查单是标准化运行程序的一个基础,也是增强运行安全的关键。检查单的应用通常有两个目的,一是设置航空器系统,使之在运行前或运行过程中(如起飞或着陆)处于良好状态或良好过程;二是确保系统在正常或紧急情况下,恰当的程序能被妥善正确的执行。因此,检查单的设计就非常重要了,如果检查单存在顺序不当或遗漏信息这样的缺陷,那么就可能耽误飞行员处理事件的时间,甚至引起错误纵。现代飞行器的自动化程度高,飞行员任务已由传统操纵为主逐渐转变为飞行状态监控为主,其中一个重要任务就是对软件的管理和利用。飞行员对飞行状态的发展要始终保持注意,一旦监控不力,那么当意外情况出现需要飞行员从自动驾驶仪状态接手处理时,飞行员可能弄不清事态起因和后果,因而感到茫然失措,错失处理时机。1996 年 2 月 6 日发生的土耳其包机公司伯根航空 301 号航班空难就是典型例子,当时机长从自动驾驶仪状态接手飞机操作,面对超速和失速两个矛盾的警报而困惑无措,紧接着的一连串差错,最终导致飞机失去控制。

3.2.2 人-硬件(L-H)界面

这是最容易诱发人的差错的界面。例如机载设备显控界面设计和使用理念与人的生理和认知特点不符,或者对意外情况缺乏考虑,那么人的差错就很容易发生。例如,早期飞机上的副翼升降和起落架收放控制装置非常相似,这种相似给飞行员造成迷惑,因而经常发生飞机在地面而误收起起落架这样的事情。从人的因素角度,设计者应考虑到这种人-硬件界面的不匹配问题。改进设计对两个控制装置的手柄进行了形状编码,如图 3-6 所示,从而大大降低了误操作的发生。1989 年 1 月 8 日发

副翼　　起落架

图 3-6　副翼升降和起落架收放控制装置

生的英伦航空 92 号班机空难,发生了飞行员错关发动机的错误,是人-硬件界面出现问题的一个典型例子。

3.2.3 人-环境(L-E)界面

人-环境界面诱发飞行员差错是很常见的问题。气压、温度、湿度、噪声、振动,以及时区变换、连续飞行、复杂天气等,都会增加飞行员犯错的机率。例如,气压变化带来的气压性耳塞是每位飞行员都会遇到的问题,它不但令人有明显耳压感,还会减退人的听力、造成注意力分散。舱内气压变化在起降阶段最为明显,因此对飞行安全影响较大。再如,在进近着陆过程中,若既定航路上有难以绕越的雷雨带,恰巧起落架又出了点故障,整个机组很可能将注意力集中在某件具体的事情上,而忘记了监控飞机状态这样的主要职责,最终酿成悲剧,这其中人-环境界面不良,是诱发飞行员差错的重要原因。另一个例子是 2005 年 8 月 14 日发生的太阳神航空 522 号班机事故,尽管事故起因是维修人员忘记设置座舱自动加压,但是飞行员没有意识到座

舱缓慢失压而最终失去意识,则是人-环境界面问题。

3.2.4 人-人(L-L)界面

人-人界面主要指飞行员和机组其他成员之间,以及和 ATC、气象员、签派员、旅客等之间的界面。这是航空飞行中最重要,也是最微妙的一个界面。若飞行员和其他人员之间的信息交流传递出现偏离、缺损或误解,就会为最终差错埋下伏笔。例如,机长与副驾驶之间权力梯度过大,那么副驾驶可能发现疑问不敢及时、直接指出机长的错误,从而耽误了挽回错误的宝贵时间。不少飞行事故分析发现,在事故发生之前,副驾驶已经发现和意识到机长当时的处理存在严重问题,但副驾驶未作出适当反应,或者根本没有做出提醒;而机长在听到副驾驶的建议后,采取了不信任和无视的态度。1996 年 2 月 6 日发生的土耳其包机公司伯根航空 301 号航班空难就存在这样的问题,当机长面对超速和失速两个矛盾警报而困惑无措时,副驾驶提出了宝贵的正确建议,但是副驾驶语气不强硬也没有采取实际行动,而这些建议又被机长忽视和不予采纳,最终失去了能挽救飞机的时机。

3.2.5 多维界面

SHEL 模型的四要素之间是存在相互作用的,并且这种交互作用可以是多层级的,如图 3-7 所示的 SHEL 模型的多维界面。随着数据链通讯技术在航空领域的发展,SHEL 模型的多维界面在现实中更具典型性。例如,人(空管员)-硬件(数据链)-人(飞行员)这个交互界面(图中用连接线表示),在航空飞行中有频繁的通讯交互,无线电干扰、语音不清、送话器堵塞等都会造成交互问题,无论哪个连接交互界面出现问题,都可能引发差错和事故的发生。对这样的交互链进行改进能够改善飞行员和空管员之间的通讯效果。尽管这样的多维交互在系统运转中更为常见和典型,但这些多维交互作用常常隐藏在操作者背后,并不是显性的、透明的,因此若设计不当,则会削弱对系统的监视和分析,导致事故发生。

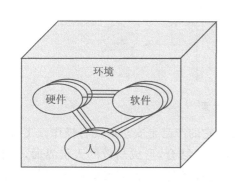

图 3-7 SHEL 模型多维界面[14]

1977 年发生的特纳里夫机场的两架 B747 撞机事故是多维界面交互出现问题的一个例子。事发当时,两架 B747 在大雾中滑跑,同时发送了通话,使送话器发生堵塞。特纳里夫机场塔台告诉其中一架 B747 等待起飞,机长误认为已被批准起飞,于是推了油门。此时另一架 B747 仍在跑道上滑行寻找滑出道,该飞机发出无线电警报"我们仍在跑道上"。不幸的是,正在滑跑起飞的 B747 只听到 3.74 s 的尖声呼叫。塔台和寻找滑出道的 B747 飞机同时发送通话,造成送话器堵塞,第一架 B747 没听清通话内容。如果准备起飞的 B747 机长清楚听到塔台或另一架 B747 飞机任何一方发出的通话,他都会中断滑跑,而不会酿成两架飞机在跑道上相撞、583 人死亡的悲剧。

SHEL 模型考虑了事件发生的前因后果、各种因素、关系、任务、设计等相关因素,认为操作者不是导致差错和事故的唯一原因,主张开发差错预防方法,对系统进行更好的容错性设计。SHEL 模型因易于理解而被广泛应用,1993 年,ICAO 推荐在飞行事故调查人因分析时,采用 SHEL 模型作为分析框架,其他如美国空军、航线飞行协会,也把 SHEL 模型作为搭建调查框架的部分基础。

3.3 Reason 的事故致因模型

3.3.1 生产系统的元素

Reason 的事故致因模型最初被用于围绕核电厂进行的事故致因研究,它基于这样的假设:所有组织都是由基本元素组成,这些元素组成了"生产系统"(如图 3-8 所示),这些元素必须和谐地一起发挥作用,才能保证系统安全高效地运转。

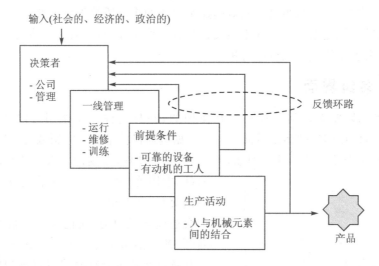

图 3-8　生产系统的组成元素[12]

基于该模型,航空企业可被视作一个复杂生产系统,它的产品是安全的飞行操作。飞行员的行为是系统中的一个关键元素,与系统中的其他元素有机结合,形成高效的人机界面,才能安全有效地进行飞行操作。在活动开始之前,存在某些前提条件,如保养良好的可靠装备,训练有素的专业化人员。毕竟多数飞行员是工作在高度结构化的、需要有效管理和监督的企业组织里。这些管理和监督在组织里各部门之间及部门内部进行,包括操作、培训和维修等。

为了有效地履行职责,管理者需要有人指引、有员工和资金支持。这些支持一般来自于更高层的决策者,他们的任务包括设定目标、管理可用资源、平衡冲突等。其中经常需要平衡的冲突是安全目标和生产经营目标,例如对航空公司,这包括安全、高效、准时和盈利等。决策者作出的决策往往受到组织外部的社会、经济和政治的影响,同时也有来自组织内部的管理人员和员工的反馈。

3.3.2 生产系统的失效

根据 Reason 的说法,系统元素之间交互出现问题的地方,就是事故发生的地方。系统元素交互的失效损害了系统完整性,使系统易受操作危险因素攻击,从而更易导致灾难性失效。如图 3-9 所示,这些失效可以用系统不同层次上的"洞"来表示。生产过程逐级失效或崩溃,和瑞士奶酪情形一样。该理论常被称为事故致因的瑞士奶酪模型（swiss cheess model）。

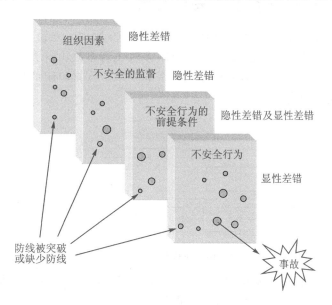

图 3 - 9 事故致因的瑞士奶酪模型[12]

从事故发生的时刻逆着时间往回看，第一个层次是导致事故的操作人员的不安全行为，航空中即飞行员或机组的差错。飞行员行为出现显性差错，是直接和事故或事件联系在一起的，例如，没有正确扫视仪表，或者忘记放下起落架，这样的差错会直接导致伤亡可能性。飞行员产生的这些显性差错意味着安全防线被突破，或者奶酪出现了"洞"，是距离事故最近层次上的不安全行为。

相对于显性差错而言，隐性差错潜伏时间长而不易被发现。隐性差错有三层以上导致系统失效的人因失效，分别是不安全行为的前提条件、不安全的监督和组织影响。不安全行为的前提条件是直接对操作者绩效产生影响的条件，属于机组资源管理的范畴，包括飞行员疲劳、通讯不畅、协同失效等，当这些情况发生时，飞行员就会做出不良决策，常常造成差错发生。

但是，通讯不畅和协同失效的原因是什么？很多时候，机组资源管理运行失效原因可以追溯到人因失效的第三和第四个层次，即不安全的监督和组织影响。例如，两个经验不足的飞行员搭班，在不利气象条件下执行夜间航班，发生悲剧结果也就不令人吃惊了。如果机组之前受到的培训不够有效，那么就会为信息传递错误埋下伏笔，终将导致机组差错。由于机组被不合理的搭配，引起机组协同不畅，操作绩效受损，这并不是机组的问题，因为在系统中可以对机组搭配失效提出干预策略的人处于管理中的更高层次。而在财政紧缩期间，为了减少开支而缩减训练，那么势必将影响带到飞行员在驾驶舱的操作绩效上，导致机组差错的出现。

3.4 瑞士奶酪的"洞"

在大量人因相关飞行事故报告分析的基础上，Wiegmann 和 Shappell 提出了"人的因素分析与分类系统"，对瑞士奶酪模型中的"洞"进行了定义，描述了显性差错和隐性差错的内容，分析了飞行事故各个层次的致因[15]。

3.4.1 第一层：飞行员不安全行为

飞行员不安全行为有两类：差错和违规，如图 3 - 10 所示。差错指的是个人的、导致未达到预期结果的身心活动。由于犯错是人之本性，多数飞行事故由这类不安全行为造成。违规指的是有意不遵守规章制度，违背确保飞行安全的要求。许多组织的严重飞行事故是此类完全可以制止的违规行为造成的。

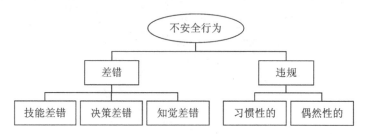

图 3 - 10　飞行员不安全行为分类

差错包括技能差错、决策差错和知觉差错三种类型，违规包括习惯性违规和偶然性违规两种类型。表 3 - 1 列出了飞行员不安全行为的例子。

表 3 - 1　飞行员不安全行为的例子

差　错		违　规	
技能差错	- 扫视中断 - 无意中使用了飞行控制装置 - 技能/驾驶技术不高 - 过度控制飞机 - 遗漏检查单上的项目 - 遗漏程序中的步骤 - 过度依赖自动驾驶 - 注意力分配不当 - 任务超过负荷 - 消极的习惯 - 没有看到并加以避免 - 走神	习惯性的	- 飞行简令不充分 - 没有采用空管建议 - 没有授权的进近 - 违反训练规则 - 边缘气象条件下申请使用目视飞行规则 - 没有按照飞行手册操作 - 违反命令、规章和标准操作程序 - 告警指示灯亮后没有检查飞机
决策差错	- 机动/程序不当 - 没掌握系统/程序的知识 - 超出能力范围 - 紧急情况处置不当	偶然性的	- 执行没有授权的战术机动 - 不合适的起飞技巧 - 没有获得正确的气象简令 - 超过飞行器包线 - 没有完成飞行计算 - 冒不必要的危险 - 过时的/没有资格的飞行 - 没有授权的峡谷低空飞行
知觉差错	- 视觉错觉导致 - 失定向/眩晕导致 - 错误判断距离、高度、空速和能见度导致		

1．差　错

（1）技能差错

在航空飞行领域,技能行为指的是不需要经过认真思考就可以高度自动化进行的基本飞行技能,例如操纵驾驶杆和方向舵。技能行为很容易因注意不当或记忆失能而引发差错,注意不当的例子如注意过度集中在某个任务上、扫视模式不当、无意识触发控制等;记忆失能的例子如遗漏检查单项目、忘记物品位置、忘记意图等。此外,还有一种技能差错是技巧差错,无论有怎样的教育背景和培训经验,不同的飞行员完成特定飞行动作的习惯各不相同。即使两位飞行员接受的培训、飞行级别、飞行经验全都相同,但他们驾驶飞机的方式仍会有显著不同,例如,一个像滑翔的雄鹰一样驾驶飞机优雅平稳地飞行,而另一个则像灵活的燕子一样进行急速大跨度的转弯。尽管他们都能娴熟而安全地驾驶飞机,但他们使用的不同地驾驶技巧会令他们出现不同的失效模式。事实上,这些技巧是人先天特质和后天因素、以及个性和习惯的表现,因为这些个体多样化,使得预防和降低技巧差错变得相当困难。

（2）决策差错

决策差错是指按照计划进行了有意的行为,但是计划不充分或不恰当,从而引发的不安全行为。决策差错常被视做诚实的错误,是心地善良的人的作为或不作为,他们只是做出了错误的选择。决策差错和技能差错有显著差别,决策差错含有有意的、故意的行为,而技能差错是高度自动化的行为。

决策差错常见形式有程序错误、选择不当及问题处理差错。多数飞行员的决策差错属于程序错误。航空飞行是高度结构化的任务,如果有情况 A 出现,则会出现 B 这样的处理类型。飞行各阶段都有明确需要执行的程序,但是,当事态未被识别或被错误识别,并使用了错误程序时,则常会引发差错出现,即程序错误。在时间紧迫的紧急情况出现时,程序错误发生的几率更大。

但是,并非每种情况都有相应处理程序,因此很多时候需要飞行员在多个对策中选择一个。例如,面对一条横在航线上的雷雨带,飞行员可以选择绕过它备降别的机场,待天气好转之后再飞,也可以选择快速直穿过去。当这样的情况出现时,选择不当(或知识差错)就可能会出现,特别是当飞行员经验不足、飞行时间不多或有其他压力时,飞行员很难做出安全的决策。

如果对问题的理解不透彻,那么就没有可供选择的正常程序和对策了。当出现这些对问题错误理解的情况时,飞行员发现他们面临着从未遇到过的情况,这需要飞行员找出特别的处理办法,很多时候他们不得不凭感觉飞行。这种情况下时间往往非常宝贵,但是飞行员还必须求助于人类自身所限的努力、缓慢的推理,此时就容易出现问题处理差错了。

（3）知觉差错

当人的知觉和实际情况不相符时,差错就会发生。例如,在夜间或不利气象条件下飞行时,眼睛获取的机舱外信息输入减少,或者获取的信息与平常不同,大脑则可能用它感觉到的东西填补缺失的信息,一旦这样,视错觉或空间定向障碍就会发生,飞行员因而做出错误反应,产生知觉差错。飞行员错误判断飞机高度、空速或姿态时,也会有知觉差错出现。无论是哪种情况,当飞行员对自己的判断深信不疑,并根据这些错误信息进行决策时,就为产生差错埋下了伏笔。

2. 违　规

（1）习惯性违规

这种违规是一种习惯或自然，能够被负有管理责任的部门所容忍。可以想象，那些在公路上一贯比限速快 5%～10% 的司机，以及航空中那些仅准许在目视气象条件飞行，却经常在勉强能够飞行的气象条件下操纵飞机的飞行员，他们实质上都在故意忽视和违反确保安全的规章制度。但是，仍有许多人在这样做，而且那些在限速 80 km/h 的路上开到 85 km/h 的人，几乎总是这样超速，他们习惯性地违反限速规定。同样，那些习惯性地在勉强能飞条件下执飞的飞行员，也在习惯性地违反安全规定。

这些习惯性违规常被容忍，甚至被负责监督的部门人员认可，例如除非超过限速 10% 以上，否则不会收到罚单。但是，如果道路交通局开始对超过限速 9% 甚至更少的司机开罚单，那么违规的人将会减少。因此，在监督者链条中，那些大权在握却没有认真执行规章的人，对习惯性违规的干预和减少负有不可推卸的责任。

（2）偶然性违规

与习惯性违规不同，偶然性违规是偏离安全规章很远的孤立事件，它不属于个人典型行为模式，也不能获得管理者的容忍。例如，在限速 80 km/h 的路上以 140 km/h 的速度驾驶，像这样的孤立事件，人们不可能总这么做，因而被视为偶然性违规。尽管多数偶然性违规是难以饶恕的，但这些违规并非因为自身性质的极端而被视为偶然性违规，而是因为它们既不是人的典型行为，又不能获得权力机构的容忍。

3.4.2　第二层：不安全行为的前提条件

统计显示，70% 以上的飞行事故是由飞行员的不安全行为导致或关联的。但是，如果仅看到不安全行为，而不深挖其为何发生的原因，那就像仅看到发烧而没有找出导致发烧的潜在疾病一样。因此，对不安全行为的前提条件进行分析，则显得非常必要。不安全行为的前提条件包括环境因素、人员因素和操作者状态三个方面，如图 3-11 所示。表 3-2 则列出了不安全行为的前提条件的例子。

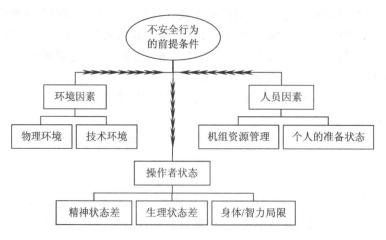

图 3-11　不安全行为的前提条件

表 3 - 2　不安全行为的前提条件的例子

操作者状态		人员因素		环境因素	
精神状态差	- 失去情境意识 - 自满、自负 - 应激 - 警觉性低 - 任务饱和 - 不惜一切代价到达目的地 - 精神疲劳 - 生物节律紊乱 - 注意范围狭窄 - 注意力不集中	机组资源管理	- 没有充分进行汇报 - 缺少团队合作 - 缺乏自信 - 飞机、空管等自身及相互间的通讯/合作不畅 - 错误理解空管的呼叫 - 没有领导才能	物理环境	- 气象 - 高度 - 地形 - 照明 - 振动 - 驾驶舱有害气体
生理状态差	- 生病 - 缺氧 - 身体疲劳 - 极度兴奋 - 运动病 - 药物作用	个人的准备状态	- 没有遵守机组休息的要求 - 训练不足 - 自行用药 - 下班后过度刻苦 - 饮食不好 - 风险判断方式不良	技术环境	- 设备/控制装置设计 - 检查单编排 - 显示/界面特征 - 自动化
身体/智力局限	- 视觉局限 - 休息时间不足 - 信息过量 - 处理复杂情景的经验不足 - 体能不适应 - 缺乏飞行所需才能 - 缺乏感官信息输入				

1. 环境因素

（1）物理环境

物理环境既包括驾驶舱外的气象、高度、地形等任务操作环境,也包括飞行员所处驾驶舱内部环境,如驾驶舱内的气压、温度、湿度、照明、振动、空气质量等,以及超重、失重等。例如,大雾或雨雪天气,舱外视觉线索减少,可能引起知觉差错或空间定向障碍;舱内温度过低或过高,会引起乘员不适,降低飞行员注意力水平,影响操作绩效;飞机加速产生的力引起血液流向的异常,若积聚在头部则会引起视力障碍甚至意识障碍。

（2）技术环境

技术环境包括装置设备和显控界面设计、任务和检查单设计与编排、自动化等。例如,之前提到的早期飞机上经常引起误操作的一个设计问题,即襟翼升降控制装置和起落架收放控制装置非常相似。自动化设备可能会引起飞行员两个方面的不良反应,若自动化设备是高度可靠的,飞行员易于对设备产生过度信任,在自我常识判断与自动化设备建议相冲突时,仍按自动化设备的指示去做;相反,若自动化设备不太可靠,飞行员则会对设备产生不信任,即使有自动化设备的帮助能带来更好的绩效水平,但飞行员仍可能不用它们,例如因为 TACS(空中防撞预警系统)常报虚警而被飞行员关掉。

2. 人员因素

飞行员常常为一些不安全行为创造其产生的前提条件,这称为人员因素,分为机组资源管理和个人准备状态两类。

（1）机组资源管理

良好的沟通技能、流畅的团队合作是航空心理学和人际管理学追求的目标,机组资源管理已成为飞行安全的奠基石。机组资源管理的内容不仅包括机上资源,也包括地面资源,如飞机、空管、维护和保障等部门内部以及部门之间的协同。机组协同则不仅包括飞行中的机组,也包括起飞前和着陆后的机组简令和汇报。机组协同不畅将导致驾驶舱内局面混乱,发生不良决策。

（2）个人准备状态

在航空领域,人们期望飞行员表现出最好的工作准备状态,这些准备状态通常发生在驾驶舱之外。如果飞行员在体力或精力上没准备好,那么个人准备状态就会出现问题。例如,在休息时间未能进行很好的休息、执飞任务前违反时间间隔限制的饮酒、擅自使用药物、在休息时间进行了过大强度的体力或脑力活动等,这些都会削弱个人准备的良好状态,给飞行期间的工作绩效带来极大的不利影响。

3. 操作者状态

（1）精神状态差

精神状态差的情况包括睡眠缺乏、情景意识丧失、过度关注任务、注意力不集中、精神疲劳等,还包括个性特征、不良态度和动机,如傲慢、自负、自满、感情用事等。

精神状态对飞行员的绩效至关重要,无论什么原因导致精神状态差,都会使飞行员发生差错的可能性增加。傲慢自负和感情用事等不良态度和动机则会增加违规事件的发生。

（2）生理状态差

生理状态差指的是妨碍安全操作的个人生理状态,在航空飞行中,特别重要的是错觉、空间定向障碍、身体疲劳、药物等影响操作绩效的不正常状态,生理状态的关注重点是飞行员的身体医学状态。

（3）身体/智力局限

身体/智力局限指的是飞行操作要求超出了个人的能力范围。人类感觉系统、信息处理和输出系统均具有一定的工作范围和局限性,例如由于人眼成像原理,飞行员往往来不及看清空中的其他飞机并做出规避反应,仅仅依靠飞行员的眼睛进行舱外观察来发现和避免空中相撞是不现实的。当紧急情况下完成操作的时间有限,要求个体快速做出反应时,出现各种类型差错的可能性将显著增加。如果完成任务的时间或者机动飞行的要求超出了人的能力范围,那么后果将是不堪设想的。

另外,一些人由于身体不适合,或者不具备飞行所要求的才能,是不适宜飞行的。例如,一些人因身体素质原因不能承受航空飞行中潜在出现的高 G 环境,不具备在这样的环境中进行飞行操作所需体力。也不是每个人都具有飞行所需的才能,这与智力无关。飞行是一个需要在信息有限、时间紧迫、生命受到威胁的情况下,快速做出决策的职业,拥有所需心理素质和才能的人才能够胜任飞行任务。

3.4.3　第三层:不安全的监督

不安全的监督有四类:监督不充分、运行计划不适当、没有纠正问题和监督违规,如图 3 - 12 所示。表 3 - 3 给出了不安全监督的例子。

图 3 - 12　不安全的监督的种类

表 3 - 3　不安全监督的例子

监督不充分	运行计划不适当	没有纠正问题	监督违规
- 没有提供适当培训 - 没有提供专业指导/监督/出版物/技术数据/程序 - 没有提供足够的休息间隙 - 缺乏责任感 - 被察觉到没有威信 - 没有追踪资格、效能 - 没有提供操作原则 - 任务过重 - 监督者没有受过培训 - 丧失监督的情境意识	- 机组搭配不当 - 没有提供足够的简令时间/监督 - 风险大于受益 - 没有为机组提供足够的休息机会 - 任务/工作负荷过量	- 没有纠正不适当的行为 - 没有发现危险行为 - 没有纠正危险事件 - 没有纠正行动 - 没有汇报不安全趋势	- 授权不合格的机组驾驶飞机 - 没有执行规章制度 - 程序违规 - 授权不必要的冒险 - 监督者故意不尊重权威 - 提供的文件证据不充分/不真实

1. 监督不充分

监督者的角色是为全体员工提供指导、培训、激励、监督等,以促成员工成功和确保工作安全高效的完成。如果监督不当或者没有监督,就会为驾驶舱内的不安全行为提供温床。例如,监督者没有提供充足的培训,或者机组成员没有获得应有培训的机会,那么当飞机遇到不利情况时,发生机组协同不畅和差错的风险则会显著增加。同样,如果一个组织缺少指导和监督,那么驾驶舱内违规现象的发生则会有所增加。因此,要对人的差错的致因进行彻底的调查,就必须将监督所扮演的角色考虑在内。

2. 运行计划不适当

诸如机组搭配不当这样的情况会使机组沟通协同不畅,给机组绩效带来负面影响。例如,资历很深又个性专横的机长和资历很浅又性格柔弱的副驾驶搭班时,驾驶舱权力梯度过大,产生沟通和协同不畅,出现诸如副驾驶不敢坚定指出机长的错误,机长断然拒绝来自副驾驶的建议等现象,飞行事故的发生也就不足为奇了。尽管在这样的事故中,机长和副驾驶负有责任,但是选择他们两个而不是其他人搭班,这样的决定权往往在更高层的管理人员手中,负责机组搭配的监督管理部门也要承担同样的责任。

3. 没有纠正问题

监督者在明知个体、装备或培训等涉及安全的相关领域存在不足的情况下,仍然容许事态持续发展,最终导致悲剧发生。当事故调查人员访问失事飞行员的同事或监督者时,他们常说"这种事早晚会在他身上发生"。若监督者明知某位飞行员不能安全驾驶飞机,但仍然允许他飞行,这显然不是在帮飞行员。监督者不对那些安全行为进行纠正(如补救培训或停飞),实质上是给飞行员签了死亡许可证,这自然会殃及飞机上的其他乘员。如果一贯地不纠正问题和容忍违章行为,那么就会产生不安全氛围,并助长违章现象的发生。

4. 监督违规

监督违规是指监督者故意忽视规章制度,不执行、甚至违反规章和原则。例如,允许没有执飞资格的人驾驶飞机,这样的监督违规虽然比较少见,但是对规章制度的公然违反,难免要为悲剧埋下伏笔。

3.4.4 第四层:组织影响

上层管理部门的不当决策会给监督实践带来直接的不利影响,同时也会影响操作者的行为和状态。难以被发现的隐性差错多数藏在与组织影响相关的事件中,包括资源管理、组织氛围和组织过程,如图 3 − 13 所示。表 3 − 4 是组织影响的例子。

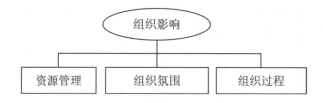

图 3 − 13　影响事故发生的组织因素

表 3 − 4　组织影响的例子

资源管理		组织氛围		组织过程	
人力资源	− 选拔 − 人员安置/人员配备 − 培训 − 背景调查	结构	− 行政管理系统 − 信息沟通 − 监督者的亲和力/吸引力 − 授权 − 行动的正式责任	操作	− 操作节奏 − 动机 − 配额 − 时间压力 − 进度表
货币/预算资源	− 过度削减成本 − 缺少资金	政策	− 晋升 − 招募、留职、解雇 − 药物和酒精 − 事故调查	程序	− 绩效标准 − 明确定义的目标 − 程序/程序指南
装备/设施资源	− 性能差的飞机/飞机驾驶舱设计 − 采购了不合格的装备 − 没有纠正已知的设计缺陷	文化	− 标准和规章 − 组织习惯 − 价值观、信念、态度	监督	− 制定安全计划/风险管理计划 − 监视管理和检查资源、氛围与过程,以确保工作环境安全

1. 资源管理

资源管理包括所有层次组织资源分配和维护的政策,如人员、资金和设施等。对这些资源如何管理的决定,通常取决于两个相矛盾的目标,即安全和准时低耗。在资金充足时,这两个冲突的目标容易获得平衡和满足,但是,在财政紧缩的时候,需要对二者进行权衡取舍,安全和培训往往是被最先删掉的。过度削减经费会导致没有足够资金购买新设备,或者购买性能差的便宜设备代替,当因为这个设备而导致事故时,组织对资源的管理不力是负有责任的。

2. 组织氛围

组织氛围即组织的工作氛围,包含影响人员绩效的多种因素。组织结构是反映组织氛围的标志,如行政管理系统、信息传递通道、授权方式、行为责任等。信息传递和协同一致对组织至关重要,如果管理层和员工沟通不畅,没有人知道负责人是谁,那么显然会损害组织安全,事故就会发生。

组织的文化和政策也是对组织氛围产生影响的重要因素。文化指组织的非官方、未明说、不成文的信念、价值观、态度、习惯和规矩。政策指正式指导方针,用于指导包括人员聘用、晋升以及日常事务在内的管理决策。当成文的政策和不成文的规矩存在冲突时,混乱就会产生。

3. 组织过程

组织过程是组织管理日常活动的行政规章和决定,包括标准操作程序的制定和使用、在操作者和管理者之间保持平衡的方法。例如,在进行飞行前例行检查时,在时间紧迫的情况下,飞行员没有按照检查指南的步骤做,而是依据自己的经验略去了某些检查项目,这会给安全飞行带来潜在危害。略去检查项目则需要补救措施,也意味着程序本身可能有瑕疵,从而在组织过程中或许会产生差错。

节奏、压力和进度等都是影响安全的因素。例如,上层部门决定加快操作节奏,这超出了监督人员进行利弊平衡的能力范围,于是监督人员别无它法,只能选择做出不佳的机组搭配,或者使用不利于员工休息的排班进度,增加机组发生灾难后果的风险。

3.5　人的差错应对措施

对人的差错原因和类型进行识别的目的在于预防差错发生或降低差错造成后果的严重性。可以从以下几个方面采取措施。

3.5.1　改善飞行员的质量

改善飞行员的质量,包括提高整个飞行员队伍的质量,首先要加强飞行员的选拔,这是提高飞行员素质、减少人的差错、节约培训成本、确保飞行安全的一个必由之路。飞行员选拔可以甄选出生理和心理上适合飞行的人进入飞行队伍,从而降低培训淘汰率,节约培训成本和提高飞行队伍整体素质。飞行员选拔,不仅需要考察生理状况、心理运动能力和认知过程,而且也需要考察个性品质、情绪稳定性、态度和飞行动机等一些非智力因素。

缺乏相关知识是发生失误的重要原因之一,因此通过增加培训可以降低差错发生概率。保证包括航空理论知识培训和飞行技能培训在内的培训质量,是减少人的差错的关键环节。航空理论知识是飞行员理解航空环境和系统软件、硬件的基础,人的因素和机组资源管理等内

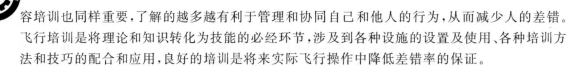

容培训也同样重要,了解的越多越有利于管理和协同自己和他人的行为,从而减少人的差错。飞行培训是将理论和知识转化为技能的必经环节,涉及到各种设施的设置及使用、各种培训方法和技巧的配合和应用,良好的培训是将来实际飞行操作中降低差错率的保证。

3.5.2　改善软件、硬件和环境界面与人的匹配性

SHEL 模型中与人构成界面的各要素的表面都是不平整的,要减少人的差错,关键一步是要改善这些界面与人的匹配程度。

驾驶舱软件包括了大量的飞行所需的非物理因素,对人-软件界面要素性能的改善可以减少人的差错。任务的设计应避免应激情境或其他与认知机制不适合的任务对人施加过高工作负荷。例如,使用标准化的操作程序、检查单、手册、航图和地图等,有助于降低认知负荷和减少认知差错。但是,要认识到标准操作程序有时候也不是尽善尽美、适用于所有条件和情况。因此,标准操作程序具有一定变通性,这要求飞行员需要进行缜密思考和有技巧性的来应用标准操作程序。

对于设备的设计,可以通过几个途径减少人的差错:①减少知觉混淆;②令行为执行过程和系统反应可见;③通过使用各种限制避免差错发生;④提供提示物;⑤避免使用多模式系统。例如,显控装置设计作为人-硬件界面的重要方面,它们的设计必须要符合人的特点,显示器不仅提供需要信息,而且提供信息的方式必须减少知觉混淆,以促进人进行信息加工的效率;控制器的运动方向、所需操纵力要符合人的生理和习惯,控制器采用各种编码降低误操作,还可以采用联锁装置避免差错发生。

驾驶舱内外环境因素会对飞行员产生应激而诱发人的差错。这一方面需要设计和制造出更完善的驾驶舱环境,另一方面飞行员也应对自己所工作的驾驶舱环境有足够的认识。

3.5.3　冗余度设计

操控系统设计需考虑飞行员出差错时亦能有机会修正,而不至于因一次差错便导致灾难。例如,导航系统等机载设备使用"输入-检查-联结"的方式,令飞行员可以输入信息之后,有机会检查输入是否正确,确认正确之后才进入数据联结。虽然人的源发性输入差错并没有因此降低,但是后续的检查环节却为修正差错提供了途径,从而减少了差错后果。再如,为了防止起落架接地后的意外收起,起落架手柄采用联锁系统,这虽然不能降低飞行员源发性收起起落架的差错率,但是却可以防止起落架收起而造成的严重后果。这样的冗余度防差错设计使人的差错获得了逆转,降低了差错后果的发生率。对那些一旦出错就会造成严重后果的系统,应在设计时考虑冗余度,以便出错时获得修正的机会。

人员冗余度设计,即交互监视,也是预防差错后果的有效方法,尤其是飞行机组和其他人员的余度设计为交互监视提供了可能。但需要注意的是,交互监视效果会受到驾驶舱权力梯度、工作氛围、文化背景,以及机组乘员个性和态度等因素的影响。当机组某成员实施监视,对已使用的方式或数据进行质询或对其他成员表现和决定进行推理和判断时,其监视效果取决于被监视者的反应如何。

使用飞行安全辅助设备对飞行状态进行监视,也是行之有效的一种降低或减轻差错后果的途径。例如,近地警告系统和空中防撞系统的使用,可以弥补人类在执行监视性、警觉性任务中的局限,在危险发生之前发出警告以引起飞行员注意,从而预防撞地或空中相撞这样的严

重后果。

3.5.4　多种方法和途径并举

飞行事故的发生并非单一因素造成,而往往是一连串差错或事件的后果,这就是事故链的概念。发生在驾驶舱内的飞行员显性差错对航空系统有直接、即时的影响,而诸如飞行员错误决策这样的差错可能是具有潜伏性的,其结果对飞行的潜在危害存在较长时间的延滞。当许多差错或事件连接成一串时,飞行事故便会被诱发。在这些差错或事件连成一串之前排除掉一个差错事件,就可以预防飞行事故的发生。因此,差错和事故的预防需要将多种方法和途径并用,才是明智之举,而非仅仅采用单一途径。

人的差错是常见的和不可避免的,会直接影响安全和效率,对人的差错的理解可以促使我们不断思考设计理念,通过设计消除误差产生的原因、发出警告、提供规避或恢复途径、限制差错的不利影响。

思 考 题

1. 人类为什么会出现差错？人的差错有哪些种类？
2. 试用信息加工理论解释人的差错的产生。
3. 试阐明 SHEL 模型的核心思想,及该模型中各组成部分的含义。
4. 试描述什么是瑞士奶酪模型？
5. 如何看待和应对人的差错？

第4章 工作负荷量

工作负荷量对人的工作表现有重要影响。工作负荷量过低会令人产生厌倦和自满情绪，变得漫不经心和/或无聊；工作负荷量过高则往往会导致遗漏重要信息、出现差错或削减任务以试图降低工作负荷。为了使飞行员保持及时和有效执行任务的能力，适宜的工作负荷量极为重要。工作负荷量是理解飞行员工作表现，进而理解航空系统安全高效运行的核心，对飞行安全非常重要。

4.1 工作负荷量与工作表现

Lysaght 等人以一个驾驶汽车的常见任务为例，来说明工作表现随着工作负荷量的变化而呈现不同，也说明了工作负荷量和工作表现是两个不同概念[16]。飞行员在驾驶飞机过程中的情况与此相似。

① 你是一位重要名流，省交通局对其他车辆关闭了省际公路。这一天晴空万里，天气宜人，你以最高限速驶出了省内高速公路。驾驶非常轻松。

② 你驶入了外省，这里并未把你看待为重要人物，现在路上遇到了一些其他车辆，情况还可以。

③ 你驾驶了一段时间，开始接近一个大城市的市区，车辆在增加。

④ 因为是周五下午，每个人都想在拥堵高峰到来之前回到家里，交通开始变得拥堵，车速也慢了下来。

⑤ 你早上很早出门，中途忘记停下来吃午餐，现在又饿又累。

⑥ 车辆行进缓慢。你忘记午餐的同时，也忘了给车加油。必须找出口出去并找到一个加油站。

⑦ 车辆行进缓慢的同时，天气又变差下起雨来了。

⑧ 天黑了，能见度很差。公路边的标志不清，你得非常仔细以免错过出口。

⑨ 更糟的是，前面车辆的刹车指示灯坏了，你必须特别注意这辆走走停停的车，眼睛时刻得盯着它。

⑩ 已经走了几公里，天完全黑了，温度也降了下来，路上开始结冰，很多车子滑出了公路造成了车辆相撞事故。汽油越来越少。

⑪ 一直在后座睡觉的两岁儿子醒了，他又饿又害怕，开始不停地哭。

⑫ 另外，发动机听起来要熄火，而你清楚此时汽油还未用光。你关小了收音机，同时设法让孩子安静下来。

⑬ 你快要失去理智了，尽管你的工作表现仍可接受，但安全裕度已明显降低。

Lysaght 等人的下一个例子生动描述了适当工具和程序对既定任务的重要性，说明了脑力负荷量对人工作表现的影响。任务是这样的[16]：

● 背诵英文字母表；

● 从 1 数到 26；

● 二者同时进行,将英文字母和数字穿插,A1,B2,…,以此类推,并说出答案。

这项任务很难,大多数人难以通过 H8。但是,如果你可以使用一张纸和一支笔,在念出答案之前可以先把答案写下来,此时任务变得相对很简单了。纸和笔极大减轻了短期记忆负担,这很好地说明了认知工作负荷量下的工作表现。重点是,同一任务相对难易程度取决于我们如何来做。同一任务,不用纸笔时,工作负荷量较大,表现不好,此时的工作表现不能接受;当使用纸笔时,工作负荷量降低,工作表现完全可接受。二者的区别在于所使用的工具和程序。

4.2 工作负荷量定义

工作负荷量可以被描述为一种内在现象,倘若太高,则令操作者遭遇困难,感到无所适从或焦虑担心。工作负荷量也可以被描述为一种外在现象,即产出量。在字典中可以见到这样的非专业定义,分别是"给定时间内某位或某组工作者完成的工作总量"、"由某位工作者或某岗位承担或被分配的工作总量"。这两个定义都不是特别适用于飞行操作。美国国家航空航天局(NASA)将工作负荷量定义为"操作者为取得特定水平工作表现而付出的代价"。此定义更接近航空运营中工作负荷量的概念。

根据咨询通告 AC25.1523 和 AC23.1523(最小飞行机组)所述,工作负荷是个体能力与特定任务(脑力的和/或体力的)之间的关系,以及该任务工作表现所关联的系统级别和情境需求。操作者可用资源数量与任务需求资源数量之间的差异是工作负荷的基本理念。对人力资源(能力)需求大的任务被认为是高负荷任务,相反,人力资源(能力)需求小的任务被认为是低负荷任务。

如图 4-1 所示是飞行各阶段飞行员工作能力和工作负荷量的曲线。图中的上曲线表示飞行员工作能力,这与训练、身体状况、飞行时间、疲劳等都有关系。曲线显示,随着飞行时间延续,飞行员能力逐渐下降。图中下曲线表示飞行各阶段的工作负荷量,起飞、下降和着陆阶段工作负荷量最高。两条曲线之间表示飞行员过剩的能力,或安全余度。在进近与着陆阶段飞行员过剩能力最小,如果此时飞机出现故障或其他意外情况,两条曲线就会相交,即飞行员工作负荷量过载,这也正是该阶段的飞行事故最频繁的原因。

工作负荷量和工作表现之间的关系通常遵循倒 U 曲线,如果工作负荷量过低或过高,那么工作表现就会变差。过低的工作负荷水平经常出现在自动化系统中。通常自动装置的设计目的在于减轻工作负荷量,在自动化系统中,操作者很大程度上是作为一个自动化过程的监视者。若自动化使飞行员的工作负荷量降至最佳工作负荷量以下,那么他们就会产生厌倦和自满情绪,变得漫不经心和/或无聊,这种状态一般被认为任务负荷量不足。确定合适的自动化水平或标准是目前的一个研究热点,目标是使采用的自动化水平适合飞行状态及其他工作状态。机械地认为只要工作负荷量降低即为好,或者只要工作负荷量增加即为差,是一种过度简单化的错误观点。工作负荷量不适宜的另一极端是工作负荷过高,这往往导致飞行员遗漏重要信息、执行任务失败、出现差错、或削减任务以试图降低工作负荷。系统设计人员的一个关键目标是找到中间地段,使飞行员充分参与任务过程以保持警惕,同时,飞行员参与系统运行的程度也不要负荷太大,否则将导致没有能力去及时和有效地执行所有必要任务。

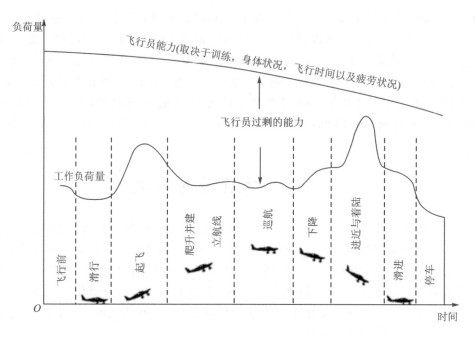

图 4 - 1   飞行员能力与工作负荷量

4.3   影响工作负荷量的因素

工作负荷量与很多因素有关,有很多因素是难以量化的。在航空运行中,工作负荷量的影响因素包括任务内容、个人能力和环境等。

任务内容对工作负荷量的影响,体现在任务困难程度、工作强度和时间压力等方面。显然,对同一操作者而言,难易程度不同的任务,如有侧风和无风条件下的降落,二者工作负荷量是不同的。同样,需要连续几个小时才能完成的任务,和只需短时间完成的任务,二者由于工作强度不同,工作负荷量是不同的。同样多的任务,是要求在半小时内完成,还是在几分钟内完成,二者的时间压力不同也会造成工作负荷量差异。

培训、经验和实践会影响工作负荷量。个人能力可能是先天形成的,也可以是后天训练形成的。完成同样一项给定任务,受过良好培训的人可以很容易地完成,而培训不足的人则困难得多。同样的任务,拥有相关经验的人要比新手容易完成。基本能力是另一个影响因素。面对同样的任务,一些人得心应手,而另一些人举步维艰。个体获得特定技能的能力差异很大,很难确定这些差异的原因是本身能力、经验,还是更好的培训。很多时候这些差异是由以上多种因素共同造成的。

内部和外部环境、飞行状态操作要求、自动化等也同样是影响工作负荷量的因素。自动化对工作负荷的影响,除了自动化水平的高低之外,还体现在对自动装置的“信任”方面。给予自动装置多大的“信任”程度,不同的人理解不同,给出的信任程度也因人而异。信任程度是与工作负荷量相关的,因为若飞行员认为自动装置不够可靠,他的工作负荷量将会增加。人或者自动化装置都不可能一直保持百分之百完美的运行状态。对那些可靠性高的自动化系统,飞行员会麻痹大意,过于信任。而对于那些可靠性略显欠缺的自动化系统,飞行员可能会过度挑剔,并且不信任,尽管这些有欠缺的自动化系统运行水平至少不低于手工操作水平,但飞行员往往还是选择不用它们。

计划不周、生理节奏紊乱、劳累过度以及睡眠不足等因素都会导致工作表现的下降,同样会影响工作负荷量。工作负荷量会随实际操作时不同个人和条件而有所差别,例如,由充分休息的机组在一个阳光明媚的下午执行给定飞行任务,与长时间多次起降和经停飞行后的机组在一个黑暗暴风雨夜凌晨两点执行相同任务,工作负荷量肯定有很大不同。

4.4　工作负荷量与飞行机组人数

这里重点讨论工作负荷量相关的飞行机组(之后提到的机组均指飞行机组)。飞行机组成员包括在航空器驾驶舱内执行任务的驾驶员、领航员、通讯员和机械员。他们的职责是:

机长——由正驾驶担任,在飞行时间内为航空器的运行和安全负最终责任。

副驾驶——机长的助手,接受机长的命令,在飞行的各个阶段监控航空器。

领航员——负责掌管、使用机上领航仪器、设备,掌握全航程的无线电导航资料,向驾驶员和地面提供各项经过计算的航行数据。

通讯员——负责掌管使用机上通讯设备,保证陆空通讯的畅通。

机械员——负责飞机的动力装置和各个系统在飞行中的工作状态的操作或监视,遇有异常情况,协助机长采取必要措施。

按驾驶舱的设计及安排确定飞行机组人员的多少,飞行机组成员有单人制、两人制、三人制、四人制、五人制。

1903 年有动力飞机诞生之后,飞机结构简单、操纵数目少,很长一段时间都是单人飞行。第一、二次世界大战期间,随着飞机技术发展,驾驶舱结构和操控系统复杂度极大提高,尤其是一些"降低工作负荷"的系统,如自动飞行,FMS,EFIS(electronic flight instrument system,电子飞行仪表系统)等的采用,令民用航空管理当局、制造商和飞行员等共同得出结论,认为飞行机组需要采用两人制。

二战后的初期,新兴的运输行业经历了一系列惨痛的机舱失火事故,这些飞机以活塞引擎为动力并配以 6 V 直流电。数起大火导致美国要求毛重超过 8 万磅(约合 36 000 kg)的飞机必须配备第三名机组人员。这些大火事故催生了著名的 8 万磅限制规则。事实上,是蹩脚的设计问题导致在一定的情况下汽油汽化后流进机舱致使机舱内空气过热而促成了那些火灾,但这并没有改变第三名机组人员随机飞行的规则。

1964 年之前,由于起飞重量决定机组的法规,加上大型飞机操作的复杂性,使得 1964 年之前设计和取证的大型飞机的飞行机组多采用三人制、四人制,甚至五人制。例如 1954 年首飞的 B707 飞行机组为四人制,1963 年首飞的 B727 飞行机组为三人制(正、副机长及一名随机工程师)。

8 万磅规则常常受到挑战,最后,所有的相关部门都被卷入其中,制造商、操作者、飞行员代表协会、飞机工程师代表协会以及官方(FAA)调节,最后达成一致,即:仅仅起飞重量不是有效的衡量飞机是否要配备第三名机组人员随行的标准。1964 年 4 月 FAA 颁布联邦航空规章 FAR25.1523 修订版,1965 年 4 月生效,规定机组人员数量取决于座舱的工作负荷量,而不再取决于飞机的总重,8 万磅的规定同时作废。近 40 年来这些规定并无本质变化。

最先采用工作量新标准获得 FAA 适航认证的是波音公司的 B737,实际上 1967 年试飞的 B737 自设计之初就已确立只需正副驾驶两人机组的驾驶舱操作方式,该机型获得 FAA 适航认证并获得了巨大成功,成为率先使用两人机组驾驶的典范。20 世纪 70 年代,现代化技术的发展使得三人制驾驶舱逐渐被两人制驾驶舱取代,自动飞行系统取代了飞行工程师的工作。

对于符合 FAR25 的飞机,随着工程技术的进步和经济上的考虑,两人机组正成为当前大型飞机事实上的机组定员标准。对于符合 FAR23 的飞机,从历史来看多数已被认证为单飞行员操作,预计将来符合 FAR23 的多数新机型也会是单人操作,因此除非某设计被认为单人操作是不安全的,否则民用航空管理当局不会要求使用两人或多人机组。

4.5 适航规章对机组工作负荷量的要求

FAR25《运输类飞机适航标准》涵盖了机组工作负荷量的内容。FAR25.1525 条款(最小飞行机组)及附录 D 规定了工作负荷量要考虑的因素,要求必须规定最小飞行机组,以满足安全运行的需要。座舱工作负荷量必须基于 FAR25 附件 D 中的考虑因素来确定,附件 D 罗列了 7 种工作负荷量和 10 种工作负荷量因素作为航线机组人员是否需要加强的工作量评估标准。FAR23《正常类、实用类、特技类和通勤类飞机适航标准》对机组工作负荷量的要求类似。

根据 FAR25,FAR23 及 AC25.1523—1,AC23.1523 等适航规章要求,为完成基本的机组功能,需要考虑的基本工作负荷量包括[17][18]:

① 飞行航迹控制;
② 防撞;
③ 导航;
④ 通讯;
⑤ 飞机控制的操作和监控;
⑥ 决策;
⑦ 对必需的操纵器件的可达性和操纵简易性(包括飞行状态中,正常和紧急情况下,适当机组成员的操纵)。

与上述工作负荷量相关的工作负荷量因素有 10 个:

① 控制方法与操作;
② 仪表/显示器数据读取及其显著性;
③ 程序数量与复杂性;
④ 脑力和体力劳动时间与强度;
⑤ 所需监控力度;
⑥ 机组成员无用功率;
⑦ 自动化程度;
⑧ 通讯;
⑨ 紧急情况;
⑩ 丧失资格。

对于以上工作负荷量因素,有关各方面(飞行员、航空公司、制造商或研究人员)很少有异议。

在对机组工作负荷量进行评定时,一些因素被认为是对完成该任务关系重大的,是对工作负荷量执行分析和演示时要考虑的工作负荷量因素。这些工作负荷量因素需作为工作负荷量评定、分析/验证/演示的一部分。在表明最小飞行机组对 25.1523 条款的符合性的时候,所有这些工作负荷量因素都要考虑在内,这点是很重要的。表 4-1 列出了这些被公认的显著影响工作负荷的因素。

表 4-1　机组工作负荷量评定时需考虑的工作负荷量因素

序　号	工作量因素
1	影响飞机稳定性的飞行特性和飞行航迹控制的简易性。在评估飞行航迹控制适当性的时候,诸如可配平性、耦合、湍流应对、阻尼特性、加力控制和渐变控制力这些因素都需要考虑。基本要素是在跟踪和分析飞行航迹控制特征过程中的体力付出、脑力付出和时间要求,以及与其他工作负荷的交互。
2	所有必需的飞行、动力装置和设备操纵器件(包括燃油应急切断阀、电气控制器件、电子控制器件、压力系统操纵器件、发动机控制)进行操作的可达性和简便程度(易用性和简单性)。
3	所有必需的仪表和告警设备(例如火警、电气系统故障和其他故障的指示器或告警指示器)的可达性和醒目程度。并考虑这些仪表或装置引导进行适当纠正的程度。
4	燃油系统的操作程序的复杂性和困难,特别要考虑由于重心、结构或其他适航性的原因而要求的燃油管理计划,以及发动机自始至终依靠单一油箱或油源(其他油箱如果贮有燃油,则自动向该油箱或油源输油)供油而运转的能力。
5	正常操作、判断和应付故障和紧急情况,包括完成检查单、开关和阀门的位置和可达,这些过程需要飞行员集中精神和体力付出的努力程度和持续时间。
6	飞行中对燃料、液压、增压、电气、电子、除冰及其他系统所必需的监控程度。同时要有发动机读取记录,诸如此类。
7	在航空器任何系统出现失效或故障时,所提供的自动化程度。这种自动化通过提供自动切断或自动隔离,来保证系统能够连续运转,并且尽可能减少所需的机组动作。
8	通讯和导航的工作量。
9	由于任一应急情况可导致其他应急情况而增加工作量的可能性。
10	乘客的问题。
11	需要至少两名飞行员组成最小飞行机组时,一名机组成员丧失能力时。

有一些典型的人的行为是与高工作负荷相关联的,表 4-2 列出了这些行为,建议试验员/观察员是熟悉这些人因项目的。在试验过程中,飞行试验评估员应对这些人因项目保持警惕,能注意到何时以及何种条件下应观察这些项目中的任何行为。如果在评估过程中,这些行为中的任何一项被观察到了,那么可能就有必要进行更详细的工作负荷检查。

表 4 - 2　与高工作负荷相关的飞行员行为

下面列出了大量与高工作负荷相关的典型行为。在执行试验过程中,试验员/观察员尤其应认识到这些行为,特别注意在何时以及何种条件下观察到了任何这些行为。如果在评估过程中观察到了任何这些行为,则对工作负荷的更详细检查可能是必要的。

1. 观察到的学习行为
    a. 飞行员过度努力地学习设备的使用
    (1) 需要大量辅助
    (2) 反复参考培训材料
    b. 飞行员需要延长时间来熟悉操作
    c. 过度的记忆要求
    (1) 整个培训程序,需要对手册的重复参考
    (2) 在菜单内难以找到功能
    (3) 很难回到最初的显示页面、模式等。

2. 观察到的驾驶舱操作行为
    a. 反复参考指南或手册
    b. 重复多次不成功的尝试来输入或更改数据
    c. 过多的低头时间
    (1) 打破正常扫描
    (2) 凝视单个显示器或界面
    (3) 在 VMC 状态下,对周围空域监控不足
    d. 对座舱显示器监控不足
    e. 脱离执行任务
    (1) 多个并行任务没有被全部执行(即未能执行检查单项目)
    (2) 过度使用自动化来维持性能
    (3) 通讯任务
        ● 回应是简短的
        ● 并非所有通讯都被确认
        ● 回读是不正确的
        ● 飞行员漏掉通讯
    f. 选择差错
    (1) 离散的
        ● 选择差错(如选择不正确的模式)
        ● 遗漏差错(如需要时不能找到模式)
    (2) 连续的
        指引航线追踪差错
        - 垂直(高度)
        - 水平(横向和/或冲出差错)
    g. 表现出压力或疲劳的迹象
    (1) 不能及时响应关键项目
    (2) 犹豫不决(延长决定或不能做出决定)
    (3) 疏忽(对事件响应失败)
    (4) 坚持要求将口头通讯进行重复
    (5) 呆板(如不能集中注意力完成一个单一任务)。

4.6　工作负荷量符合性验证方法

4.6.1　一般要求

对机组工作负荷量的评定,目标是要验证该机型在机组工作负荷方面是否满足适航要求。任何新机型或改装机型均需进行系统评价和试验,通过一套逻辑过程来评估、测量、演示特定驾驶舱设计施加给机组的工作负荷量。

对于那些先前已通过适航审定的飞机,依据咨询通告对飞行员工作负荷量进行检验,可以为以下目的服务:评估单人操作飞机的驾驶舱布局、显示格式、信息呈现、控制操纵和系统运行逻辑的适当性。这些评估结果可以被用于以上特定方面的改进。

分析测量由制造商在飞机设计过程的早期进行。某制造商用来确定机组工作负荷的分析过程可能取决于驾驶舱配置、一个适当参考机型的可用性、原始设计或机型修改等。

驾驶舱小的修改可能不需提供工作负荷量分析,但大的改动可能要求进行大量评估。试验等级要与改动程度一致。要求的试验等级应由申请人提出,并报民用航空管理当局同意。重点考察那些有可能影响机组工作负荷量的设计特性。通过结果分析、演示和试验来证明这些设计特征不会给任何机组成员带来过大的工作负荷或者增加差错可能。

在开始考虑人机界面的飞行员工作负荷、个人表现和其他适当因素时,需要先建立一个最小飞行机组,但最终确定则要求对完整功能和集成系统进行评估。由于飞行员与驾驶舱装备的人机界面对工作负荷和机组表现有直接影响,因此该人机界面应使用地面试验、实体模型和模拟器进行评估。在这些评估中,提倡申请人将民用航空管理当局指派的飞行员和人因专家包括进来。建议几个航班可以同在一个有代表性的运行环境中运行,也建议试验团队由3~5位不同背景和经验的飞行员组成,以满足一般飞行员群体的个体差异,以及满足试验中航空器/系统不同方面期望飞行员所具备的水平。具有不同背景和经验的飞行试验团队将采用各自不同的驾驶技术和技能对系统进行评估。典型运营航班可以揭示出工作负荷过大,可能要求工作负荷重新分配,或帮助确定必要的设计、运行、培训或程序修改。

飞机在工作负荷量方面的符合性验证方法主要是分析和试验。

4.6.2　分　析

分析是确定新机型适航符合性的一种基本方法,是与之前已通过运行服务获得证明的设计进行比较。参考机型通常是已经通过运行、使用、测试并获得证明的传统机型。

申请人应在设计进程之初即进行分析。分析方法的选择基于特定驾驶舱构型的有效性、可靠性和实用性。在可能的情况下,分析应包含与其他相似驾驶舱的比较。分析的重点在于修改部分或者新设备。更显著的修改需要更全面的评估,显著的修改会极大改变驾驶舱配置、人机界面、飞行员任务或操作程序。建议申请人与审定办公室共享这些结果,以便尽快找出并解决潜在的问题。

在对一个新组件或新布置进行研究并且在实际飞行场景练习之后,一位试飞员可能对工作负荷给出的评价的精细程度至多是"比……好"或"比……差"。如果飞行员可靠且自信地指出一个显示器更易于或更不易于看见,或者指出一个扩增的控制系统比参考设计中一个功能相似的组件要易用或不易用,那么这些"比……好"或"比……差"的判断就提供了该创新带来工作负荷减少或未减少的实质性证据。这些"比……好"或"比……差"应由有资质的飞行员通过各种拟定的飞行状态进行证实。

如果民用航空管理当局的人员在试飞试验早期的主观分析中发现工作负荷可能有实质性的增加,那么就可能会要求有更深入的飞行试验评估,来证明所增加的工作负荷是可接受的。如果新设计在自动化水平或者飞行员职责方面有革命性的变化,那么相对于参考设计的比较分析就没有太大价值了。在没有现成数据库的这种情况下,要求既完成通常一般要求检验,也要完成偶然事件检验。这种情况需要更加完整、更多模拟和实际飞行试验。

一个可参考的评估工作负荷的分析方法是考察完成任务可用时间的百分比,即时间线分析法。还有其他可采纳的分析方法,例如 Cooper - Harper 主观评价法、主任务测量法与辅助任务测量法、生理测量法等。

4.6.3 试 验

证明最小机组和评估机组工作负荷的试验是一个迭代过程,在程序中很早就开始进行。该过程包括实体模拟试验、台架设置或仿真,并且应根据最终配置的目标飞机的飞行试验而向前推进。在开发研制过程中,将基于模拟器的测试包含进来,从而获得飞机原型系统飞行前的初步性能评估,这是有用和必要的。尽管没有做出要求,但由参与个体而非公司或民用航空管理当局试飞员进行一些评估是值得的(参与者指既非制造商也不是民用航空管理当局审定团队成员的那些个体)。如果这样做了,那么这些个体代表的是目标群体的经验和培训,这对于系统/飞机而言是适当的和期望的。直到飞机被该航空器审定所要求的、具有适当经验的飞行员飞过之后,最小飞行机组才能确定。换句话说,在测定最小飞行机组的时候,直到一组经验丰富的飞行员驾驶了飞机、受到了培训、获得了驾驶资格,最终的决定才得以获得。当申请人寻求飞行员的评估时,担任评估师的应该是有经验、精通操作的飞行员。

在分析和验证工作负荷的时候,要注意关键的术语——基本工作负荷和最小机组要求。例如,对通讯工作负荷的评价,需要包含在申请批准的飞行环境下适当操作飞机所需的基本工作负荷。在实际运行条件下评估机组剩余工作能力的过程中,要注意了解的是最小机组能否完成所需的操作。

试验方案应解决 1523 条款和表 4-1 所列出的所有工作负荷量因素。例如,工作负荷的评估要包括在批准的飞行环境中适当操作飞机时的通讯任务。目的是评估在实际操作条件下机组的工作负荷,实际操作条件包括典型空中交通、天气、航线操作任务以及舱室通讯。表明符合性的飞行试验程序应由申请人提出,该程序应结构化,包含航线、天气、机组工作时间表、最低设备试验、交通密度、系统故障、应急程序等因素。

工作负荷评估方法主要有三类:直接比较、间接比较和独立评估。

比较评估(直接的或者间接的)研究的是新设计与先前已通过审定的相似系统的性能比较,先前的相似系统已演示了安全性并且有运营服务历史。通常情况下,若新系统的工作负荷等于或小于参照系统,那么可认为新系统的工作负荷是可接受的。比较评估可以是直接的,即对两个彼此对照的系统进行评估,评估时给定任务和飞行航段。比较评估也可以是间接的,即只评估新系统,但要求试验参与者根据自己的回忆,比较该新系统与其他相似系统的性能差异。在进行比较评估的时候,要谨慎行事,因为之前审定的系统有可能存在功能/操作的问题,或其他不希望的特性,从而不能作为"好"的参照。因此,从这样的试验得到的结论应对其合理性和一致性仔细检查。对于任何比较评估,应进行一个彻底的安全性和服务历史的审查,以确保比较系统不存在疑问或问题。

还有一种评估方法是独立评估,即将要评估的系统作为一个独立组件,没有其他可以作为对比的系统,而仅基于该系统自身优点进行评估。但新组件必须作为驾驶舱整体的一部分进行评估,这是因为集成该组件可能会影响驾驶舱中其他系统的任务绩效和工作负荷。独立评估方法需要为每个数据收集方法建立成功标准,这样的方法要在试验开始之前的评估中使用。例如,如果贝德福德工作负荷量表被用于收集对工作负荷的主观评估值,那么在试验开始之前,评估者就要指出那些无法接受的工作负荷的量值。虽然收集到的数据可能会显示一个给定任务相关的工作负荷高得不可接受,但是否要对影响工作负荷和/或绩效的设计、程序、和/或培训进行改动,最终要由试验团队做出裁定。对于有些项目,只要试验团队中的一或两个成员经历了,那么团队就要考虑那些个体的技能水平、培训、学习能力和经验,这可以确保这些个体差异不会导致这些领域中一个或多个的缺陷。如果新设计与之前已审定系统存在很大的差异,那么直接或间接比较评估就没有合适的参照系统,这时需要使用独立评估。例如,若新设计表现出自动化程度或飞行员职责的显著变化,那么与现有设计的比较则价值不大。在这种情况下,缺少一个比较的参照标准,因此,系统的评估必须基于它自身优点和预期功能进行,该功能需经过申请人确认并且提交民用航空管理当局同意。在所有可能的操作条件下,要评估的任务需被详细描述,要涉及到完整系统功能,由它们的预期功能展示。

评估应当是结构化的,以保证新系统和驾驶舱配置是使用被授权飞机运行类别中具有代表性的场景评估的。尽管申请人可能提供了定量证实机组工作负荷的数据,但通常仍需要结构化的主观评估,以在具有代表性的运行环境中验证所提交的数据。这些评估对相同或实质相似的飞行科目中机组任务执行的简易性进行比较。拟定的飞行试验计划应解决以下因素:

① 航线。试验航线应模型化,构建一个航线来模拟典型区域,该区域可能出现一些不利天气和仪表气象条件(IMC),还要提供具有代表性的组合,该组合要包括导航、机场、仪表进近和空中交通管制服务。

② 天气。所选择的航线应提供遭遇各种不利天气的可能性,这些不利天气对于飞机预期运行而言是适当的,如湍流和 IMC 条件,包括白天和夜晚的运行。

③ 机组工作日程。机组人员应分配到一个能代表日常操作运行的工作日程。内容包括工作日的持续时间、起降的最大预期数量、夜间飞行、最大允许工作时间和最小休息间隔。

④ 最低设备清单。预先计划的无效调度项目会导致工作负荷的增加,这些项目应并入飞行试验程序中。关键项目和有理由组合的无效项目应在调度飞机时进行考虑。典型的调度配置应予以合并。这些典型调度配置的组合可能导致故障,这也是许多评估场景形成的基础。

⑤ 预期运行。飞机运行操作应在能提供仪表气象条件和目视气象条件的适当高密度区域的航线进行。这些航线需包括预期运行的进近类型,如精密/非精密进近、复飞、等待、转飞备降机场。

⑥ 无行为能力的机组成员。多数审定的 FAR23 飞机是单飞行员操作,但也有一些需要两名机组人员的例外情况。在这些情况下,应对无行为能力的机组成员的工作负荷进行评估。对于给定的一次飞行,审定程序应包括在机组成员完全丧失行为能力的任何一点的操作演示。必须表明,飞机可以由剩余机组安全操作和降落。在存在无行为能力机组成员的情况下,飞行员会通知 ATC,该飞机会被给予特殊考虑,以帮助飞行员在一个给定机场进近和着陆。因此,

没必要要求在一个"高"密度机场执行此演示,因为它不会准确反映任务需求和要求。无行为能力飞行机组成员试验不需要加到所有其他"调度加后续故障"场景中。无行为能力应被看做是另一个"后续故障"的例子,被包含在一个或多个以调度配置起始的场景中,其中调度配置包括从最低设备清单所选的科目。

⑦ 系统故障。因系统故障和操作模式低级而产生的工作负荷应在程序中评估。主系统故障和辅助系统故障,以及典型的组合故障均应包含在内。数据应收集飞行员识别时间、解释准确性、对故障认识、纠正和/或补偿的操作结果的适当性。在试验程序中,应建议一个抽样,该抽样包含了各种突发和非正常情况,以表明它们对机组工作负荷的影响。应收集飞行员对突发和非正常情况进行识别和采取适当行动的数据。这些评估过程,是验证相关检查单和程序正确性的好机会。在选择试飞中将要被评估的系统故障之前,应进行模拟或分析研究,以确定哪些故障是更可能的。系统故障应根据出现可能性进行选择,没必要评估那些发生几率极低(即 1×10^{-9})的故障。应理解在应对紧急或非正常情况的过程中,机组工作负荷是如何分配的,以便选择适当的故障情况来进行评估。

⑧ 差错评估。应对驾驶舱设计进行评估,以确定工作负荷是否是影响飞行员差错的显著原因。控制和显示器的设计缺陷会显著影响飞行员差错。对差错的检查也应进行,以确保当差错出现时,不会产生不安全或灾难状况。

4.6.4　审定程序

① 评估飞行计划。任何新机型或改动较大的机型都必须使用民用航空管理当局批准的试验计划进行评估。验证符合 1523 条款的方法可以是分析、仿真、演示、和/或飞行试验。对于新型或改型驾驶舱的工作负荷,最小机组工作负荷需要一套分析、测量、演示的逻辑过程来验证。

② 分析/试验

③ 数据收集和分析

- 工作负荷数据。数据可能包括客观绩效测量、主观(感知)绩效评估。主观评估通过调查问卷和飞行员评价获得,另外还有由试验管理者、飞行试验工程师或人因工程师记录下的观察记录。通常,客观数据(执行一个任务的时间、错误率、独立操作的数量等)优于主观数据。然而,从主观经验、观察和评价可以获得更多信息。此外,由于试验设置限制,或其他无法被试验队控制也无法获得补偿的变化因素,使得许多情况难以收集到准确的客观数据。在这种情况下,主观数据可能被单独使用来表明对 25.1523/23.1523 的符合性。为了评估何处仅需收集主观数据,申请人可考虑表 4-1 所列工作负荷量因素的定性排序,以及表 4-2 所列的可观察飞行员行为的等级。但推荐使用所有方法(包括客观和主观)的组合。每个组合可以提供有价值信息的适宜接口、工作负荷和飞行员理解和使用系统的能力。确定系统是否成功符合规章要求是民用航空管理当局的职责。该确定应基于整个试验程序收集到的所有数据的总览,特别强调工作负荷、任务持续时间、未完成的任务和错误率。

- 表格。对于试验计划指导和数据信息收集,需要设计数据收集表格、调查问卷、等级量表和其他试验报告细节。

④ 试验的信用度。在开发一个新系统或组件的整个过程中,申请人应进行驾驶舱设计和飞行员绩效评估。如果可以表明试验是对符合规章的组件/系统做的,那么民用航空管理当局

可以给予信用度来执行此类试验。整合可能完成随后的试验,但申请人必须证实用于评价的组件或系统是同样符合规章的组件/系统。一个程序若有管理良好的、系统早期就备有记录的评估,那么就可以在审定程序中减少飞行试验数量、延后民用航空管理当局参与的时间。此类评估的信用必须在试验之前与民用航空管理当局负责办公室或授权代表进行协调。

由飞行员和观察员组成的型号审定团队应配备飞行卡片或其他能持续评价记录基本工作负荷功能的方法。这些记录应在每次飞行或给定某天的一系列飞行中进行累计。此外,审定团队应记录使用运行检查单的情况。为了完成这些数据收集,飞机应配置成允许团队评估员观察所有机组活动,以及听到所有外部和内部通讯的状态。

4.7　工作负荷量评估方法

长久以来,工作负荷研究人员致力于研究一种直接方便可靠的工作负荷量确定和评定方法。人们希望找到一种心理特征或一种可测量的行为特征,但是个人可变因素众多,而工作负荷量与可测心理特征之间的直接可靠关系则少之又少。瞳孔直径、眨眼频率、眼球运动、呼吸频率、血压、脑电图、肌电图、心率、体液分析、皮肤流电响应等,均可通过客观测量得到数据,但与工作负荷的直接可靠关系是不足的,或者对工作负荷过于敏感,单一使用对航空运营取证不够可靠。

因此,主观评价法成为最实用的方法不足为奇。主观评价法是最流行也是最简单的工作负荷评价方法。该方法要求系统操作者陈述特定操作过程中的工作负荷体验,或根据工作负荷体验对操作活动进行难度顺序的排列。主观评价是一种直接评价方法;如果使用适宜,一般不会对主操作产生干扰,也不会对测试任务产生妨碍;一般使用统一的评定维度,不同情境的负荷评价结果可相互比较;使用简单、省时,容易运用;数据收集与分析容易。尽管主观评判不能代表任务的内在特性,也具有一些局限(如受短时记忆消退的严重局限,需操作后立即测试;不适用于主操作有记忆要求的场合;对评价员有一定要求),但确实在任务本身、操作者和环境之间产生了交互作用,而这正是大多数航空运输中工作负荷量考虑因素(含取证)所需的信息。主观工作负荷评估,适宜情况下辅以客观心理/生理量测量,是适航规章可接受的工作负荷评定方法。下面关于工作负荷量的评估方法将重点介绍主观评价法。

4.7.1　任务/时间线分析(TLA)

TLA 方法与传统的时间和动作研究有些相似。TLA 方法对每个操作工序和机组的每个动作所需的时间进行计算,需要测试视觉、手动转动、触觉、口头行为等,然后计算得到完成任务预计所需时间占有效时间的比例。

TLA 采用的是串行方法来计算任务。尽管飞行员可同时并行处理多项任务,但并行处理任务将导致过高估计工作负荷量。从安全角度看,TLA 这种串行方法带来的误差是可以接受的,尤其在设计或改进新型飞机、系统或设备时,TLA 可以保守地估计机组任务需求和时间,以保证机组实际工作负荷量处于可接受的水平上。

TLA 方法在设计过程中具有实用价值,但在对已有工作负荷量鉴定时,并不能完全满足要求。这是因为 TLA 不能充分说明不显著的(或脑力的)工作负荷量,也不能评估千篇一律重复的影响。另外,对于完成特定工作目标所需时间或有效时间难以进行估计。目前正常状态和非正常状态下的飞机控制及系统需求的时间几乎都低到了不可思议的程度,而 TLA 方法是建立在对这些操作工序和机组动作所需时间计算的基础上。目前 TLA 方法的使用价值比较适用在设计过程中。

从波音 737 开始,飞机上开始用电子计算机显示和控制系统,评价飞行系统给人带来的工作负荷就成为一个非常现实的问题。波音公司最后主要采用工作任务/时间分析来评估工作负荷。波音公司的研究人员 Hickey 首先提出了用时间研究的方法分析人的业绩的可能性问题。接着,Stern 等人把这种方法扩展到用操作人员的能力和剩余的能力来估算人的负荷比例。他们在做工作负荷的估计时,也考虑到同时执行两项以上的任务和体力方面的影响。他们把 80% 作为工作负荷的上限,这样使操作人员能有一点剩余的能力(时间),这点能力也可以用来检查自己的错误等等。这种方法产生的结果比较令人满意。在与上面的研究人员同时进行的研究中,波音公司的 Smith 提出用时间占有率作为负荷比例。Smith 在完善他的模型时,又考虑了认知性的任务。

4.7.2 主观评价法

主观评价法是最流行也是最简单的工作负荷评价方法。该方法要求系统操作者陈述特定操作过程中的工作负荷体验,或根据工作负荷体验对操作活动进行难度顺序的排列。下面介绍几种对飞机座舱工作负荷量进行评价的主观评价方法[19]。

1. Cooper - Harper 分量表

Cooper - Harper 分量表最早出现于 1969 年,主要用于开发新型飞机或其改进型号(主要为军事用途)的操作性能分量表,以便对试飞员用一致模式进行评价。由于飞机操作的难易程度与工作负荷极为相关,该分量表通过评价飞机驾驶难易程度以及对飞机操纵特性的评定,以反映工作负荷的大小。分量表建立的依据是基于飞行员工作负荷与操纵质量直接相关的假设。

它是一种主观分量表,将航空器适飞性能划分为 10 级分支,即把飞机驾驶的难易程度分为 10 个等级(1 代表优秀,10 代表严重不足)。飞机驾驶员在驾驶飞机之后,根据自己的感觉,对照各种困难程度的定义,给出自己对这种飞机的评价。如表 4-3 所示。在 20 世纪 60 年代后期,美国空军用 Cooper - Harper 方法评价新式飞机操作的难易程度取得了很大的成功。

表 4-3 Cooper - Harper 分量表

飞机的特性	对驾驶员的要求	评价等级
优良,人们所希望的	工作负荷不是在驾驶中应考虑的	1
很好,有可忽略的缺点	工作负荷不是在驾驶中应考虑的	2
不错,只有轻度的不足	为驾驶飞机需驾驶员作少量努力	3
小但令人不愉快的不足	需要驾驶员一定的努力	4
中度的、客观的不足	为达到要求需要相当的努力	5
非常明显但可忍的不足	为达到合格的驾驶需非常大的努力	6
严重的缺陷	要达到合格的驾驶,需要驾驶员最大的努力,飞机是否可控不是问题	7
严重的缺陷	为控制飞机需要相当大的努力	8
严重的缺陷	为控制飞机需要非常大的努力	9
严重的缺陷	如不改进,飞机驾驶时可能失控	10

改进的 Cooper – Harper 分量表出现在 1983 年,它主要用于缺乏内在动力和精神动力任务的情况,对飞行员的感知、监控、情况评估、沟通以及解决问题等能力进行评价。对原有分量表的改进包括改变分级标准,更多要求飞行员评价脑力负荷而非可操作性,重点关注面临的困难而非自身不足。改进的 Cooper – Harper 分量表更适用于评价全部脑力工作量的试验情况。改进的 Cooper – Harper 分量表如图 4 – 2 所示。

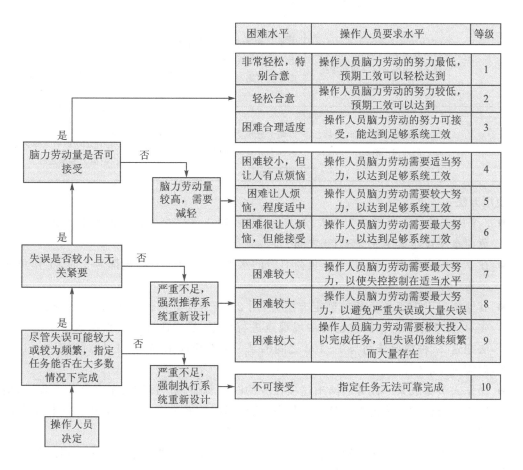

图 4 – 2　改进的 Cooper – Harper 分量表

2. 主观工作负荷量评估技术(SWAT)

SWAT 技术由美国空军开发,在美国空军和陆军中获得了应用。SWAT 仅适用于单人驾驶的情况。

SWAT 技术中,工作负荷被看作是时间负荷、压力负荷和努力程度 3 个因素的结合,每个因素又可分为 1,2,3 三级。在 3 个因素中,时间负荷反映计划、实施及监控任务的有效时间总量;努力程度用于评价完成任务所需有意识的努力和计划;压力负荷用于评价完成任务所需面临的风险、疑问、挫折和焦虑。SWAT 描述的变量及水平见表 4 – 4。

表 4 - 4　SWAT 因素及水平等级

维度水平描述	时间负荷	努力程度	压力负荷
1	经常有空余时间,各项活动之间很少有冲突或相互干扰	很少意识到工作努力,活动几乎是自动的,很少或不需注意力	很少出现慌乱、危险、挫折或焦虑,工作容易适应
2	偶尔有空余时间,各项活动之间经常出现冲突或相互干扰	需要一定的努力或集中注意力。由于不确定性,不可预见性或对工作任务不熟悉,工作中有些复杂	由于慌乱、挫折和焦虑而产生中等程度的压力,增加了负荷。为了保持适当的业绩,需要相当的努力
3	几乎从未有空余时间,各项活动之间冲突不断	需要十分努力和聚精会神。工作内容十分复杂,要求集中注意力	由于慌乱、挫折和焦虑而产生相当高的压力,需要极高的自我控制能力和坚定性

使用方法:

- 3 个因素及每个因素的 3 个状态,共形成 $3 \times 3 \times 3 = 27$ 个工作负荷水平。这 27 个工作负荷水平被定义为在 0~100 之间。
- 在 3 个因素都为 1 时,其工作负荷对应的水平为 0,当 3 个因素都为 3 时,工作负荷水平为 100。
- 其他情况下的工作负荷的确定方法为:用 27 张卡片分别代表 27 种情况,操作人员首先对这 27 张卡片根据自己的主观观点进行排序,然后研究人员根据数学中的分析方法把这 27 种情况分别与 0~100 之间的某一点对应起来,如(1,1,1)对应于 0,(1,2,1)对应于 15.2 等。
- 操作人员完成某一任务后给出这项任务的时间负荷、努力程度、压力负荷的程度,根据这 3 个指标即可确定工作负荷的状态,然后根据前面确定的对应表查出工作负荷的对应值。

SWAT 技术运用了数学分析方法,对操作人员给出的 27 种情况的排序数据进行了数学处理,相比简单的把 27 个点平均确定在 0~100 之间更为可靠。SWAT 技术的缺点是飞行员在评价程序开始之前,需要对 27 种情况进行排序填写,如果手工完成,这需要 20~60 min。另外,SWAT 仅使用高、中、低 3 级分量表确定工作负荷量,其缺点是飞行员往往会选择中间等级。在军事环境之外,SWAT 的功效在航空环境下还未得到证实。

3. NASA 的任务负荷指数量表(NASA - TLX)

NASA - TLX 由 NASA 下属 AMES 研究中心建立,采用两极分级法,使用了 6 个影响工作负荷的因素:脑力需求、体力需求、时间需求、操作绩效、努力程度、挫折水平。NASA - TLX 分级描述见表 4 - 5。

表 4 - 5　　NASA - TLX 分级描述

项　目	两个极端点	描　述
脑力需求	极高/极低	任务的脑力需求如何?这项工作是简单还是复杂,容易还是要求很高?完成工作需要多少脑力或知觉方面的活动(如:思考、决策、计算、记忆、寻找等)?
体力需求	极高/极低	任务的体力需求如何?需要多少体力类型的活动(推、拉、转身、控制活动等)?这项工作是容易还是要求很高,是快还是慢?悠闲还是费力?
时间需求	极高/极低	任务进展速度要求有多仓促或匆忙?工作速度使你感到多大的时间压力?工作任务中的速度是快还是慢,悠闲还是紧张?
操作绩效	完美/失败	完成要求任务有多成功?对业绩的满意度如何?
努力程度	极高/极低	在完成这项任务时,你在脑力和体力方面做出了多大的努力?
挫折水平	极高/极低	心神不定、气馁、生气和烦恼程度有多大?也可以理解为在工作时,你感到是没有保障还是有保障,很泄气还是劲头十足,生气恼火还是满意,有压力还是放松?

每个影响因素在工作负荷形成中的权数不同,且随着情境的变化而显示出差异。使用过程按如下步骤进行:

① 确定因素权重

采用两两比较法,对每个因素在工作负荷形成中的相对重要性进行评定。6 个因素的权数之和等于 1。在对权数进行评估时,自相矛盾的评估(即 A 比 B 重要,B 比 C 重要,C 比 A 重要)是允许的,这种情况出现时,说明被评估的因素的重要性非常接近。

② 针对实际操作情境,对 6 个因素的状况分别进行评定

操作人员在完成了某一项任务之后,根据工作负荷的 6 个因素在 0～100 之间给出自己的评价。除绩效这一因素之外,其他 5 个因素都是感觉越高,给分值也越高,而对绩效,感觉到自己的业绩越好,则所给的分值越低。

③ 确定了各个因素的权数和评估值之后,进行加权平均就可以求出工作负荷。

4. 贝德福德分量表

贝德福德分量表最初产生于英格兰贝德福德的英国皇家航空研究院,是对 Cooper - Harper 分量表的改进,也是采用决策树评级和三级体系的方法,来询问飞行员能否完成任务、工作负荷量能否忍受、工作负荷量在不减少情况下是否令人满意[19]。贝德福德分量表等级范围划分为由一端的"无关紧要工作"至另一端的"可放弃任务"。该量表创新性地要求飞行员运用可预计的余力评价工作负荷量的水平。贝德福德分量表操作相对容易,飞行员也乐于接受。这一方法如图 4 - 3 所示。

5. 动态工作负荷分量表(空客)

动态工作负荷分量表由空客公司开发,是另一种多维主观分级方法,被应用于空客飞机的验证。该方法对于飞行员评价采用 5 分量表,而对于观察员采用有重叠的 7 分量表。要求飞行员和观察员基于备用能力、中断和压力等因素确定工作负荷量。在任何工作负荷量发生改变的情况下,观察员都必须重新评级,或者每 5 分钟进行一次评级。在后一种方法中,观察员向飞行员发送电子信号以提示应当进行评级。动态工作负荷分量表如表 4 - 6 所示。

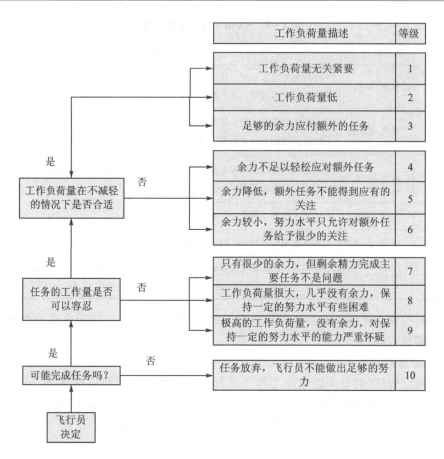

图 4-3 贝德福德分量表

表 4-6 动态工作负荷分量表

开始评估	试飞员分量表	观察员分量表	分量表描述
工作量较轻?	是，A	2 较轻 3 轻	工作量水平较低，所有任务很快即可完成。
工作量适中?	是，B	4 非常可接受 5 合理/可接受	工作量水平适中，存在一些任务中断，但有显著的备用能力。
工作量较大?	是，C	6 勉强可接受	工作量水平较高，需要缓解工作负担。频繁的任务中断或显著的脑力劳动。
工作量过大?	是，D	7 长期不能接受	工作量水平过高，长期下去不可接受。错误遗漏可能性很高。持续的任务中断或过多的脑力劳动或过大的压力。
工作量极大?	是，E	8 一刻不能接受	工作量水平极高，短时都不可接受，因为会对体力或脑力造成损害。

6. 比较评价之飞行员主观评价

若使用比较评价,则存在异议和缺乏一致标准的情况将大为减少。新型或改进型飞机工作负荷量可以同已通过验证、在航空环境中有效运行的其他基本型飞机进行对比。

飞行员主观评价(PSE)是主观评价和比较评价方法的结合,由波音公司和 FAA 联合开发,用于对 B767 飞机进行合格审定,亦可扩展应用于其他机型。PSE 包括 7 分量表和一套问卷。PSE 方法创新之处在于,采用由飞行员自行选定的、先前经过审定的其他飞机作为参照,以此对工作负荷量进行比较评价。飞行员对某型飞机的操纵进行比较评级,确定在脑力劳动、体力消耗及时间需要等方面,较参照机型更大、相同还是更低。工作负荷量需求增加的方面即需改进设计。一段评估时间结束时,在工作负荷量需求增加方面对飞行员进行一次访谈。PSE 如图 4-4 所示。

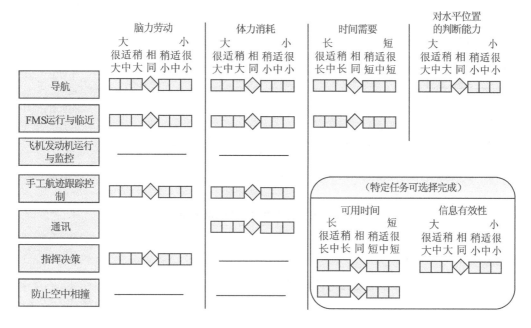

图 4-4 飞行员主观评价(PSE)分量表

为了支持售后市场飞机补充型号认证的机组工作量评价,奥兰德和巴恩斯针对 PSE 进行了改进,获得了改进的飞行员主观评价(MPSE)。与 PSE 相同,MPSE 仍采用 7 分量表和一套问卷。在一段评估时间结束时,进行一次延伸访谈。

在 MPSE 使用过程中,需要根据实际测试操作进行相应修改,优点之一是其具有灵活性。MPSE 主要有三个任务模块:

① 飞行识别和飞行员信息。

② 对正常操作(如起飞和降落)的评价。与降落相关数据包括降落机场、降落时间、降落过程及着陆时飞行状况、进近方式、空中交通管制状况、自动驾驶仪不同工作方式等,以及其他任何相关情况(如飞行管理系统工作方式在其可用时的情况)。接下来会要求飞行员对规章中工作负荷考虑因素做出评价(包括飞机航迹控制、防撞、导航、通讯、飞机控制的操作和监控、决策、必须的操纵器件的可达性和操作简易性)。

③ 对非常规和紧急操作的评价。包括警报信号、警报程序,以及是否故意安排非常规操作,如警报指示引起注意的程度、理解问题的脑力付出、警报出现时保持其他驾驶飞机职能的轻松程度、非常规进程为计划性或非计划性等。

图 4-5 所示为正常到达过程的 MPSE,图 4-6 所示为额外、非常规或紧急运行的 MPSE。图中不可用选项的多少和位置取决于接受测试的仪器和系统。

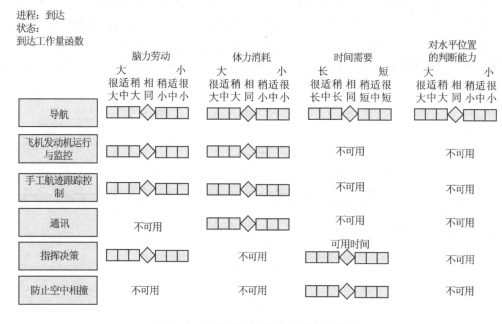

图 4-5 正常到达过程的 MPSE 分量表

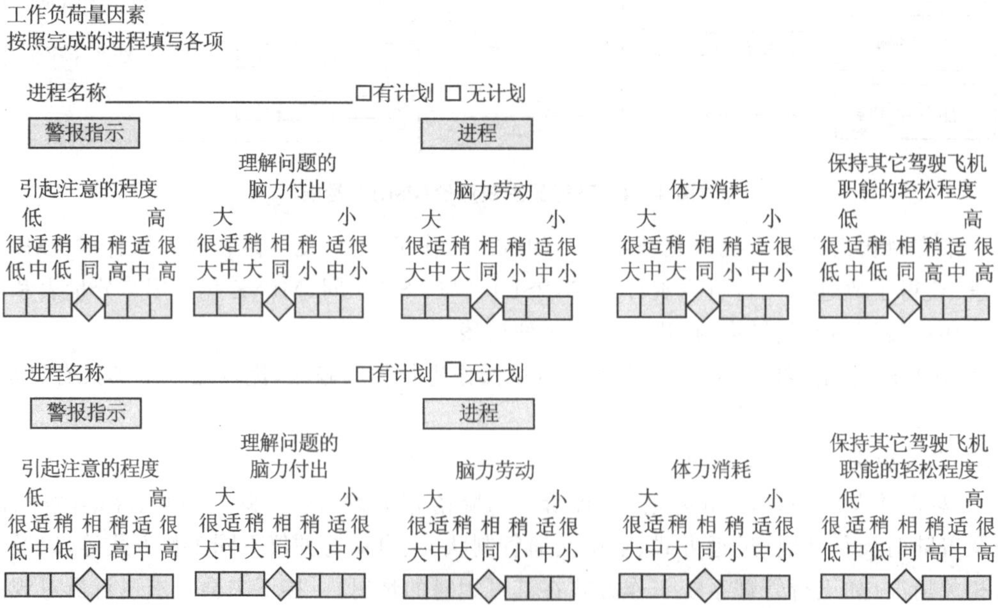

图 4-6 额外、非常规或紧急运行的 MPSE 分量表

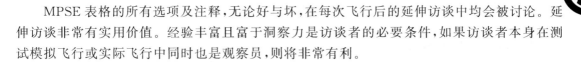

MPSE 表格的所有选项及注释,无论好与坏,在每次飞行后的延伸访谈中均会被讨论。延伸访谈非常有实用价值。经验丰富且富于洞察力是访谈者的必要条件,如果访谈者本身在测试模拟飞行或实际飞行中同时也是观察员,则将非常有利。

4.7.3　主任务测量法与辅助任务测量法

主任务侧量法是通过测量操作人员在工作时的业绩指标来判断这项工作给操作人员带来的脑力负荷。这种方法的基本假定是:当脑力负荷增加时,由于需要操作人员作出更大的努力,需要更多的资源,人的业绩也会发生变化,即业绩的质量开始下降,就像一个小学生的课外作业太多,他的作业开始变得马虎一样。脑力负荷是不可见的,但人在系统中的业绩指标一般是可以测量的,因此就可以从人的业绩指标的变化反推脑力负荷。

主任务测量法主要分为两类,即单指标测量法和多指标测量法。

- 单指标测量法用一个业绩指标来推断工作负荷。例如:调查显示器数量增加所引起的脑力负荷增加,可用显示信号出现后的反应时间作为脑力负荷指标。指标选择的好坏对工作负荷的测量成功与否有着决定性的作用。业绩指标主要是用错误率(精确度)或时间延迟(速度)。例如 Dorman 和 Goldstein 研究在监视类任务中信息显示速度的影响,使用的就是单指标测量法。
- 多指标测量法通过多个指标的比较和结合减小测量的误差,找出工作负荷产生的原因,提高测量的精度。例如,显示器监视任务中,用反应时间、正确反应率、无反应率三个指标来发现信号出现速度变化的影响。

应用辅助任务测量法时,操作人员被要求同时做两件工作。操作人员把主要精力放在主任务上。当他有多余的能力时,尽量做另一项任务,这一项任务被称为辅助任务。如果主任务工作负荷很高,则剩余资源越少,辅助任务的业绩就会很差。辅助任务测量法的思想基础是 $X+Y=1$。

用辅助任务法测量工作负荷步骤一般是这样的,首先测量单独做辅助任务时的业绩指标,这个指标反映的是人全心全意做这件事情时的业绩,也即是人的能力。然后在做主任务的同时,在不影响主任务的情况下尽量做辅助任务,这时得到一个业绩,反映的是主任务没有占用的能力。辅助任务必须是可以细分的、与主任务使用相同的资源、对主任务没有干扰或干扰很小。不同的任务使用不同的资源,因而可使用的辅助任务也有很大的不同,常用的辅助任务有:选择反应时间/反应率、追踪、监视、记忆、脑力计算、复述、简单反应等。

4.7.4　生理测量法

生理测量法是通过对人的生理信号的测量,来确定人的工作负荷量。这些生理指标可以是心率变化、大脑诱发电位、眼动、血压、呼吸频率、肌电图、体液分析、皮肤流电响应等。例如研究发现大脑诱发电位的变化对脑力活动的某些成分(知觉/认知负荷)较为敏感。其中,P300(刺激呈现后约 300 ms 时出现的一个正向电位波动)尤为敏感。

现阶段生理测量法还存在很多局限性。例如,生理测量法假定脑力负荷的变化会引起某些生理指标的变化,但是其他许多与脑力负荷无关的因素也可能引起这些变化;不同的工作占用不同的脑力资源,因而会产生不同的生理反应;一项生理指标对某一类工作适用,对另一类工作则不适用;与工作负荷量的直接可靠关系不足。由于目前这些技术对工作负荷量过于敏感,因此对航空运营取证不够可靠。

4.7.5　其他考虑

各国飞行员在体格、经验、培训以及文化背景等方面存在巨大差异,所有这些差异均会影响飞行员经受的工作负荷量。

尽管大多数工作负荷评价方法都试图寻求一种有效并且可靠的测量工作负荷量水平的工具,但只有 PSE 和 MPSE 方法针对相对工作量进行测量。采用比较方法的根本原因在于,任何飞机或系统,只要其工作负荷量不超过已经证实成功的飞机或系统,显然是可以接受的。比较评价方法规避了在没有统一基准的条件下确定工作负荷量可接受水平这一难题,使工作负荷量转化为通过令人满意的方法加以确定。

由于非主观测量方法与工作负荷的直接可靠关系不足,因此到目前为止,实际系统、系统组合以及飞机中用到的工作负荷评定大多采用主观方法。毕竟主观分级方法最接近于筛选出工作负荷量的实质,并提供最可行和最灵敏的测量方法,原因是该方法提供了一个反映飞行相关活动对飞行员影响的指征,并将很多其他因素的影响进行整合[19]。

思考题

1. 如何理解飞行安全中的机组工作负荷量概念?

2. 影响工作负荷量的因素有哪些?

3. 适航规章要求,为完成基本的机组功能,需要考虑的基本工作负荷量包括哪些方面?如何进行符合性验证?

4. 工作负荷量评估方法有哪些?

第5章 情境意识

在飞行任务中,飞行员情境意识水平与飞行安全有直接关系。在复杂多变的飞行环境中,情境意识是影响飞行员决策和绩效表现的关键因素。飞行员情境意识的需求已经获得了公认,正确完整的情境意识是保证安全飞行的必需条件,失去情境意识则可能导致灾难性后果。

5.1 情境意识的概念

5.1.1 情境意识概念的起源

情境意识(situation awareness,简称 SA)的概念最初出现在航空心理学,用于描述飞行员对作战中飞行操纵的理解。空战中的飞行员面对的是极为紧张的情景,飞行员不仅要监控飞机、系统和武器状态,还要监视敌机,并不时需要特技飞行,失败的后果就是死亡。能成功驾驭这些状况的飞行员就是王牌飞行员,他们一般会避开激烈的混战,而采用逐个击落的战术。这些王牌飞行员很清楚自己的处境,会设法脱离他们难以应付的情况。战斗机飞行员需要清晰正确的情境意识,否则只有死亡。曾任美国空军参谋长的 Merrill Mcpeak 认为,是否具有情境意识是区分伟大战斗机飞行员与好飞行员的一个标准,如果一个飞行员能对刚过去的情景和当前情景在头脑中建立和保持清晰准确的画面,那么这位飞行员就能在飞行中取得成功。

随着科技进步,复杂系统应用越来越广泛,操作者的工作由以往操作为主转变为监视-决策-控制模式,对认知特性要求不断增加,情境意识的研究对象也逐渐扩展到了民航运输飞行员、空中交通管制员、核电厂操作员、医药麻醉师和军事指挥员等。这些人员经历的情景有一些共同特点,如动态变化且信息丰富、需要保持或达到特定状态或目标、可能承受较高心理负荷、需要接受大量培训等。战斗机飞行员的任务主要关注防空雷达、其他战机的对抗、军事目标等,民航运输飞行员的任务与之存在很多区别,但原理是一样的,下面以民航飞行为例来进行介绍。

为了在动态飞行环境中表现得好,飞行员必须不仅知道如何操纵飞机和拥有正确战术,而且还必须在头脑中形成对环境状态正确的、实时的图像。这不仅仅是在复杂环境中要考虑的任务,更是为了做出有效决策而必须考虑的因素。对飞行员而言,建立和保持良好的情境意识是生存技巧,它超出了驾驶舱所具有的条件。拥有高水平的情境意识是获得飞行成功的关键要素,而缺乏情境意识则会导致不利后果。由于情境意识的重要性,新的航空器系统在设计时要设法提高驾驶者的情境意识,通过培训程序提高情境意识的方法也受到更多关注。通过航空器设计或培训程序来提高情境意识这样的方式,需要对飞行领域的情境意识需求有清楚的理解,同时也需要对个体、系统和环境因素对情境意识的影响,以及设计过程和被应用情境意识的系统作用等问题有清晰认识。

5.1.2 情境意识的定义

Mica Endsley 提出的情境意识定义获得了较广泛的应用[20]。情境意识是对一定时间和空间环境内各要素的感知、对其含义的理解和对未来状态的预测。也就是说,它是人对自己所处环境的认识,知道自己周围刚刚发生了什么、正在发生什么和将要发生什么。情境意识是人对动态系统状态把握的心理模型,是人做出有效决策和控制的核心。情境意识水平对决策质量和工作绩效表现有直接影响。

Endsely 提出的情境意识模型如图 5-1 所示,它描述和解释了情境意识的状态层次、外界环境与情境意识的关系,以及各因素对决策和工作表现的影响。

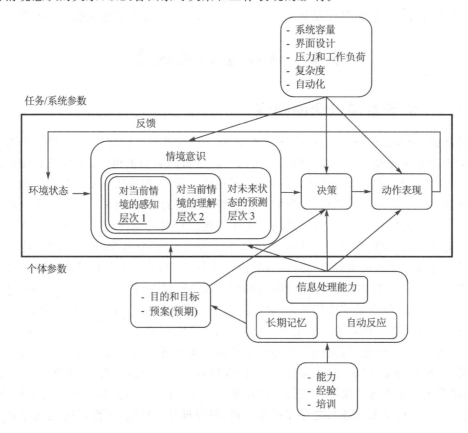

图 5-1 情境意识模型[20]

情境意识分为 3 个层次,即感知、理解和预测。

层次 1:对当前情境的感知

获得情境意识的第一步是感知当前情境中相关要素的状态、属性和动态相关性。飞行员需要感知的重要要素包括其他飞机、地形、系统状态、警告灯及其相关特性。

层次 2:对当前情境的理解

对情境的理解是基于对层次 1 各繁杂要素的综合而进行的。层次 2 情境意识不仅是意识到当前要素,更需要根据目标来理解这些要素的含义。飞行员将层次 1 的数据整合在一起建立所处环境的整体图像,包括对对象和事件含义的理解。例如,当起飞时看到警告灯指示一个问题时,飞行员必须迅速确定这个问题的严重性,这需要考虑到航空器适航性条款,同时要结合对剩余跑道长度的认识,从而才能知道这种情况是否需要终止起飞。新手飞行员可能与经验丰富的飞行员获得同等的层次 1 情境意识,但是新手在依据相关目标整合多种数据要素以及据此理解情境方面,可能会比经验丰富的飞行员差得多。

层次 3:对未来的状态的预测

这是对环境中各要素未来行为进行预测的能力,是第 3 层次,也是最高层次的情境意识。这一层次的情境意识是通过对状态和要素动态情境的认识和理解而获得的,与第 1 层次和第 2 层次的情境意识都有关系。经验丰富的飞行员把相当一部分时间用在了预期未来可能会发生的事件上。这给了他们认识和时间上的可能性,让他们在需要决策的重要时刻可以采取最佳方式达到目的。

5.1.3　情境意识错误

相对应于情境意识的 3 个层次,情境意识错误可分为 3 类。表 5-1 给出了情境意识错误的分类,并列出了各类错误的一些原因。

表 5-1　情境意识错误的分类

层次错误	原　因
层次 1 错误:不能对当前情境进行正确感知	● 数据不可用 ● 数据难以辨识或检测 ● 未监测或观察数据 ● 对数据错误感知 ● 遗忘
层次 2 错误:不能对当前情境进行正确理解	● 缺少心理模型或心理模型差 ● 使用了不正确的心理模型 ● 过于依赖缺省默认值 ● 其他
层次 3 错误:不能对情境未来状态进行预测	● 缺少心理模型或心理模型差 ● 对当前趋势的预测过激 ● 其他
总体	● 未能保持多目标 ● 习惯模式

① **层次 1 错误:不能对当前情境进行正确感知**。在这个最基本的层次上,重要信息未被正确感知,这包括下面几种情况。

● 由于系统设计缺陷未呈现相关数据,或者在传输、呈现过程中出错,因而造成有些数据不能为人所用。

● 数据是可用的,但是检测或感知这些数据有困难,比如由于跑道灯光或驾驶舱内噪音等问题,令飞行员无法观察某些数据。

● 数据是直接可用的,但是因为各种各样的原因,这些数据未被观察或未被包含在扫视模式里,如未查看一些信息子集、注意力狭窄、外部干扰和高负荷(包括瞬时高负荷)。

● 数据被观察了,但是感知到的是错误的数据,这经常受先入为主的预期影响而发生。

● 数据显示了,人最初也感知到了,但是随后又忘记了,这经常与正常程序受到干扰、高工作负荷和注意力分散关联在一起。

② **层次 2 错误:不能对当前情境进行正确理解**。信息被正确感知到了,但是信息包含的

意义或含义没有被正确理解。这包括下面几种情况。

- 缺少好的心理模型来合并与目标相关联的信息。
- 使用了错误的心理模型来解释信息,例如使用了相似系统的心理模型,这会导致对不同系统的错误诊断和理解。更为常见的问题是,飞行员可能因心理预期,而将所有感知到的线索都输入进这个预期模型中,结果导致对当前处理完全错误的解释。
- 过度依赖所使用心理模型的缺省值也会带来问题。例如,这些缺省值被用于实时数据缺失时对系统部分功能的一般性考虑。
- 与操作目标相关的感知信息的意义没有被很好地理解,或者多个信息片段没有被正确地综合集成。其原因可能是工作记忆局限性或其他未知的认知失误。

③ **层次 3 错误:不能对情境未来状况进行预测。** 某些情况下,个人完全知道正在进行的是怎么回事,但是却未能正确预测这对未来意味着什么。这包括下面几种情况。

- 缺少心理模型或者心理模型差。
- 过度强调当前的某些趋势,造成对预测过激。
- 有些不正确预测情况的原因是不明显的。心理预测是一个高需求任务,人们通常并不太擅长于此。

④ **一般性错误。** 情境意识错误除了前面三个主要类别,还有两个一般性类型。

- 有些人不擅于在记忆中保持多项目标,这会对情境意识的三个层级都产生影响。
- 人们会落入执行习惯模式的陷阱,以自动方式执行任务,这使他们不容易接受重要的环境信号。

采用以上对情境意识错误的分类法,ASRS(航空安全报告系统)对记录的 113 起情境意识事故重新研究,从中发现 169 处存在情境意识错误,其中层次 1 错误占 80.2%,层次 2 错误占 16.9%,层次 3 错误仅有 2.9%。这些数据说明,层次 1 错误——不能对当前情境进行正确感知,需要获得最多重视。从前文可以看到,层次 1 情境意识错误的产生原因很多,包括因系统设计缺陷、沟通协同失误或培训不足,引起机组知晓那些信息但是却很快将其遗忘了。数据就在手边并且明显可用,但是却难以察觉和发现,或者被遗漏,其原因可能是机组只关注了其他方面、注意力不集中,或者任务负荷过高,还有可能是自满以及理解狭隘。

5.2　情境意识对信息的需求

对航空环境中情境意识的清楚理解,有赖于对航空环境中各要素(存在于三个层次情境意识的每一层)的明确描述,并且明确飞行员需要对哪些事物进行感知、理解和预测。这包括以下部分。

1. 位置信息

位置信息包括:自己飞机的位置、其他飞机的位置、为防止相撞需避让的航空器、地形特征、障碍物、机场、城市、航点和导航;指定点的相对特征;指定跑道和滑行道;到达预期位置的路径;爬升/下降点。

位置信息在航空飞行中至关重要。多数航空运输飞行是通过 IFR(仪表飞行规则)完成的,亦即飞行员的导航是由飞机驾驶舱导航无线电和仪表信息引导的。位置信息可以通过 VFR(目视飞行规则)条件下目视观察地形或其他飞机进行验证,也可以通过查看航图、飞行计划和仪表进行验证。包括导航无线电在内的驾驶舱仪表的正确使用,在任何飞行阶段都是非常重要的,在 IFR、夜航和能见度不佳的情况下,仪表使用更具决定性意义。

CFIT(可控飞行撞地)事故因其死亡人数庞大而成为航空事故中的最大一类。大多数CFIT 事故都是因为机组不清楚飞机确切位置而导致的。机组对飞机位置信息的丢失或错误掌握原因很多,如天气不利、可见度不佳情况下的失定向、机组协同不畅而忽视位置监控、导航系统故障等。为减少错误操作而导致的 CFIT 事故,近地警告系统(GPWS)等获得了发展和应用。

2. 时空信息

时空信息包括:飞行趋势、高度、航向、速度、垂直速度、G 值、航线;飞行计划、与飞行计划的偏差;飞机进程(到达下一航标的时间、到达目的地的时间等);航空器性能;预期航线。

时间在情境意识的所有部分都很重要,情境意识的概念是具有时间维度的,它涉及到飞机和机组的当前和未来状态。如果飞行员对所驾驶飞机运行的情境具有良好理解的话,他的思维会自然而然地走在飞机前头,因而拥有良好的对未来进行预测的第 3 层次情境意识。

在与时间相关的情境意识中,有 3 类对飞行安全是至关重要的。第 1 类是与燃料有关的情境意识。飞机燃料数量有限,当燃料耗尽时飞机将不能继续飞行。像计划储备燃料不足这样的问题,会导致紧急迫降。因此,对燃料数量的实时掌握是情境意识的重要方面之一。第 2 类是与飞行计划中飞机进程有关的情境意识。若飞机进程与飞行计划存在差异,包括在领航坐标中的进度差异,需要立刻获得提示并对差异原因进行分析识别。另外飞行时间与飞行时刻表的一致,以及与安排执飞计划钟表时刻的一致,也非常重要。第 3 类是与天气预报相关的情境意识。时间是天气预报中要重点考虑的因素之一,这对制定运营计划的人员也很重要,因为他们制定的航班计划和时刻表是针对全球范围的。与天气预报相关的时间情境意识对飞行员至关重要,因为起飞和降落最低天气条件、飞行中的风速风向和其他天气状况是飞行员一直关心的。

3. 物理状态信息

飞机的物理状态或情况包括:飞机系统状态、功能和设置(如发动机输出功率、起落架和扰流板位置等);无线电、高度表和雷达接收仪器设置;ATC 交流;与正确设置的偏差;飞行模式、自动输入和设置;故障系统的设置和影响;燃油状况;可用燃油的飞行时间和距离;现有可用设施(如跑道、滑行道、停机坪、无线电导航、无线电通讯等)。

飞机的物理状态通常显示在驾驶舱里的指示仪表和刻度盘上。例如,襟翼的位置会显示在一个指示器上,飞行员通过检查襟翼位置手柄可以确认所选定的襟翼位置。飞机前缘襟翼、前缘缝翼与后缘襟翼位置改变了机翼形状,使得在各个飞行阶段可以通过有效利用翼型来提高效率。扰流板的使用会扰乱掠过机翼的气流,增大阻力的同时减小了升力。部分打开的扰流板会显著降低飞机爬升能力,全部打开的扰流板会使飞机不宜飞行,因此扰流板必须得到适当使用。扰流板只有在着陆之后才会全部打开,以便将飞机全部重量作用在轮子上,提高刹车效率。有些飞机禁止空中襟翼展开时使用扰流板。襟翼和缝翼的位置对起飞和着陆也非常重要,它们必须设定在起飞位置才能令飞机起飞,而正常着陆也要求襟翼位置适当和缝翼位置正常。飞行员必须时刻清楚这些物理装置的位置和状态,这种情境意识对飞行安全至关重要。1987 年 8 月 16 日在底特律发生的美国西北航空公司 255 航班事故,NTSB 事故调查发现飞机起飞时前、后缘襟翼均处于完全收回位置,而非起飞设定位置。1995 年 12 月 20 日发生在哥伦比亚卡里的美国航空 965 号航班失事,事故原因之一是飞机扰流板未在飞机全速爬升阶段收回。

飞机的自动化程度越来越高,对飞机状态的情境意识与自动飞行控制系统模式的联系也越来越紧密,如果飞行员对系统缺乏足够认识,就会造成对系统模式的不理解,导致在特定飞行进程时的模式分辨错误,采取与当时情境不相宜的错误行动。简单地说,就是飞行员失去了对自动化系统和设备状态识别和纠正的能力,丧失需要时接管飞机的能力。因此,对高科技飞机系统软硬件功能的理解,是拥有对飞机物理状态情境意识的重要内容。自动化带来的另外一个问题是飞行员技能的丧失。由于自动化实践应用和对使用人工操作技能的态度,飞行员的一些技能因长时间缺乏足够的练习而出现退化,尤其是紧急状态下所需要的一些技能,这对飞行员情境意识的建立和保持是非常不利的。

4. 环境信息

环境信息包括:当前和预期气象条件,如气象影响的区域和高度、气象运动;温度、结冰、云、雾、阳光、可见度、紊流、风、微暴流、冻雨、冰雹、火山灰;天气发生变化前留给飞机的时间;IFR 与 VFR 条件;要避开的区域和高度;交通密度。

气象条件随季节和地理区域的变化是非常显著的,气象情况可以决定飞行本身的可行性、可能需要的盘旋等待时间、可能的备选方案等。交通密度增大导致了空中交通延误量增加,也增加了空中相撞的风险,机组工作负荷量会随着交通密度增大而增加。空中相撞是通用航空中最大的安全威胁。对气象和交通状态等环境信息情境的掌握是飞行员必需的情境意识。

5. 运行团队和乘客状态

运行团队和乘客状态包括:机组人员、乘务人员、乘客、其他人员、机上货物的状况。无论出于何种原因,如果驾驶舱和客舱人员状态不佳或运行效率低,则会对机组产生影响。

过大的压力、疲劳或者能力不足显然会导致效率降低,如果这些问题得不到重视,飞行机组的情境意识会显著降低。乘客健康和愉悦不在机组职责范围内,但是当某位乘客成为他自身、其他乘客或整架飞机的威胁,或者需要专业医疗照顾时,乘客状态就会和机组发生直接联系。

5.3　影响情境意识的因素

为了更好地理解在诸如航空这样复杂场景中情境意识的过程和影响因素,建立了如图 5-1 所示的情境意识模型。总的来说,航空飞行中情境意识的主要挑战来自人注意力和工作记忆的局限性。为了克服这些局限性而获得更好的情境意识和更成功的表现,主要应对措施是通过培训和经验来发展相关的长期记忆存储、目标导向处理和动作自动化。情境意识除了受到个体特性和处理机制的影响之外,许多环境和系统因素也会对情境意识产生很大影响,如压力、工作负荷过载、系统设计等。这些因素会严重挑战飞行员在许多情况下保持高水平情境意识的能力。

5.3.1　人的信息处理局限性

在航空飞行中,情境意识和决策过程受到有限注意力和工作记忆容量的限制,尤其是新手飞行员和特殊情况下更是如此。为了建立起情境意识,人们需要从环境中感知信息和处理信息,这需要投入注意力,从而才能选择动作和做出反应。在复杂、动态的航空环境中,信息超荷、任务复杂和多重任务会迅速超出机组的注意力容量极限。由于人的注意力是有限资源,在某些信息上投入较多注意,则意味着在其他事情上情境意识的缺少。情境意识缺失会导致糟糕的决策,从而引起人的差错。

飞行员通常采用信息采样过程来规避注意力范围的局限,以快速序列来获得信息,与关注信息优先级和信息变化的长期记忆信息进行比对。工作记忆也在此过程中起重要作用,它使得飞行员能够在感知其他信息或主观目标的基础上对注意力进行调整。例如,飞行员可以把有限注意力分配给重要因素,以助于任务的成功完成。

但是,人并不是总能做到对信息的最佳采样。典型的缺陷包括:①基于对环境中元素统计特性的误解,建立的策略并非最佳策略;②视觉主导,即更多地注意视觉信息元素,对听觉等其他通道获得信息注意较少;③人类记忆的局限,这导致使用不准确的记忆统计特性来指导采样。另外,由于信息过载的情况经常发生,因此飞行员可能觉得信息采样过程不充分或效率不高,在这种情况下,飞行员可能选择关注特定信息,而忽略其他信息。如果飞行员选择正确,即关注了应该关注的信息,那么一切都会良好。然而,在许多时候,情况并不是这样。为了知道需要将注意力集中在哪些信息上,以及知道哪些信息可以暂时忽略,飞行员必须在一定程度上理解所有信息,即建立起"大画面"。

信息被感知的方式(层次 1 的情境意识)受工作记忆和长期记忆内容的影响。例如,特性、形式和信息定位的成熟知识可以显著促进信息的感知。这种类型的知识通常是通过经验、培训或飞行前计划和分析获得的。人对信息的预期会影响感知信息的速度和准确性。在一个环境反复体验,能够让人建立起对未来事件的预期,进而使人更容易感知预期信息。如果呈现的信息与预期一致,那么人对信息的处理速度会提快;而如果呈现的信息与预期不一致,那么很有可能产生一个差错。

工作记忆容量同样是情境意识的一个局限条件。在缺少其他工具的情况下,信息处理的多数过程必须在工作记忆里完成。层次 2 的情境意识涉及到对感知到的信息的含义理解。新的信息必须与现存知识结合,并建立起一个情境融合画面。在进行这种转变的时候,获得期望的信息一体化和理解是一个非常繁重的工作,会令飞行员有限的工作记忆严重过载,甚至对有限注意产生影响,从而导致对获取新信息的过程分配更少的能力资源。

类似的,对未来状态的预测(层次 3 的情境意识)和随后决策也同样会极大增加工作记忆负荷。这是因为对未来状态的预测,需要在工作记忆中保持对现有状况、将来状况、基于之前的规则建立之后的规则和考虑适合未来状态的行动。如果在建立和选择反应,以及实施下一步行动的基础上,想达到高水平的情境意识,将是一项繁重的任务,工作记忆将被加上很大的负荷。

5.3.2　应对信息处理局限性的机制

在实际中,经验丰富的飞行员会使用长期记忆,以图像或脑力模型的形式来对付在进行情境和环境要素了解时人的信息处理局限。这些机制可用于处理信息一体化、信息理解和对未来事件的预测,也可用于基于不完整信息和非确定性信息的决策。

经验丰富的飞行员通常拥有他们要处理系统的内在表示,即脑力模型。一个良好成熟的脑力模型可以提供：①系统相关要素的知识，这些知识可在感知处理阶段，对注意力进行引导和对信息进行分类（层次1情境意识）；②一种方法，该方法可将要素一体化，从而建立起对这些要素含义的理解（层次2情境意识）；③对系统未来状态进行预测的机制，其基础是当前状态和对动态信息的理解（层次3情境意识）。在做出决策的过程中，飞行员对系统当前状态的感知可能与记忆中的相关图像匹配，该记忆图像表述了典型情境或说明了系统模型。这些典型情境提供了情境分类和理解，以及预期未来可能发生的事件（层次3情境意识）。

这些机制带来的一个最大好处是分类图的使用，当前情境不必与曾经碰到过的另外一个情境精确相像。人类模式匹配机制的卓越能力可能瞬间完成匹配过程。当对特定系统或领域做出行为时，如果一个人拥有良好成熟的脑力模型，那么此模型将能提供：①动态引导注意力到关键的环境线索上；②基于模型的预测机制，预测环境可能的未来状态（包括预测哪些和不必预测哪些）；③在识别情境分类和典型行动之间提供直接的、单步链接，从而做出非常快速的决策。

脑力模型的使用还可以提供有用的缺省信息。这些缺省值是基于要素分类而拥有的要素特征，在信息不完整或信息不确定的情况下，它们可以被飞行员用来预测系统特性，从而帮助飞行员做出更有效的决策。例如，经验丰富的飞行员可以在一个合理范围内预测一架特定飞机能飞多快，做到这点只需知道这架飞机是什么型号就可以了。缺省信息可以令经验丰富的飞行员掌握重要的应对机制，帮助他们在信息缺失或信息过载而无法获取所有所需信息的情况下，建立起情境意识。

良好成熟的脑力模型可以为高层次情境意识提供几乎自动化的理解和未来预测，因此极大降低了工作记忆负荷和注意力需求。这些长期记忆存储的一个主要好处是，大量信息可以被极快地访问，而仅需极少的注意力，整个决策制定过程变得简单。

在对动态、复杂信息进行处理的过程中，人可能会在数据驱动和目标驱动之间转换。在数据驱动过程中，多种环境特征被检测到，它们的固有特性决定了哪些信息会进一步获得聚焦注意和处理。在这种数据驱动模式中，线索突出性将对哪部分环境因素受到注意并被建入情境意识有很大影响。同样，人也可以进行目标驱动模式，在这种模式中，情境意识被飞行员的目标和期望所影响，目标和期望决定了注意哪些方面、信息如何被感知、信息如何被解释。人的目标和计划决定了环境中的哪些部分受到关注，这些信息随后被综合和解释，并依据目标建立起层次2的情境意识。自顶向下和自底向上过程会折衷出现，从而飞行员可以更有效地处理动态环境中的信息。

随着经验的积累，飞行员将更好地了解自己的目标，哪些目标在哪种情况下是活跃的，以及如何获得信息来支持这些目标。目标导向处理的增加，将使得对环境的处理更有效，这比单纯的数据驱动处理要好。航空领域的机器性能表现取决于飞行员对多个竞争目标进行有效动态判断的能力，这需要飞行员能在追求特定目标信息和感知新目标信息之间快速切换。掌握多目标能力已经和注意力分配联系在了一起，这对航空飞行整体性能表现是非常重要的。

情境意识还会受到信息处理过程中自动化的影响。自动化有助于克服注意力局限，但也可能使飞行员陷入缺少新刺激的境地。随着时间推移，自动化容易将行动变成习惯和定式，只需要非常低水平的注意。然而，当事情稍有不同时，例如一个来自ATC的与平时不同的许可，飞行员可能会错过它而采取习惯性行动。通过经验积累和高水平学习，自动处理过程往往会变得快速、自发、不费力、意识不自知，从而事情的发生不会引起注意。自动处理的好处在于

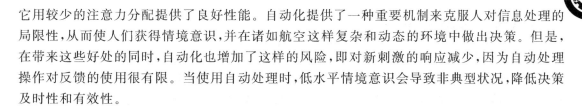

它用较少的注意力分配提供了良好性能。自动化提供了一种重要机制来克服人对信息处理的局限性,从而使人们获得情境意识,并在诸如航空这样复杂和动态的环境中做出决策。但是,在带来这些好处的同时,自动化也增加了这样的风险,即对新刺激的响应减少,因为自动处理操作对反馈的使用很有限。当使用自动处理时,低水平情境意识会导致非典型状况,降低决策及时性和有效性。

5.3.3　压　力

航空环境中影响情境意识的压力因素包括:

① 生理压力,如噪声、振动、热/冷、照明、大气条件、厌倦、疲劳、周期性变化、G 值等;

② 社会/心理压力,如恐惧或焦虑、不确定性、重要性或事件结果、自尊、职业发展、心理负荷、时间压力等。

通过增加对情境状态重要方面的注意力,一定量的压力实际上可以提高工作绩效。但是,较高的压力则会产生极为不利的后果,伴随自主神经功能方面的压力增加,会对人有限的注意力资源产生一定量的需求。

压力会通过几个途径影响情境意识,如注意力狭窄(管状注意)、对信息的吸收减少、工作记忆容量减少。处于压力之下时,对外围信息的注意将会减少,这些外围信息会吸引更少的注意焦点,而对主要信息或可能信息的注意增加。这会给情境意识带来严重问题,导致对其他相关重要信息的忽视。在许多情况下,如应急状况时,那些在人感知中心任务之外的因素成为了致命因素。

在没有搞清楚所有可用信息之前,过早下结论或做出决策,这也往往是压力之下极可能出现的行为。这包括考虑了较少信息和使用了过多负面信息。在压力之下对信息的扫描会变得分散凌乱和缺乏组织。无论处在什么样形式的压力之下,注意力容量降低、注意力狭窄、扫描模式中断和过早下结论都可能会对层次 1 情境意识产生负面影响。

压力可能对情境意识产生负面影响的另一个途径是降低工作记忆容量和阻碍信息检索。工作记忆减退将会给情境意识带来影响,影响程度取决于个人可用资源。当情境意识涉及一个高工作记忆负荷时,将会对层次 2 和层次 3 情境意识产生显著影响(给定同样的层次 1 情境意识)。但如果长期记忆储存支持情境意识,那么多数情况下,产生的影响将减小。

5.3.4　脑力负荷

在航空领域,高脑力负荷是一个特别重要的压力源,它会对情境意识产生负面影响。如果信息量和任务量太大,那么情境意识可能只涵盖一个信息子集,虽然飞行员可以积极努力地实现情境意识,但会遭受错误的或不完整的信息感知和整合。情境意识问题可能出现在全程高水平工作负荷的情况下,有时也会出现在信息呈现量瞬时过载的时候。

低工作负荷也会造成情境意识差。在这种情况下,由于疏忽、警惕性差或缺乏动机,飞行员可能会不太知道正在发生什么事情,也不会积极去发现问题。低负荷对情境意识影响获得的关注相对较少,但是,低负荷状态会在航空许多领域对情境意识形成重大挑战,值得进一步研究。

5.3.5 系统设计

航空器获取所需信息的能力和呈现信息的方式,对飞行员情境意识有很大影响。缺乏信息自然被视为影响情境意识的问题,而过多信息也会给情境意识带来同样的问题。在过去的几十年中,随着飞机航空电子设备能力的发展,飞机呈现的参考信息数量极大增加。整理这些数据来推导所需的信息,获得对整体情境的掌握是个不小的挑战。通过更好的系统设计来呈现集成化的综合数据,缓解信息过量带来的情境意识问题,这是当前系统设计一个主要的目标,也是克服该问题的途径。

5.3.6 复杂度

建立情境意识所面临的一个主要挑战因素是许多"必须操作系统"的复杂度。信息庞大的航空电子系统、飞行管理系统和驾驶舱内的其他技术,极大增加了飞行员必须操作系统的复杂性。系统复杂性会对飞行员工作负荷和情境意识产生负面影响,因为数量庞大的系统组件需要飞行员的管理,并且需要飞行员与这些动态变化的组件进行高度互动。此外,因为针对这些系统的目标、任务和决策数量增加,飞行员的任务复杂性也随着增加。操作系统越复杂,要达到既定情境意识水平所需的脑力负荷也越大。当需求超过了人类能力的时候,情境意识就会受损。

通过一些途径可以缓解系统复杂性带来的负面影响,包括个人有良好成熟的脑力模型来帮助引导注意力、整合数据和发展高水平的情境意识。这些机制可能能够有效地应对系统复杂性,但是,建立这些内部模型需要大量培训。一些飞行员曾报告他们很难理解自动飞行管理系统正在做什么和为什么这样做。尽管随着经验增多,飞行员最终会建立起对自动化飞行的较好理解,但是有些复杂系统设计本身似乎没有很好地满足情境意识的需要。

5.3.7 自动化

情境意识会受到任务自动化的不利影响,因为飞行员有时被设计在了任务圈之外。在自动化系统中工作的操作者,检测系统错误的能力有所降低,同样的手工操作任务,若在自动化系统失效时接手,其随后的手工操作表现也较差。1987 年,一架西北航空公司 MD-80 在底特律机场起飞时坠毁,原因是襟翼和缝翼配置不当。坠毁的一个主要因素是机组所依赖的自动起飞构型警告系统失效。机组没有发现飞机起飞配置不当,由于其他因素又忽视了手动检查。在自动化设备失效时,机组没有意识到自动系统或关键飞行参数的状态,这些信息呈现在他们所依赖的自动化监控设备上。而这样一些任务圈外的机组表现问题,其原因可能在于自动化下的手工技能缺失,但情境意识缺失也是导致这类事故的重要组成部分。

因处于任务圈之外而丧失了情境意识的飞行员,不仅检测问题变慢,而且在自动化系统失效时,他们需要额外时间重新将自己定位到相关系统参数那里,这样才能进行问题诊断和手工操作。之所以出现这样的问题,原因包括:①缺少警觉性和作为自动化监控者的自满情绪;②是作为被动的信息接收者,而不是主动的信息处理者;③为机组提供的用于对自动系统做出反馈的类型缺乏或类型改变了。

然而,情境意识不一定在所有形式自动化下都会受损。提供集成综合信息的自动化系统能够提高情境意识;自动飞行管理系统输入优于手动输入数据,能更好地检测某些差错。自动化减少了不必要的手工工作和数据集成要求,因此能为工作负荷量和情境意识带来益处。自动化对情境意识的影响是有利的还是有害的,需要具体情况具体分析确定。

5.4　多人机组的情境意识

5.4.1　团队情境意识

情境意识不仅在个人层面起作用,它和作为团队的机组也是有关的。在商用飞机上,这个团队可以由两名或三名机组成员组成,在一些军用飞机上可以有多达 5～7 名机组成员。一些军用设置可以将几架飞机部署为一个飞行编队,形成一个更松散联接的团队,团队里的几架飞机必须一起合作来完成一个共同的目标。

团队情境意识被定义为"每一位团队成员具有其责任所需情境意识的程度"。如果一位机组成员知道某特定信息,而另一位需要用到此信息的成员却不知道这条信息,那么团队情境意识将会受损,团队表现也会受到影响,除非这个差异得到修正,才能令团队情境意识和表现恢复良好。在这种情况下,团队成员之间的协调可以看做是信息从一位成员到另一位成员的传递,这是提高团队情境意识所要求的。这种协调不仅限于数据共享,它还包括共享高层次的情境意识(理解和预测),这在不同成员之间的差异可能很大,因为每个人的经验和目标不同。

通过共享心理模型可以极大提高共享情境意识的过程,因为心理模型为机组成员行动提供了一个可参考的共同框架,并且使团队成员能够互相预测对方的行为。由于共享心理模型可以基于有限信息对注释和行为预测给出通用含义,因此,共享心理模型可以为团队提供更加有效的交流沟通。

5.4.2　机组资源管理与情境意识

作为一种促进团队工作和利用机组资源的手段,机组资源管理(CRM)在航空领域获得了极大关注和应用。CRM 可以通过直接提高个体情境意识来对机组情境意识产生积极影响,也可以间接地通过发展共享心理模型和在机组内有效分配注意力来对机组情境意识产生积极影响,亦即 CRM 以多种方式影响个体情境意识和机组情境意识。Endsley 等人提出了积极影响情境意识的 CRM 因素,如图 5-2 所示,机组可以通过各种有利的 CRM 行为来提高团队情境意识[21]。

1. 个体情境意识

机组乘员之间沟通的提高可以明显促进所需信息的有效共享。特别是提高机组成员质询和主张行为有助于确保必要的沟通。此外,了解系统中的人这一要素的状态(机组交互情境意识),也是情境意识的一个组成部分。发展良好的自我评论技巧,可以用来提供对自身和团队其他成员能力和表现的最新评估,因为所有人的表现都会受到诸如疲劳或压力的实时影响。这些知识能令团队成员认识到提供更多信息的重要性,以及在关键时刻能接手其他成员的职责,这是有效团队表现的重要部分。

2. 共享心理模型

以下几个方面可以帮助发展机组成员之间的共享心理模型。发布机组简报是机组成员之

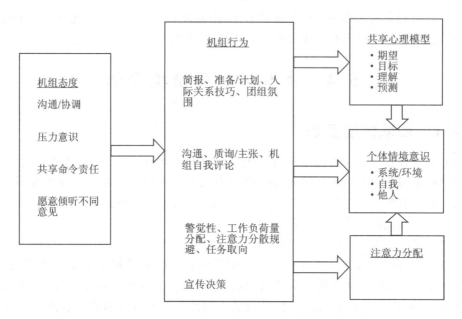

图 5-2　积极影响情境意识的 CRM 因素

间共享心理模型的初始基础,能提供共同的目标和期望,这可以提高两名机组成员从低层次信息建立同等的高层次情境意识的可能性,提高沟通的有效性;事先准备和计划同样也可以帮助建立一个共享心理模型,高效的机组会"想在飞机的前面",这让他们可以准备好应对大范围的各种各样的事件,这是与层次 3 情境意识紧密相连的,即预测未来;发展人际关系和团组氛围也可以促进其他机组成员建立起良好模型,这使得个人能够预测其他人将采取的行动,建立起层次 3 情境意识的基础,令团队有效运作。

3. 注意力分配

机组资源的有效管理是非常重要的,尤其是在高工作负荷情况下。有效管理这些资源的一个主要原则是确保各方面的情况都被注意到,避免注意力狭窄和对重要信息、任务的忽视。CRM 程序致力于在高工作负荷条件下提高任务定向和任务分配,因此它可以直接影响机组成员如何引导注意力,进而如何引导情境意识。另外,提高警觉性和避免注意力分散是直接影响情境意识的。

5.5　情境意识的未来

5.5.1　设　计

驾驶舱设计可以通过以下途径来提高情境意识,即寻求:

● 确定并有效提供重要线索的方法;
● 确保准确预测的方法;
● 协助飞行员有效部署注意力的方法;
● 预防注意力中断的方法,尤其是高压力和高工作负荷情况下;
● 开发系统,使之与飞行员目标相一致的方法。

许多正在进行的设计工作,利用新技术带来的优势,旨在提高驾驶舱内的情境意识,如先进的航空电子设备和传感器、数据链、全球定位系统(GPS)、三维立体视觉和听觉显示、语音控制、头盔显示器、虚拟现实、传感器融合、自动化和专家系统等。玻璃座舱、先进的自动化技术,以及诸如 TCAS 这样的新技术应用于航空系统已成为现实。

这些技术提供了潜在的优势:新的信息,更准确的信息,提供信息的新方法,以及机组工作负荷量的减少。但是,每一个技术也都会以不可预知的方式影响情境意识。例如,自动化通常被认为可以通过减少工作负荷量提高情境意识,但一些研究表明,自动化实际上也会损害情境意识,如不知道自动化系统正在做什么和为什么这样做,在自动化系统失效需要机组接手时表现得茫然失措。三维显示器也被誉为有利于情境意识,但也发现对飞行员准确定位等其他能力有相当的负面影响。

由于存在许多外围因素,新技术和设计概念的使用是把双刃剑,它可能同时产生增强和损害情境意识的作用,因此应非常认真地来评估所提出的概念对情境意识的影响。只有通过精心设计的测试,才能确定这些因素对情境意识的真正影响。该测试不仅要包括某技术如何影响人的基本处理能力(如感知准确性),而且还要考虑当此技术被应用在一个动态、复杂的航空场景中时,来自多个渠道的信息互相竞争飞行员的注意力,飞行员必须根据动态目标变化来选择、处理和集成这些信息,在这样的场景中,此技术是如何影响飞行员的全局意识的。加入该技术的实时仿真可以用于评估系统对飞行机组表现、工作负荷和情境意识的影响。在设计测试过程中对情境意识的直接测量,需要充分考虑为提升情境意识而做出的设计概念的潜在成本和益处。航空系统设计过程中对情境意识的测量技术可参考 Endsley 的相关文献。

5.5.2　培　训

除了通过设计更好的驾驶舱来提高情境意识,对于已给定的航空器设计,还可以通过寻求有效的培训方法来获得更好的情境意识。CRM 对提升情境意识的潜在作用已在前文讨论过了。此外,还可以尝试"情境意识导向"的培训项目,以求直接提高情境意识。这包括为机组提供更有针对性的信息以满足建立心理模型的需要,提供基于动态情境的要素信息、要素动态和功能,以及未来行动预测。培训重点在于训练机组人员通过关注关键线索,理解这些线索对相关目标的含义,从而识别出与心理模型相关的情境。

获得和维持良好情境意识的技能也需要确定并包含在培训计划中。在培训过程中,需要确定和明确教导一些因素,如怎样利用系统实现最佳情境意识(什么时候去看什么、看哪里),适当的扫描模式,或满足最小信息需要的技术。以机组情境意识为导向的培训将极大补充传统技术为导向的培训,机组情境意识为导向的培训重点在于如何指导人的行为,传统技术为导向的培训重点在于系统如何运行。

反馈是学习过程中的一个重要组成部分,应该充分利用其作用,可以将提供飞行员情境意识准确性和完整性的反馈作为培训计划的一部分。这将使机组人员了解他们的错误,更好地评估和解释环境,从而发展更有效的应对策略和更好的信息整合模式。像这样的培训技术需要探索和测试,以确定针对现有系统提高情境意识的方法。

保持情境意识是机组工作中的一个重要和具有挑战性的部分,没有好的情境意识,即使最训练有素的飞行员也会做出错误的决定。众多组成航空环境的因素使得实现高水平情境意识目标在任何时候都充满挑战。通过更好的驾驶舱设计和培训计划来提高情境意识是未来航空研究的重要任务。

思考题

1. 什么是情境意识？情境意识具有时间维度吗？

2. 情境意识错误有哪些？

3. 影响情境意识的因素有哪些？

4. 为了保持情境意识,民机飞行员和战斗机飞行员对信息的需求有哪些？

第6章 机组资源管理(CRM)

安全有效的飞行操作需要两种基本技能,一是个人操作技能,二是机组资源管理技能。个人操作技能与传统飞机操纵杆(盘)和脚蹬技能相关,其熟练程度是选拔和训练飞行员的主要基础。但是,仅有操作技能是不足以保证飞行安全的。在驾驶舱多人机组时,出现的问题与飞行员的操作技能关系不大,而往往与糟糕的团队决策、无效的沟通、领导不力、不良任务或资源管理有关。航空飞行的安全高效运行需要各个部门和专业人员的有效沟通和协作,除了个人知识和技能之外,团队沟通和协作对飞行安全有着极大影响。在飞机驾驶舱环境里,团队管理概念的应用最初被称为驾驶舱资源管理,其涵盖对象和范围不断扩展,现在机组资源管理这一称呼已获得了普遍认同。机组资源管理为提高机组表现、减少飞行中人的差错做出了重要贡献,已发展成为保障飞行安全不可或缺的重要内容。

6.1 个人和团队

个人是指一个人或群体中的特定主体,集独立性和社会性于一身。人的生理独立性是与生俱来的,每个人都是独立的生命体,有独立的躯体和生命运动体系。人的心理或意识形态的独立性是经过后天的人生历程获得的。人是群居生物,社会是人的活动舞台,人的社会性反映了一定范围内所有人的共性。人本身的能力和局限对飞行安全有着直接影响,每个人的知识、技能、经历、性格、态度、动机等对团队协作和安全也产生着重要作用。

团队是为实现共同目标而由两人以上(含两人)成员组成的团体。团队的组建目的主要在于通过分工合作,完成单个人无法胜任的任务。团队协作有重复、合作和协作行动三种方式。重复行动是团队成员同时采取相同行动达到同一目的,如机长和副驾驶同时拉杆令飞机爬升以避开地形障碍;合作行动是在执行同一任务过程中,团队成员各自独立行动,如一次航班的飞行机组和乘务机组之间的合作,二者的良好沟通是组成相互理解和相互支持团队的关键;协作行动是在执行同一任务过程中,团队成员的认知、行为和时间同步,但做出的具体操作略有不同,如机长和副驾驶的协作。

在过去半个多世纪的航空运营中,安全、高效运行的团队为飞行安全做出了很大贡献。但是在航空飞行早期,唯一的飞行员——机长曾被认为是民航运输飞行中唯一重要的人。随着飞机越来越大,操作也变得愈加复杂,机组成员增加了副驾驶。最初相当长的时间里,副驾驶的职能仅仅是当机长丧失操作能力时(这是极为少见的)提供操作支持,并应机长要求帮助减轻其工作负荷量。但持续了很多年的实际情况却是这样的,副驾驶的工作仅是填写飞行计划,并获得机长批准和签字,飞行过程中的主要工作是处理无线电通讯,因此,机长并不太认可副驾驶的在驾驶舱内的支持作用。

直到20世纪七八十年代,一系列飞行事故的调查发现,才令这些观念得到改变。当时的事故调查发现,机组技术能力很少成为事故唯一原因,事故发生前驾驶舱内机组内部往往缺乏有效沟通,另外机组界面也存在问题,包括驾驶舱管理缺乏、领导力不足、协作精神缺乏、团体决断力不足等。

6.2 CRM 发展历程

20世纪70年代及其之前的一些飞行事故研究发现,很多问题和飞行员"驾驶杆、方向舵"技能无关,看起来和其他方面相关,如机组配合、决策、指令、领导力、交流技巧等。例如1972年12月29日发生的美国东方航空401航班事故,一架洛克希德三星式客机于降落前坠毁在机场北方的沼泽地,事故发生前,指示前轮是否放下的灯泡没有亮起,于是机组所有成员都忙于检查前起落架是否放下,无人操控和监视飞机状态,最终因忽略了飞行高度造成飞机在完全可控状态下撞地。事后调查发现整架飞机的设备故障只有一个,是那个因烧掉而没有亮起的灯泡,而机组配合协作却是无法回避的原因。另一起更为典型的事故,是1978年12月28日发生的美国联合航空173号航班事故,这架DC-8飞机在进场时,代表前轮和主起落架的三盏绿灯只亮起两盏,正副机长在试图解决问题时,飞机在机场周围盘旋飞行,尽管机上的机械师提醒机长燃油在迅速减少,但过了很久机长才开始最终进近,这架飞机由于燃油耗尽坠毁在距机场11 km处。事故调查指出在飞机飞行中发生故障的情况下,驾驶舱管理和团队合作产生差错。机组配合等问题存在于驾驶舱的内外环境之中,然而,当时的飞行员培训程序对这些经常出问题的方面很少涉及,这引起了人们的特别关注。

20世纪70年代中期,由NASA艾姆斯研究中心发起了一项研究,旨在解决那些困扰航空业界多年,隐含在"飞行员失误"事故下面的复杂问题。该研究成为了早期驾驶舱资源管理运动的促进因素。1979年NASA提出了驾驶舱资源管理的概念。1980年美国泛美航空公司组织了首次驾驶舱资源管理培训,1981年美国联合航空公司也开设了相关培训,根据当时最新驾驶舱资源管理理念对其机组培训程序做了修改,改变了以往"机长就是王道"的航空界观念。

驾驶舱资源管理的初始发展源于航空公司管理发展的培训,这一阶段的驾驶舱管理注重于驾驶舱内机组成员之间的内部界面,所进行的培训关注的是个人管理方式和人际关系技巧,强调个人行为方式的改变,以及矫正一些不良行为。通过对机长的培训,使其他机组成员有更多直陈性。在这种培训中,典型的做法是举办学习班,让接受培训的飞行员熟悉团队的内部关系、人为失误性质和人操作机器时会出现的问题等,然后要求驾驶舱机组成员观看典型事故分析,这些分析着重说明机组成员相互间交流和沟通的重要性。培训中,飞行员可以没有任何顾忌地练习人际交往技巧。

1989年1月9日,英伦航空92号班机空难,一架B737-400飞机的机组错关了发动机,客舱乘务员透过舷窗看到了发动机的情况,但没有通知驾驶舱的飞行机组。1989年3月28日,加拿大安大略航空公司F-28客机,因起飞时机翼表面附着积冰而坠毁。在乘客登机时一名客舱乘务员看到了机翼积冰,但担心机长不会认可来自乘务员的信息,便没有通知驾驶舱机组。这类事故令人们意识到,为保证飞行安全,所有类型的资源都应予以考虑,资源管理培训的对象需要扩展,像客舱机组(乘务员)和维护、管制人员也要包含进来。

20世纪90年代初,驾驶舱资源管理(cockpick resource management,CRM)的称谓转变成为了机组资源管理(crew resource management,CRM),术语的更换表明了一个重要发展阶段。团队的作用备受重视,机长必须意识到成为一名好领导的重要性,副驾驶也必须意识到成为一名好队员的重要性。领导和决策、驾驶舱情境意识和应激管理等一系列概念发展起来,建立了错误链模型(一系列小错误最终酿成大祸)和个人决策模型。许多航空公司开发了机组资源管理培训程序,并应用到了实际培训当中。Delta 航空公司所设计的培训课程重点在解决与航线飞行有密切关系的问题,该设计根据不同培训种类分成了标准化模块。基本培训模块以讨论会形式进行,包括小组构建、简述策略、情境意识、应激管理。特殊培训模块以决策策略和打破事故链的方法进行,并且开始面向航线的飞行培训(line orientation flight training, LOFT)。机组资源管理程序化,融入了技术培训当中,人员的行为表现数据是培训基础。这时期的机组资源管理培训是在全模拟情景中进行的。

1995 年,差错管理的概念受到重视。最初驾驶舱资源管理概念的提出,是为了寻求避免人的差错的方法,因此可以说 CRM 是针对人的差错的管理手段。如果人的差错是普遍存在且不可避免的,那么 CRM 就是一个对抗人的差错的工具。这一时期的 CRM 培训重点是针对人的局限性开展的相应培训,旨在避免差错、控制差错和减轻差错后果,集中点在对人的差错的管理。

1998 年,威胁和差错管理(threat and error management,TEM)受到更普遍认同。威胁和差错被认为是日常飞行运行的组成部分,必须由飞行机组加以管理才能确保飞行安全。其中威胁是指发生在驾驶舱以外,由飞行机组成员以外的人员造成的错误,但必须由机组应对的事件。这类事件增加了运行复杂性,对飞行安全构成潜在风险。例如地勤人员加油错误被认为是一个威胁,其他还有维修缺陷、地形、陌生机场、天气、ATC 错误等。差错是指由飞行机组人员作出的不适当行为和决策,运行差错会减少安全系数,对飞行造成潜在风险。差错包括飞行机组成员程序错误(如遗漏)、交流错误(如错误理解 ATC 的指令)、技能不熟练、决策错误、违规(故意不遵守规章)等。

威胁和差错管理是航线运行安全审计(line operations safety audit,LOSA)的核心,已被成功纳入了航空公司培训方案。LOSA 是由 FAA 出资,德克萨斯大学开发,旨在研究制定飞行运行中应对威胁和差错的措施,作为组织战略被提出,是一项系统的航线观察战略,已成为航空公司进行安全管理的工具。LOSA 能够获取航空公司的飞行运行系统运作方式安全数据,可以查明对飞行运行安全构成的威胁,最大限度地减少威胁产生的不利后果,及采取措施处理运行环境中人的差错。进行 LOSA 时,经过培训的观察员对飞行中观察到的潜在安全威胁、这些威胁的处理情况、这些威胁引起的差错、机组对差错的管理等情况进行编码和记录。因此,通过 LOSA,营运人可以评估系统威胁、运行危险、飞行运行一线人员的差错适应力,为考虑和实施安全措施提供原则性的、以数据为基础的方法。

LOFT 越来越多地被各国采用。这种培训由模拟器提供逼真的飞行环境,航线飞行任务需实时、完整地完成,飞行过程中的机组表现被录制下来,供之后机组自我讲评使用。LOFT 提供了一种实时、完整的飞行任务模拟,而且可以评估机组的整体表现。

6.3　CRM 的含义

机组资源管理是对人力、硬件和信息所有可用资源的有效利用,以达到安全和高效运行的目的。一个有效的 CRM 过程,涉及的人力不但包括飞行机组,还包括和飞行机组一起进行日常工作的团体,以及对飞行安全运行决策有牵涉的个人,如飞机签派员、乘务员、维修人员、空中交通管制员和其他人员。硬件资源是飞机和机载设备等资源。信息资源是有效进行计划和决策所需的各种资料,包括气象简述、载运单、飞行计划、飞行手册、飞机手册、性能手册、操作手册、检查单、规章条例、航图、机场细则、公司营运手册等软件资源。CRM 涉及的活动包括团队建设和维护、信息传递、问题解决、决策、保持情境意识和处理自动化系统。

技术熟练度对安全和有效操作至关重要,掌握 CRM 不能克服熟练度不足的缺陷。同样,高度的技术熟练度也不能保证在缺乏有效机组协作的情况下安全操作。良好有效的表现依赖于熟练技术和人际沟通技能。有效的 CRM 具有以下特征:

① CRM 是应用人为因素概念来提高人员表现的一个综合系统;

② CRM 涵盖了所有运行人员;

③ CRM 可以融入所有形式的机组培训;

④ CRM 集中于人员态度和行为及其对安全的影响;

⑤ CRM 以团组作为单位;

⑥ CRM 培训要求所有人员积极参加。它为个人和团队提供了一个检查自己行为的机会,并做出如何提高驾驶舱团队表现的决定。

6.4　CRM 的内容主题

6.4.1　沟通过程和决策行为

沟通过程和决策行为包括对人际交往的内部和外部影响。外部因素包括沟通障碍,如等级、年龄、性别、组织文化。内部因素包括语言技能、听力技能、决策技能、解决冲突技术、适当自信和宣传的使用。明确无歧义的沟通在涉及飞行员、乘务员、签派员的任何活动中都是非常重要的。

CRM 沟通过程和决策行为的具体内容如下:

(1) 简　令

包括机组操作行为和人际关系,使机组成员建立并保持开放的沟通。机长的简令应重申建立标准操作程序(SOPs),并解决最具威胁的安全和安保情况。

● 安全。机长简令应针对紧急事件,如要求飞机应急撤离(如机舱起火或发动机着火),应急撤离过程中应突出飞行机组人员和乘务员的作用。机长简令应向乘务员传达识别身强力壮乘客的重要性,并接着将简令传达给他们。座位在出口那排的乘客是特别重要的资源,乘务员应以简令告知他们在应急撤离时做什么。

● 安保。机长简令应针对一般性的安保问题,尤其是劫机,以及任何与飞行相关的已知或可疑的具体威胁。乘务员应识别身强力壮乘客,包括座位在出口那排的乘客,可以将他们注册为资源,这些资源乘客可以帮助乘务员遏制乘客引起的骚动。

(2) 质询/拥护/主张

机组成员觉得最好的、能带来潜在益处的行动,即使这可能会涉及与其他人的冲突。

(3) 机组自我评论(决策和行动)

评论侧重过程和涉及到的人,认识到审查、反馈、评论的价值。加强评论有效性的一个最好方法是细化汇报活动、突出协作的过程。另外,每名成员能够认识到好的沟通和差的沟通,有效的和无效的团队行为。

（4）解决冲突

成员之间信息理解或行动主张有分歧时，寻求有效解决方法，以及在处理冲突时保持开放沟通的有效技术。

（5）沟通和决策

寻找和评估信息的有效技术，了解偏见和其他认知因素对决策质量的影响。在团队决策过程中，向机组提供运行模型是有好处的。在信息不完整或矛盾的情况下，机组可以参考这些模型做出正确的选择。

沟通过程包括驾驶舱内部成员之间以及驾驶舱与外部的交流，良好的沟通需要在驾驶舱内外营造有助于沟通的氛围。团队决策是一个不只是包括沟通的复杂过程。从飞行机组的视角看，决策过程从签派就已开始，此时需要机长对飞行准备做书面工作或签字同意。决策从接受飞行任务的时刻开始，一直持续到飞机着陆舱门对接的时刻结束。决策具有三大特征，即面临多种选择、必须正确评估情境的特定属性、包含风险评估。这其中的一些因素也许值得和团队进行讨论。决策复杂性在于多数时候决策是常规性的，而且与先前决策非常相似，以至于决策变成了无意识的自动反应。在一些情况下，如继续起飞或中断起飞，机长没有足够时间和其他机组成员讨论和做出解释，这时情况就会完全依赖于机长的决策。另外一些情况，如决定备降机场、处理紧急系统问题的最佳方案、客舱问题等，一般有足够的时间讨论并做出团队决策。

人的认知行为可以分为三种类型，即基于技能的行为、基于规则的行为和基于知识的行为。航空运输营运的性质是在尽可能大的范围内按规则运行，这些规则的显性表示就是各种规章制度的规定。与此同时，还要认识到规定不能涵盖所有可能面临的情况。常见的情况是，决策仅需判定现有规定是否适用于当前所处的情况，如果属于，那么是什么规定和情况。由于多数情况下的运行是非常固定的，所以对规定的强调是普遍认可的做法。当新情况出现或预期将要出现时，运营者（如航空公司）会公布新的运行规定。这些规定令运营变得简单，因此所有相关人员都认为这些规定是很必要的。通过公布新的规定来应对事故或者事故症候的起因，这已经成为了航空行业的惯例，规定扩展带来的一个必然后果是飞行运行手册的不断扩充。飞行运行手册的目的一直都是解释规定，从而控制航空公司飞行运行。随着航空业发展和事故、事故症候的发生，飞行运行手册的内容也在不断扩充。新规定的添加是为了避免灾难再次发生，同时也期望避免类似事件。但是，再好的规定也必须被理解才能发挥作用，这需要机组对新规定做出决策，同时还需要注意现有规定没有涵盖的情况发生。有时候，机组不得不在非常规条件下对规定做出被迫的理解。

一般情况下，决策过程是直接而简单的，尤其在有时间压力的情况下。飞行员做出决策过程一般是这样的：①认识到问题的存在；②准确详细的说明问题；③确定现有规定是否包含这种情况；④评估风险及其相关的可行办法。在决策作出之前，诸如机组状态、飞机状况、气象条件、跑道状况、燃油余量、机长和其他机组成员技能等都需要被考虑在内，这使得可能很难作出决策，因此，需要和团队成员商量讨论，以助于作出最终的决策。航空运行首先考虑的是飞行安全，因此，机组决策的作出往往是相当谨慎的。

6.4.2　团队建设和维护

团队建设和维护包括人际关系和实践。有效领导/协作和人际关系是要强调的关键概念，还要认识和处理人的不同个性和工作风格。

（1）领导/协作/任务关注

通过在尊重权威和过分自信之间协调活动和保持适当平衡，实践有效领导的好处。保持以安全和高效操作为中心目标。

（2）人际关系/团队氛围

对其他成员个性和风格保持敏感性，强调在驾驶舱和客舱内保持友好、轻松、支持氛围（但要以任务为导向）的价值，识别疲劳和压力的特征及应当采取的适当行动。

（3）工作负荷量管理和情境意识

强调在操作环境和紧急情况下保持情境意识的重要性。针对可获得高水平情境意识的实践练习，例如警觉性、计划和时间管理、优先任务、避免注意力分散。具体可以包括以下操作实践：

- 准备/计划/警觉性。这包括提高监视和完成所要求任务的方法，询问和回应新信息的方法，以及针对所需活动进行提前准备的方法。
- 工作负荷量分配/避免注意力分散。这包括将任务适当分配到个人，避免自己和他人工作过载，确定高工作负荷过程中的任务优先级，防止将注意力从 SOPs 相关事项引开的、分散注意力的不必要因素，尤其是遇到关键任务的时候更需避免注意力分散。

（4）个人因素/压力减轻

说明和演示影响机组有效性的个性特征。研究表明，许多机组成员不熟悉压力和疲劳对个人认知功能和团队表现的负面影响，因此，可以通过回顾疲劳和压力及其对绩效影响的科学证据令机组成员充分认识到这一点。内容包括在潜在紧急情况中，疲劳和压力所产生的具体影响；个人和人际关系问题的影响，以及在压力条件下更加重要的有效人际沟通；应对压力源的各种措施；检测个性特性和动机，个人风格自我评价，确定影响感知和决策的认知因素。

从上述四项内容可以看到，团队建设和维护观念是非常重要的。飞行运行一旦产生团队，成员就联系在了一起。团队观念可以用多种方式来维护，通过确保所有机组成员都处在飞行运行之中，以及确保自己和其他机组成员的经验可以得到共享，都可以维护团队观念。机长必须认识到飞行航程是"我们的航程"而不是"我的航程"，其他机组成员同样必须认识到飞行航程是"我们的航程"而不是"机长的航程"。团队观念的维护需要相互理解、协作互助和全体机组成员的适宜参与。

大多数飞行运行是一项团队活动，SOPs 是团队运行重要性的体现和良好保证。SOPs 要求日常运行工作中遵守固定的程序，机组成员的领导和协作能力也同样重要。要成为优秀的领导，首要要求是尊重一起共事的同事，对机长而言，这些同事包括机组的其他成员（飞行员和乘务员）、签派员、空管员、紧急情况时的管理人员以及其他支持机组工作的人员。机长必须尊重并熟悉自己的工作，同时必须认识到同事们工作的重要性并尊重他们，这样才能获得他们的尊重。

优秀的领导可以带领出一个好团队，这需要领导在适当时候对团队成员委以职责，以及在做决策的时候，听取所有成员的意见并进行评判，最后才做出决策。尽管多数情况下都是机长做出最终决定，但在时间允许的情况下考虑其他成员意见，并且不是简单的敷衍和例行公事，这是很重要的。其他尽了最大努力协作解决共同问题的团队成员，应当得到领导关于最终决策和原因的解释，包括那些需当场做决定的特殊场合。

如果领导做出了错误决策，其本人应承认自己的错误。必须正确看待团队氛围，要清楚表明所有团队成员实际上是密不可分的,而且是为了一个共同目标。有时候,即使机长始终保持着对机组的全面领导,但当特殊环境中有其他成员对情况更了解时,此时机长已不再是机组领导。例如,某机组成员对特定某国外机场非常熟悉,拥有比机长更多的经验,与其他人员分享其丰富经验,征求其他机组成员的意见,这对所有人来说都是建立起更大信心的过程。这并不意味着机长放弃了自己的权力,更准确地说,是机长充分有效地利用了驾驶舱内资源。

协作是任何团队运行都需要的理念,因为任何团队都不但需要有领导,而且需要有同伴,有效的团队离不开好同伴。两名专制机长搭班是很危险的组合,因为他们都不知道如何做一名好同伴。如果领导者拥有好同伴,任务将变得简单。协作包含了成为一名优秀的团队成员的能力,以及有效辅助领导者的能力。优秀的领导者具备成为优秀同伴的能力,并且他们对系统非常了解。机组成员的身份经常会发生变动,机长可以成为同伴,同样,同伴也可以成为机长。

对驾驶舱工作负荷量的管理是 CRM 的重要部分,机长职责之一是确保工作量合适的分配到每个飞行机组成员,并确保没有成员工作量超负荷。工作量分配的基础是 SOPs,异常情况下机长可以修改 SOPs,以保证每个机组成员的工作负荷量都是在合理范围之内的。机长修改 SOPs 的底线是工作量分配不会损害飞行机组团队效率。

压力管理也是 CRM 的重要部分。运行环境、飞行本身以及其他内外部情况都可能产生压力。压力会影响团队运行效率,如果压力不适宜以至于影响了机组成员的表现,那么飞行运行就必须做出调整,以保证飞行安全不受威胁。

6.5　不断发展的 CRM 相关概念

6.5.1　机组监控和交叉检查

为了保证飞行安全的最高水平,飞行机组的每位成员都必须认真监控飞机的飞行路径和系统,并积极地交叉检查其他成员的行动。有效的监控和交叉检查是防止事故发生的最后一道防线,因为检测到一个错误或不安全情况将可以切断可能会导致事故的事件链。这种监控功能一直都是必要的,尤其在可控飞行撞地事故多发的进近和着陆阶段,这种监控更加必要。

6.5.2　联合 CRM 培训

更多的运营者发现了将 CRM 培训扩展到飞行机组和乘务员之外的价值。互相不熟悉的团体正在聚集起来接受 CRM 培训和其他活动,目的在于提高作为一个工作系统的整体运行团队的有效性和安全性。

2001 年"9.11 恐怖袭击事件"之后,驾驶舱访问权限有了许多限制。受到影响的人包括空中交通管制员,他们需要学习改版的访问程序。在特定条件下,鼓励飞行员观察空中交通管制设施操作。在 LOFT 过程中使用真正的空中交通管制员,也已经证明了对飞行员和参与控制者有利。

航空签派员已经和飞行机长合作多年。一些运营者将飞行日程发给航空签派员的办公室,将飞行员观点提供给联合功能方案的另一方。这些飞行日程已普遍成为供机长进行专项培训的一部分内容。现在,真实的航空签派员被越来越多地包含在 LOFT 里。LOFT 过程中飞行员和签派员获得的经验被认为是早期培训方法合乎逻辑的延伸,提供了 CRM 原则在应用过程中对其本身内容的交互性探讨。

在特定条件下,维修人员有进入驾驶舱的权限,但出于对"9.11 恐怖袭击事件"后安保问题的担忧,这种进入权限备受关注。机长培训经常带航线日程到运营者的运行控制中心,在那里飞行员和维修主管可以面对面探讨双方感兴趣的问题和现实设置。一些运营者已将维修人员涵盖在了 LOFT 之中。维修人员的专用培训课程自 20 世纪 90 年代初就实施了。

CRM 概念更广泛的交叉发展是对其他团体的利用,例如乘客服务代理、中层和高层管理人员、像劫持和炸弹威胁小组这样的专门危机小组。

飞行员和乘务员的联合 CRM 培训在一些航空公司已经有效实践了多年。联合培训的一个卓有成效的活动是在共享项目上,每个团队学习另一团队的培训。联合培训呈现出团队培训之间对同样项目的不一致性。共享项目包括延误、在舱室内使用个人电子设备、应急撤离、劫机反应。当飞行员手册内容和乘务员手册内容之间的不一致被确定后,或者两个团体广泛持有的观点或态度之间的不一致被确定后,这些不一致会被提出成为开放性问题,并且通常能够获得解决。联合培训的其他一些具体课题包括:

- 飞行前的简令;
- 事故/事故症候事后程序;
- 静默驾驶舱程序;
- 通知程序(起飞前和着陆前);
- 湍流和其他天气程序;
- 安保程序;
- 乘客处理程序;
- 飞行中的医疗问题;
- 烟雾/消防程序;
- 客运有关规定,如有关吸烟、出口所在的那排座位、随身携带行李;
- 指令中机长的权威。

通过将 CRM 原则应用在相关团队熟悉的工作环境中,CRM 原则变得与飞行员、乘务员、和其他团队更为相关,而且每个团队都从平行的 CRM 培训中受益,这些 CRM 是由别的团队利用有用的知识已经完成了的。

飞行机组和乘务员之间的沟通和协调问题继续给航空公司和民用航空管理当局提出挑战。其他一些为飞行机组提供的具有积极价值的 CRM 培训正在考虑之中,如:

- 乘务员作为参加者加入 LOFT 过程;
- 安排以月为周期的飞行员和乘务员搭班;
- 提供有经验的飞行机组人员教授新聘乘务员空间定向课程。

6.5.3 差错管理

飞行员差错不能被完全消除,这已得到理解。因此,飞行员掌握合适的差错管理技能和程序是很重要的。当然最好尽可能防止差错,但是因为差错无法被全部预防,所以必须有针对检测差错和从差错中恢复的培训。对飞行员的评价也应该考虑差错管理(即差错预防、检测和恢复),应该认识到既然不是所有差错都可预防,对差错进行合适管理是很重要的。

6.5.4　高级 CRM

一些航空公司将 CRM 绩效要求或程序整合融入了 SOPs，特定喊话、检查、指导已纳入了常规检查单、快速参考手册（quick - reference handbook，QRH）、异常/紧急程序、手册和工作援助中，这种整合将 CRM 原则带入了飞行机组所使用的明确程序中。

6.5.5　文化问题

在很多情况下，当个人以及由个人组成的团队表现很好时，他们受到至少三种文化的影响，即他们个人自身的专业文化、他们的组织文化、围绕在他们个人和组织周围的民族文化。如果文化相关问题不被承认和解决，它们可能会降低机组绩效。因此，有效 CRM 培训必须在培训人群中合适地解决文化问题。

6.6　CRM 培训

6.6.1　CRM 培训概述

CRM 培训是飞行培训和操作不可或缺的部分，是解决人/机界面最优化和相应人际交往活动挑战的一个途径。培训目的是通过更好的机组协作来提高机组表现，避免航空事故发生。CRM 培训对象包括飞行员、乘务员、签派员等，培训重点是针对 SOPs 综合框架下的情境意识、沟通技术、团队协作、任务分配、决策。

CRM 是公司文化的组成部分，融合在培训和运行的每个部分。如今有多种 CRM 培训方法，下面这些观点已受到普遍认同：

① 以清晰、全面的 SOPs 为中心进行 CRM 培训是最为有效的；

② CRM 培训应注重人员团队功能，而不是仅仅堆砌个体技术能力；

③ CRM 培训应指导人员培养行为更有效的方法；

④ CRM 培训应为人员提供成为有效团队领导和队员的必要练习；

⑤ CRM 培训应包括所有与飞行有关的人员功能角色，如机长、副驾驶、飞行工程师、乘务员。

⑥ 在日常运行的正常情况下，CRM 培训应包括有效的团队行为。

有效的 CRM 始于初始培训（初始教化/认知），通过反复实践和反馈进行加强，通过持续强化获得保持，这也是普遍认同的 CRM 培训的三个阶段。初始培训阶段对 CRM 问题作出定义和讨论，实践和反馈阶段是对 CRM 技能的加强和巩固，持续强化阶段利用长期的训练（包括正常情况和非正常情况的训练）和检查来保证 CRM 原则在日常飞行运行中的应用。

6.6.2　CRM 初始培训阶段

CRM 初始培训（教化/认知）通常包括课堂演示和其他方式，重点是沟通和决策、人际关系、人员协作、领导、遵守 SOPs。在这个 CRM 培训部分，概念被建立和定义，并与航线操作安全关联起来。这部分还提供了共同概念框架和常用词汇，以便于确定机组协调问题。

教化/认知可以通过培训方法组合完成。常用方法有讲座、视听展示、小组讨论、角色扮演练习、基于计算机的指导,以及良好的和糟糕的团队行为案例录像。

初始教化/认知培训需要开设的课程,针对那些已被证明影响机组表现的 CRM 技能。最有效的做法是,课程对所涉及的概念做出定义,并将它们与机组遇到的操作问题直接联系起来。许多组织已经发现对机组成员的调查很有用。调查数据能帮助确定成员对机组协作和驾驶舱管理的融入态度,还能帮助确定操作问题和优先培训问题。

有效的教化/认知培训增强了 CRM 概念理解,进而,这些理解往往积极影响个人对待人为因素问题的态度。培训也经常建议进行更有效的沟通练习。

单独的课堂教学并不能从根本上改变乘务员长期形成的态度,认识到这点很重要。教化/认知培训应视为走向有效机组绩效培训的必要第一步。

6.6.3 反复实践和反馈阶段

CRM 培训必须作为复训要求的常规部分。CRM 复训可包括课堂或简令室,通过再次培训来回顾和强化 CRM 组成部分的概念,然后进行实践和反馈练习,如 LOFT,最好是带录像反馈的;或有合适的替代,如在飞行训练设备上的角色扮演和录像反馈。建议这些 CRM 复训练习以完整机组的形式进行,每位成员处在正常运行时在机组中的位置。应规划好每个人员,并保持每一次练习时的人员完整性。包括 CRM 的 LOFT 复训应由当前航线人员进行,最好不要由教练员或检查员代替。

有绩效反馈的复训能让参加者练习新改进的 CRM 技能,并对其有效性获得反馈。来自自我评论和同龄人的反馈会产生最大的影响,这期间一位受过评估和报告技术专项训练的 CRM 主持人会给出指导。

最有效的反馈是指在教化/认知培训中或在复训中确定了的协作概念。有效反馈是和具体行为相关的,实践和反馈最好通过模拟器、训练设备和录像带联合使用。有 CRM 主持人指导的录像反馈是特别有效的,因为它让参加培训者以第三者的角度审视自己。这种对录制下来并生动展示的优势和劣势的审视是尤其令人信服的。在学习过程中,利用停止、重放、慢放和回放功能,很容易看到行为模式和个人工作风格,而适当的调整往往是不言而喻的。

6.6.4 持续强化阶段

无论每个课程段(课堂、角色扮演练习、LOFT 或反馈)多么有效,一次性训练是完全不够的。导致无效机组协作的态度和规范可能在机组成员有生以来都在不停发展,期望一次短期培训就能扭转多年的习惯是不现实的。CRM 应融入训练的每一个阶段,在航线运行中也应继续贯彻 CRM 概念。

CRM 应成为组织文化不可分割的一部分。

有一种常见的倾向,认为 CRM 是仅仅对机长培训。这种观念失去了 CRM 训练任务的本质:机组相关的事故预防。在整个机组为背景的条件下,CRM 培训的效果最好。如果所有的机组成员一起工作、一起学习,那么培训练习是最有效的。过去,大部分的飞行机组培训和机组位置是分割开的。这种分割对满足特定培训需求是有效的,如座椅相关技术培训和升级培训,但分割对大多数 CRM 培训是不适合的。

对 CRM 概念的强化可以在许多领域联合完成。例如联合客舱和驾驶舱机组,可以在安保培训方面处理许多人为因素问题。和签派员、维修人员、检票员一起进行联合,也可以加强

CRM 概念。

6.7 CRM 表现的行为指标

CRM 训练有一系列行为指标作为体现,有时这些指标会有重叠。这些行为指标用于协助组织对 CRM 课程程序进行管理,作为培训反馈的指南,帮助 CRM 课程发展和 LOFT 设计[22]。这些指标不作为机组成员个人评价清单。

6.7.1 沟通过程和决策行为的行为指标

1. 简 令

一个有效的简令是生动有趣的和完整的,它解决了协作、计划和问题。尽管简令主要是机长的责任,但其他机组成员也可以显著改进简令,也鼓励他们这样做。行为指标如下。

- 机长简令营造开放/互动的沟通氛围。例如,机长请其他成员发问或评论、直接回答问题、耐心倾听、不打断他人讲话、不抢话、不敷衍、保持适当目光接触。
- 简令是互动的,强调提问、评论和提供信息的重要性。
- 通过简令建立"团队概念"。例如,机长使用"我们"这个词,鼓励所有人参加和协助飞行。
- 机长简令涵盖与飞行安全和安保有关的问题。
- 通过简令确定潜在的问题,如天气、延误和异常系统操作。
- 简令为机组行动提供以 SOPs 为中心的指南;解决工作负荷量的分配。
- 简令将客舱机组包括进来作为团队的组成部分。
- 简令设定处理 SOPs 偏离的期望。
- 简令为自动系统建立操作指南。例如,当系统被禁用时,编程操作必须被语言表述并得到认可。
- 基于对自动系统的考虑,通过简令明确操控飞行员(pilot flying,PF)和监控飞行员(pilot monitorin,PM)的职责。

2. 质询/拥护/主张

这些行为与机组成员促进机组整体绩效表现的行动相关,这些行动是他们觉得最好的,甚至行为涉及到与他人的冲突亦是如此。行为指标如下。

- 机组成员以适当的坚持进行讲话并表明他们的观点,直到获得了明确的解决方法。
- 营造"挑战与回应"的环境氛围。
- 鼓励提问,并以开放的、非防御性的方式回答。
- 鼓励机组成员质疑他人的行动和决策。
- 机组成员在必要时寻求他人的帮助。
- 机组成员质疑自动化系统的状态和程序,以确保情境意识。

3. 机组对决策和行动的自我评论

这些行为涉及到团队和/或个人在评论和汇报中的有效性。涵盖的领域包括产品、过程和涉及到的人。评论可以出现在一个活动的过程中,和/或一个活动完成之后。行为指标如下。

- 评论在适当的时候出现,这可能是工作量负荷低或工作量负荷高的时候。
- 不仅对机组表现积极(良好)的方面进行评论,也对机组表现消极(不良)的方面进行评论。
- 评论涉及到整个机组交互。
- 评论形成了有利的学习经验。给出的反馈是具体的、客观的、可用的和建设性的。
- 评论的接受是客观的和非抗拒性的。

4. 沟通/决策

这些行为与自由和开放的沟通相关。反映了机组成员在适当时间提供必要信息的程度,例如,初始化检查单和提醒他人解决问题,鼓励其他成员积极参加到决策过程中来,决策是明确的沟通和认可,对行动和决策的质疑是周全考虑的常规表现。行为指标如下。

- 要向其他机组成员清楚表明操作决定。
- 机组成员承认他们对决定的理解。
- 建立和沟通安全"底线"。
- 在团队内共享"大画面"和权衡利弊的博弈计划,包括乘务员和其他合适的人。
- 鼓励机组成员表明他们自己的想法、意见和建议。
- 努力营造开放和自由沟通的氛围。
- 自动系统的原始输入和更改输入要用语言表述并得到认可。

6.7.2 团队建设和维护的行为指标

1. 领导/协作/任务关注

这些行为涉及到机长的有效领导和其他机组成员的配合,这反映机组有效完成任务的程度。行为指标如下。

- 利用所有可用资源完成当前任务。
- 协调驾驶舱中的活动时,兼顾机长权威和其他机组成员的直陈。
- 必要情况下果断采取行动。
- 清楚表达可能获得最有效操作的想法。
- 确认遵循SOPs的需要。
- 持续监控并调整适合于当时操作情境的团队氛围,例如,在低工作负荷时可出现社交对话,但高工作负荷时不可出现。
- 确认压力和疲劳对绩效的影响。
- 对任务可用时间的管理是良好的。
- 对自动化系统运行所带来的资源需求的确认和管理。
- 当程序要求会降低情境意识或造成工作超负荷时,适当降低自动化水平。

2. 人际关系/团队氛围

这些行为与人际关系质量和驾驶舱普遍氛围有关。行为指标如下。

- 在压力情况下,机组成员保持冷静。
- 机组成员表现出对他人个性的敏感性和适应能力。

- 机组成员意识到自己和他人心理压力和疲劳的症状。例如,当意识到他/她正处于"管状注意"时,从团队寻求帮助;或者当一名机组成员不参加沟通时,提醒并吸引他/她回到团队中。
- 驾驶舱内的"语调"是友好、轻松和正向的。
- 在沟通少的时候,机组成员交叉检查他人的状况。

6.7.3 工作负荷量管理和情境意识的行为指标

1. 准备/计划/警觉性

这些行为涉及到机组处理突发事件和可能所需的各种行动。优秀的机组总是"思想遥遥领先",通常看起来很轻松。他们对所需任务投入适宜的注意力,对新事件的响应不会过度延误。他们可能在低工作负荷的时候进行休闲社交谈话,但这并不能降低他们的警觉性。行为指标如下。

- 展示和表达情境意识。例如,与机组共享正在发生着什么的"模型"。
- 积极监视所有仪表和无线电通讯,并与机组其他成员共享相关信息。
- 监视天气和交通状况,并与机组其他成员共享相关信息。
- 避免因压力造成"管状注意"。例如,陈述或询问"大画面"。
- 对诸如压力这样可能降低警觉性的因素保持警惕,并注意观察其他机组成员的绩效退化。
- 保持"思想走在前面",以准备应对计划内的情境或突发事件,从而保证情境意识和遵守 SOPs。
- 确保驾驶舱和客舱机组成员都意识到计划。
- 在计划过程中,将所有合适的机组成员都包括进来。
- 在操作飞行管理计算机规划之前留出足够的时间。
- 确保所有机组成员都知道飞行管理系统的初始输入和输入更改。

2. 工作负荷量分配/避免注意力分散

这些行为涉及到时间和工作负荷量管理。它们反映了机组能否有效地安排优先任务、分担工作负荷量、避免在执行重要任务时出现注意力分散。行为指标如下。

- 当机组成员发现自己或他人的工作负荷量过高时,能够及时表达。
- 以最大化效率的方式分配任务。
- 清楚地沟通并确认工作负荷量分配。
- 诸如社交对话这样的非操作性因素不得影响职责的完成。
- 清楚地沟通任务优先级。
- 次操作任务(如处理乘客需要、与公司的沟通)要提早考虑,从而为主要的飞行职责提供充足的资源。
- 防止因自动化系统造成的潜在注意力分散,采取适当的预防措施,包括适当减少或脱离自动化功能。

思考题

1. 试阐述机组资源管理的含义。这里的资源包括哪些内容？
2. 机组资源管理是怎样影响飞行安全的？
3. 机组资源管理经历了怎样的发展历程？
4. 机组资源管理的主题内容有哪些？

第7章 视觉、听觉和前庭觉

在飞行中,人眼是最重要的信息感觉器官,飞行员所需的信息80%以上来自于视觉信息。人耳是仅次于眼睛的重要感觉器官,它具有听觉功能和前庭觉功能。人的感觉器官并非十全十美,它们结构和功能上的局限在特定条件下会给飞行安全带来威胁。本章涉及到的飞行中常见视觉、听觉和前庭觉的知识和原理,是下章飞行空间定向和定向障碍学习的基础。

7.1 视觉系统

7.1.1 人眼结构与视觉特性

人眼是光线的接受器官,结构如图7-1所示。人眼构造和照相机颇为相似,光刺激引起人眼视觉反应,其过程是来自物体的光线透过人眼折光系统投射到视网膜上,在视网膜上成像,并引起视网膜感光细胞兴奋而转变成神经冲动,神经冲动沿着视神经传至大脑,产生视觉,使人看到外界事物。完整的视觉系统包括折光系统、感光系统、传导系统(视神经)和视觉中枢(大脑枕叶)四部分。

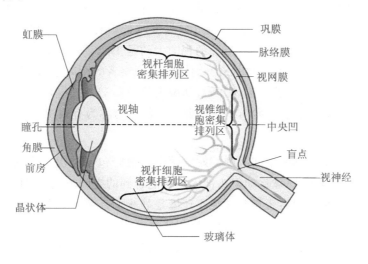

图7-1 眼球结构

1. 折光系统

人眼有较完善的光学系统,以及各种令眼球转动、调节光学装置的肌肉组织。眼睛的折光系统由角膜、房水、晶状体、玻璃体构成,它们有透光和折光作用。眼睛注视物体时,物体的光线通过眼睛折光系统将物像聚焦到视网膜中央凹上,形成清晰物像。正常情况下,眼睛从注视远处物体转为注视近处物体,或者从近处转为注视远处,折光系统通过调节晶状体凸度,都可以将物体成像在视网膜上。

2. 感光系统

眼睛的感光系统是视网膜,视网膜的最外层是感光细胞层。感光细胞可以感觉光刺激,并将其转换为神经冲动。感光细胞有视锥细胞和视杆细胞两类,它们的形态和功能不同。视锥细胞有约七百万个,它们专门感受强光和颜色,能分辨物体细节和颜色,但在弱光下不起作用。视杆细胞主要分布在视网膜周围部分,大约有一亿至两亿个,它们对弱光很敏感,但不能感受物体细节和颜色。

感光细胞在视网膜上的分布是不均匀的。视锥细胞主要分布在视网膜中心,这些视锥细胞分布密度最大的地方形成了一个椭圆形斑点,称为黄斑。黄斑中心部位的视网膜最薄,形成了一个直径约 0.4 mm 的凹窝,称为中央凹。中央凹处全部是视锥细胞,距离中央凹越远,视锥细胞分布密度越小,视杆细胞密度开始增加。在视神经入口处没有感光细胞,这个不感光的区域称为盲点。

3. 视敏度

视敏度又称视力,是视觉辨别物体形态细节的能力,即视觉的角分辨力。通常以能辨别的两条平行光线最小距离作为衡量标准,视力表的标准环就是依据这点设计的。能分辨的距离越小,视角越小,表明分辨物体细节能力越高,视敏度越好。

根据所观察的物体与眼睛是否有相对运动,视敏度被分为静态和动态视敏度。研究表明,动态视敏度比静态视敏度要低,随着物体与眼睛相对运动速度的增加,眼睛视敏度是降低的,当相对角速度达到 40°/s 时,视敏度降至静止时的一半。另外,视敏度与投射在视网膜上的物像位置有关,距离视网膜黄斑区越远的位置,视敏度越低,相应反应潜伏期越长。中央凹 10°以外的视力大约是中央凹的 1/10,20°以外的视力大约是 1/20。因此,靠近注视视线中心的物体,在较远处就可以被发现;而偏离中心的物体,则与观察者的距离越远,便越难以被发现。

在飞行过程中,从飞行员看到物体开始,到做出反应以避免发生相撞为止,这段时间内飞机飞行的距离,常称为有效视觉距离,能达到此要求的视力称为有效视觉。

4. 视　野

视野是观察者所能看到的空间范围。航空学中的视野包括依次扩大的三个范围,即眼球固定时能看到的空间范围、眼球运动但头部固定时能看到的空间范围、眼球和头部联合运动时能看到的空间范围。根据观察者相对被观察环境是静止的还是运动的,视野可分为静态视野和动态视野。实际飞行中,视野大小主要取决于飞机驾驶舱视界大小、飞行速度和飞行员注意广度。驾驶舱视界不同、飞行速度不同,则飞行员视野也会不同。在 1 Ma(马赫数)飞行速度下,飞行员的有效视野仅有正常视野的 1/3 弱。

7.1.2　视空间知觉

知觉是大脑对输入信息的解释。视空间知觉是人知觉的重要组成部分,对飞行活动是必需的重要品质。人在空间中对自己和周围事物相对关系的知觉,以及对大小、形状、距离、方位等空间关系特性的判断,属于空间知觉。空间知觉主要包括大小知觉、形状知觉、距离知觉、方位知觉等。视觉和听觉是空间知觉的主要信息来源。这里,重点讨论视空间知觉,这是理解飞行空间定向和定向障碍的基础。

当知觉事物时,我们需要使用一个标准作为参考物才能进行判断,此标准就是空间知觉的参考系。空间知觉的参考系分两类，一是以知觉者自己为中心所建立的参考系，二是以知觉者之外的事物所建立的参考系。例如，对前后、左右、上下的判断，通常可以以知觉者自己为参考系作出；东西南北方向的判断，则是以知觉者之外的事物为参考系作出的，这里是以太阳出没位置和地磁场为参考系建立的方位，即日出的地方为东，日落的地方为西，地磁场南极为北，地磁场的北极为南。在选择参考系时，可以以环境中的熟悉物体作为参考体来定向，在没有熟悉的地面物体时，也可以用星象、罗盘或其他仪器来定向。

尽管人眼的视网膜是二维的，人类也没有距离感受器，但是人类可以通过单眼线索和双眼线索知觉三维空间，把握自己与物体之间，以及物体与物体之间，在距离和方位上的相对关系。单眼线索主要强调的是视觉信息本身的特点，双眼线索则主要强调双眼协调活动产生的信息反馈作用。

视空间知觉的单眼线索主要有以下种类：

1. 观察对象的相对大小

观察对象相对大小是视空间知觉中距离知觉的线索之一。如图 7 - 2(a)所示，大圆点好像离我们近些，小圆点好像离我们远些。对于熟悉的物体，判断则有所不同。例如，一辆小型轿车和一辆大型客车，如果我们看到那个小轿车显得大，而大客车看起来小，那么便会察觉到小轿车离我们近些，大客车离我们远些，这是知觉恒常性的作用。

(a) 对象的相对大小

(b) 遮挡

(c) 结构级差

(d) 空气透视

(e) 明亮和阴影

(f) 线条透视

(g) 运动视差

图 7 - 2　视空间知觉的几种单眼线索

2. 遮　挡

如图 7 - 2(b)所示,如果两个物体有遮挡,那么遮挡物看起来离我们近些,被遮挡物则看起来离我们远些。物体遮挡是距离知觉的线索之一。如果物体没有遮挡,那么就很难对远处物体距离做出判断。例如,看高空的飞机和云彩,如果飞机没有和云彩重叠,那么就很难看出飞机和云彩哪个距离我们更近,飞机和云彩的相对高度也难以判断。

3. 结构级差

结构级差是视野范围内的物体在视网膜上投影大小和投影密度的增减。如果站在铺有同样石块的路上向远处看,就会观察到近处的石块大,远处的石块小,而且越远的石块看起来越显得小,单位面积视网膜上成像出的远处石块较多。任何表面上,随着距离增大,都将产生近处稀疏和远处密集的结构密度级差,这是距离知觉的线索之一。如图 7 - 2(c)所示,上部纹理结构密度较大,下部密度较小,于是就产生了向远处延伸的距离知觉。在航空飞行着陆阶段,飞行员判断距离的重要依据就是结构级差获得的视空间知觉。

4. 空气透视

由于空气折射产生的蓝灰色彩的影响,在我们观察远处物体时,会感到越远处的物体能看到的细节越少,物体边缘越模糊不清,物体颜色变淡变白,变得灰蒙蒙蓝盈盈的。远处物体形状、细节、色彩的这些衰变现象称为空气透视。空气透视受气象条件影响很大,如果天气晴朗、空气透明度高,则看到远处物体就觉得近些;如果天气阴雾沉沉、空气透明度低,则看到远处物体就觉得远些。这也是飞行员在天气良好条件时误远为近,气象复杂条件时误近为远的一个重要原因。如图 7 - 2(d)所示,清晰的机场看起来近些,模糊的机场看起来远些。误远为近容易令飞行员感觉进场偏高,从而压低高度造成实际进场偏低,继而重落地或引起其他后果;误近为远则容易令飞行员感觉进场偏低,从而拉高高度造成实际进场偏高,继而冲出跑道。

5. 明亮和阴影

明亮和阴影不但帮助我们感知物体的材质、强度、形状和体积,还帮助我们感知物体相对距离。如图 7 - 2(e)所示,阴影、黑暗仿佛后退而离我们远些,明亮、高光仿佛突出而离我们近些。飞行员在夜间飞行中,将较暗背景知觉为远处,将较亮地方知觉为近处,依此对距离进行判断。

6. 线条透视

线条透视是指空间对象在平面上的几何投影。同一个物体离我们近时在视角上占的比例大,视像也较大;离我们远时在视角上占的比例小,视像也较小。如图 7 - 2(f)所示,这种视觉大小变化会产生线条透视效应,是距离知觉的线索之一。在公路上感觉近处的路显得宽,远处的路显得窄,这就是线条透视的视觉效应。

7. 运动视差

由于人和物体相对运动,引起视网膜上物体映像的关系变化,就是运动视差。人和物体之间有相对运动的时候,视野中各物体的运动速度差异,是估计它们相对距离的线索之一。如图 7 - 2(g)所示,飞机接地前,飞行员对飞机离地高度的判断,常常是以跑道后飞速度作为判断线索。

视空间知觉的双眼线索主要指依据双眼辐合作用和双眼视差为判断距离提供的信息线

索,详述如下:

1. 辐合作用

辐合作用指的是两眼视线向注视物体的合拢,如图 7 - 3 所示。看远处时两眼视线接近平行,看近处时两眼视线对准物体向中间聚合。在控制视线辐合时,眼睛肌肉产生的动觉给大脑提供了判断物体远近的线索。辐合作用仅在几十米的距离范围内起作用,超出这个范围,则视线趋近于平行,对距离的感知则需要依靠其他线索。

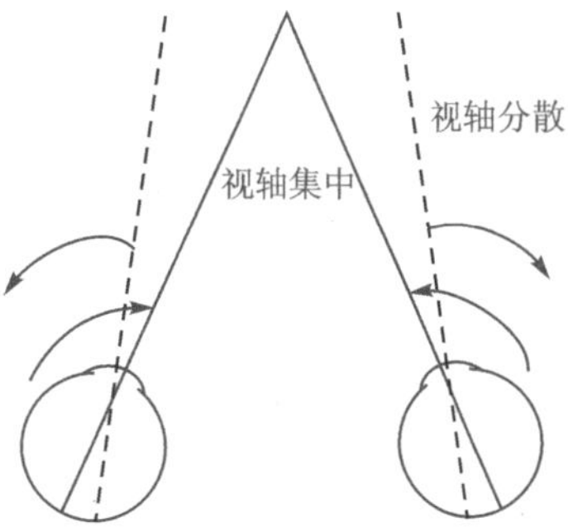

2. 双眼视差

人的两眼之间有一定距离,当观看物体时,两眼从不同角度观看,获得的视觉信息便有差别,即左眼看到左边多一些,右眼看到右边多一些。这样,两眼获得的物像落在各自视网膜上位置便不会完全重合,物像也不完全相同,这就是双眼视差。分别闭上左眼和右眼观察你前面的物体,你会发现物体的位置移动了,这就是双眼视差的原因。双眼视差是获得空间立体知觉的主要线索。

图 7 - 3　双眼视轴的辐合

7.1.3　一般视性错觉

一般视性错觉是人类普遍存在的、人脑对视知觉对象歪曲、错误解释的知觉错误现象。根据引起错觉的对象性质,可以将一般视性错觉分为三类,即几何图形错觉、立体错觉和似动错觉。

1. 几何图形错觉

几何错觉是对几何图形产生的错觉,如图 7 - 4 所示是常见的几何图形错觉,图中:

(a)Muller-lyer 错觉——看起来箭头开口向外的线段比开口向内的线段长;

(b)Ponzo 错觉——看起来梯形线较窄处的水平线比较宽处的水平线长;

(c)Hering 错觉——因背景线的影响,看起来两条平行线是弯曲的;

(d)Zollner 错觉——因倾斜短线的影响,看起来五条平行线是倾斜不平行的;

(e)Orbison 错觉——因背景线的影响,看起来正方形和圆形都变形了;

(f)Poggendorff 错觉——一条直线的中部被遮挡,看起来不是同一条直线,在交界处错位了。

2. 立体错觉

常见的立体错觉如图 7 - 5 所示,其中:

(a)Necker 立方体错觉——小圆有时候出现在立方体前面,有时候出现在立方体背面;

(b)Schroeder 楼梯错觉——把图颠倒过来,楼梯发生了变化;

(c)Penroze 三角形错觉——像三角又不是三角,最终无法知觉为一个真实物体;

(d)Schuster 三角臂错觉——一个底座的三角臂有时候看起来是两条;

(e)Freemish 板条箱错觉——因图形完整精确诱发整体虚假知觉;

3. 似动错觉

似动错觉是指相继快速呈现实际上静止不动的物体,因其以极快速度相继刺激视网膜临

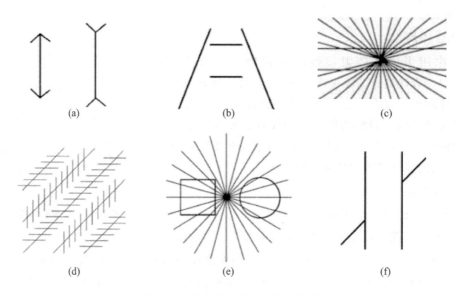

图 7-4　几种常见的几何图形错觉

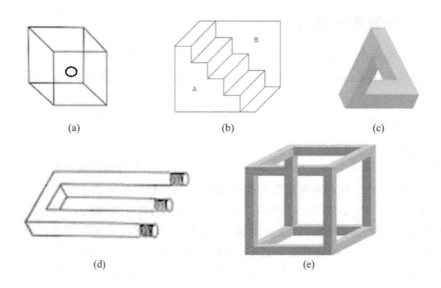

图 7-5　立体错觉

近部位,从而产生物体在运动的错觉。常见似动错觉有以下几种。

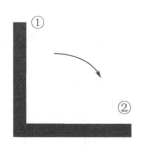

图 7-6　β运动似动错觉

● β运动,也称为 PHI 现象。如图 7-6 所示,在不同位置上有两条直线①和②,如果以适当时间间隔顺次呈现,便会看到①向②移动并倒下。实际生活中的电影就是利用了β运动。

● 诱导运动。在存在相对运动时,如果没有更多参考物体,则人可能把相对运动中的任何一个看做是运动的。例如,飞行中,既可以将飞机知觉为运动,也可以将山峰或地面知觉为运动。这种现象就是诱导运动。

● 自主运动。在暗室中注视一个静止光点,过一会便会感觉它不停的动来动去,这就是自主运动,也称游动错觉。在夜航飞行时,如果凝视星星或者其他飞机的尾灯,就会产生自主运动错觉。

除了以上介绍的错觉,视性错觉还有色彩、明暗等错觉现象。

7.2　飞行中常见的视觉问题

7.2.1　暗适应和明适应

从明亮的阳光下进入没有开灯的地下室,刚开始什么也看不清楚,过了一段时间以后,眼前就不再是一片漆黑,逐渐能分辨出物体轮廓了,这种现象就是暗适应。从黑暗的地下室走到阳光下,最开始感到光线耀眼发眩,睁不开眼睛看不清楚东西,几秒钟以后,就能清楚地看到物体了,这种现象是明适应。暗适应是环境光线刺激由强向弱过渡的时候,由于一系列同样的弱光刺激,使得人眼对后续弱光刺激感受性不断提高,从而逐渐适应了弱光环境的过程。明适应则相反,是环境光刺激由弱向强过渡,由于一系列同样的强光刺激,使得人眼对后续强光刺激感受性降低,从而适应了强光环境。暗适应和明适应的生理机制与视紫红质的合成和分解有关。暗适应过程中,由于视杆细胞视紫红质已经在强光下被分解,当突然进入暗处时,视紫红质的合成需要一段时间,所以暂时看不清楚物体。随着合成视紫红质的增多,对弱光刺激感受性逐渐提高,慢慢的就能看清周围物体了。暗适应时间较长,大约需要 30 min 才能完全完成。反之,明适应过程中,由暗处刚到强光下时,感光物质发生大量的分解,对强光刺激感受性很高,由于神经细胞受到刺激过强,人会感到眼前一片亮光,甚至引起刺痛,睁不开眼,看不清东西。片刻之后,感光物质被分解一部分后,对强光感光性迅速降低,便能看清周围物体了。明适应速度很快,大约几秒钟就能完成。

暗适应在航空飞行中随处可见,例如,夜间飞行时,飞行员从明亮的休息室进入到相对昏暗的驾驶舱;飞机由明亮的日照区飞入黑暗的仪表区;傍晚着陆时,由 10 km 以上的高空迅速进入相对昏暗的低空;迅速的时区变换等。在暗适应过程中,飞行员常常因视物不清而造成识读仪表反应时间延长。如果是在这种状态下进行起飞、进近和着陆,可能会影响起飞、着陆动作准确性,造成拉平、接地时判断失误、偏离跑道、撞障碍物等后果。为了克服这些暗适应局限,飞行员可以采取一些措施,例如,夜航飞行前提前 30 min 进入驾驶舱,飞行前和飞行期间避免前灯、着陆灯、闪光灯等强光照射;突遇强光时闭上一只眼睛,保持此眼的暗光适应性,以便在强光消失后此眼仍能看清暗光环境的物体;需要由明亮区域逐渐飞入黑暗区域时,提早在明亮区戴上太阳镜;夜航飞行时,将仪表板内照明灯调至适宜亮度,以便克服仪表和外景之间视线转移所造成的暗适应;感到视觉模糊时,频繁眨眼以促进暗适应。另外,合理安排飞机的起飞、着陆时间,以及合理设计驾驶舱内照明等措施也有助于应对暗适应的影响。

明适应在航空飞行中也很常见,例如,在黄昏、夜间或黎明起飞,进入 10 km 巡航高度时;迅速时区变换时;从云中飞出云外时等。由于视锥细胞的明适应过程非常迅速,只需几秒钟即可完成,因此对飞行员视觉影响不大。但是,如果光源过强,则会带来另一类视觉问题——眩光。

7.2.2　眩　光

眩光是由于视野范围内的亮度过高,从而产生视觉不适或视觉功能下降的现象。根据人眼受到的强光刺激强度不同,眩光可分为三类,即心理眩光、生理眩光、强光盲。

1. 心理眩光

随着视野内亮度增加,视觉开始出现不舒适感,但是不影响视觉功能,这称为心理眩光。例如,在飞行过程中,仪表板的一部分暴露在日光直射下,另一部分则为暗区,强烈的明暗反差对比,使人视觉产生不适感,使飞行员识读仪表感到困难,这就是心理眩光。

2. 生理眩光

亮度在心理眩光强度基础上继续增加,则视觉的不舒适感加重,并伴随有视觉功能的降低,这称为生理眩光,也称为失能眩光。例如,飞机刚好朝向太阳飞行,或者太阳和飞行员视线有一定夹角,就有可能造成生理眩光。此外,飞机在云层上方飞行时,来自下方云层反射过来的强光也可能产生生理眩光,引起视力模糊、眼睛昏花等症状,这种现象也称高空目眩。

3. 强光盲

亮度在生理眩光强度基础上继续增加,将会严重影响视觉功能,使视觉任务无法进行,甚至出现暂时失明,这种现象称为强光盲。例如,飞机从昏暗的云层里飞出,飞行员突然与日光对射,因为瞳孔一时来不及收缩,致使日光进入眼内过多,造成视网膜轻度烧伤,出现暂时失明,这就是强光盲现象。相对而言,在民航飞行中,心理眩光和生理眩光较为常见,强光盲较为少见。眩光防护可以是及时佩戴防眩光镜或者避开强光源,从飞机设计角度也可以寻找办法。

7.2.3　空虚视野近视

睫状肌的收缩和舒张调节着晶状体曲度,令我们能将远处和近处的物体聚焦在视网膜上。但是,在没有特征的空域中或者目标物不明确的空域中,如高空飞行或雾霾中飞行时,则由于外景没有明显特征,引不起眼睛注意,使睫状肌处于持续放松状态,这时候晶状体因其本身弹性向前凸出,从而使眼睛的聚焦点处于前方 1～2 m 的地方,飞行员视觉呈功能性视觉近视状态,这种现象称为空虚视野近视。

在空虚视野近视状态下,飞行员往往把同等大小的物体看成了较小物体,把同等距离物体看成了较远物体。下面这个简单实验可以演示出这种空虚视野近视现象:首先,站在距离房门 5 m 远的地方,房门大约 1 m 左右宽,此时观看房门并感觉它的宽度;接着伸直手臂并竖起拇指,使直视手指与直视房门的视线夹角在 20°左右,即手指偏离房门一侧约 20°,最后凝视手指,此时你的周边视觉仍能看到门,但此时的门比你直视房门时要显得狭窄些,在拇指和门之间来回转换视线,可以更明显地感觉到注视点不同时门宽窄显得不同。

如果在飞行时飞行员视觉呈空虚视野近视状态,那么远处物体(如远处的山)会显得更小,从而觉得更远。空虚视野近视的另一个后果是,远处物像处在聚焦点之外,飞行员无法看清物体细节,这使飞行员难以察觉到远处其他飞机。

与空虚视野近视类似的一种现象是夜间近视。夜间近视的原因在于夜间飞行外界可观察物体极少或没有,飞行员视觉会自动聚焦在他前面 1～2 m 处。相比起空间视野近视,夜间近视更为常见。飞行员克服这些虚假近视的办法主要是有意搜索、观察和扫视远处。

7.2.4　盲　点

1. 生理盲点

视觉信息经由视神经从眼睛传至大脑,但在视神经出入视网膜的联接处没有感光细胞,这意味着当物像落在这里的时候,人眼将看不到物体的存在。解剖学上将视神经出入视网膜的点称为生理盲点。下面这个简单实验可以证实生理盲点的存在:首先将本书置于一臂远处,注视图 7-7 中左边的飞机,然后闭上你的左眼,将书慢慢收回。你会发现在某点处,右边飞机完全消失看不到。同样方法,闭上右眼,用左眼观看右边的飞机,在书慢慢收回的某点处,左边的飞机也会完全消失看不到。

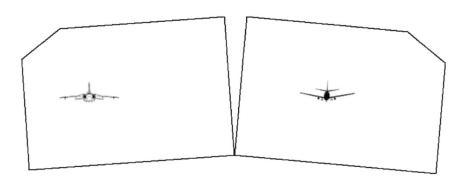

图 7-7　生理盲点

正常情况下,人的双眼视觉是可以克服生理盲点的,因为一个物体的物像不能同时落在两眼的生理盲点上。但是,如果飞行员某只眼睛视力模糊或其他原因不能视物时,或者部分视野被遮挡时,则有可能另外一架飞机或其他障碍物的物像落在生理盲点上。

2. 夜间盲点

人眼感光细胞有两类,即视锥细胞和视杆细胞。视锥细胞密集分布在视网膜中央凹处,感受亮光下的物体细节和颜色;视杆细胞分布在中央凹周缘,对弱光敏感,夜间视物主要依赖视杆细胞。人眼正视前方物体时,物像落在中央凹处,而带一定角度看物体时,物像落在中央凹周缘。由于感光细胞的解剖位置分布和功能特点,在夜间看物体时,如果正视前方物体,则物像便落在中央凹处,但这里分布的是弱光下不太起作用的视锥细胞,于是人便看不清这个被正视的物体,感到视觉模糊。因为这个原因,视网膜中央凹处被称作夜间盲点。夜间盲点的克服办法是不正视要观察的物体,而是将视线偏离物体中心 5°~10°,做缓慢的扫视,令物像落在中央凹周缘视杆细胞上,充分发挥视杆细胞在弱光中的夜视功能,这种方法称为偏离中心注视法。

3. 飞机盲点

飞机盲点是由于飞机设计缺陷造成的、对飞行员视野造成影响的飞机部位。凡是对飞行员视线或视野造成遮挡的飞机部位都可以称为飞机盲点。所有飞机都有视觉盲点,其位置跟机型和飞行员坐姿等有关系。有的飞机盲点在机翼上,有的在门柱上,有的在机身上。眼基准位置(简称眼位)设计是与飞机盲点密切有关的一个概念。眼位设计不佳就有可能造成操纵盘/杆成为遮挡观看舱内仪表视线的障碍物,妨碍进近着陆阶段飞行员向前下方观看仪表。此时,操纵盘/杆或机头便可能成为遮挡飞行员视野的飞机盲点。

7.2.5 空中相撞和视觉局限

发生空中相撞的两架飞机,可能是处于同一高度相向飞行的,也可能是在同一高度带会聚角的飞行,还可能是爬升和下降过程中的飞行。同一高度相向飞行的飞机往往难以察觉,原因有以下几点:

① 高空飞行时,缺乏判断物体运动的明显参照物,飞行员往往不能察觉到其他飞机的运动。飞行员最初看到的可能只是一个很不经意的小点,随着距离接近,飞行员感到小点迅速变大,此时可能已来不及采取规避动作了。图 7 - 8 是通航飞机飞行速度为 463 km/h 时,两架飞机相撞时间。当飞机离自己 460 m 远时,它在视网膜上的影像视角只有 1°宽,人感觉它非常小,但 4 s 之后就会发生相撞,这意味着飞行员没有更多时间去反应和采取动作规避。

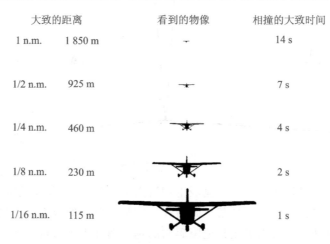

大致的距离		看到的物像	相撞的大致时间
1 n.m.	1 850 m		14 s
1/2 n.m.	925 m		7 s
1/4 n.m.	460 m		4 s
1/8 n.m.	230 m		2 s
1/16 n.m.	115 m		1 s

图 7 - 8 Cessna172 飞机在不同距离上的大小[4]

② 当飞机在空旷的天空中飞行时,外景中缺少引起飞行员视觉注意的明显特征,飞行员常常会发生空虚视野近视,眼睛聚焦在前方 1~2 m 处,从而不能发现远处的飞机。

③ 由于人眼解剖结构和功能特点,白天飞行时,若其他飞机的物像没有落入飞行员眼睛中央凹,则飞行员就难以察觉它们。夜间飞行时,飞行员又容易陷入夜间盲点问题,察觉其他飞机的视觉能力大为削弱。

视觉只是飞行员获取最初信息的环节,从驾驶舱行为看来,要完成对可能发生相撞的另一架飞机的避让,还需要信息加工过程的决策环节和行动环节。图 7 - 9 是飞行员为规避相撞所需时间示意图。飞行员从发现飞机,到变更轨迹实施避让,需要 5.4 s 的时间。这是在假设飞行员操作正常、飞机速度固定的情况下算出的时间和距离。如果事发当时飞行员精神紧张,则判断、决策、反应等时间必将会延长,从而规避动作的实施时间也会延后。而人类在突如其来的巨大威胁刺激面前,最常见的反应是呆愣、后退、举起双手自我保护。这些反应都是人类在漫长的进化过程中形成的本能行为,而不幸的是,当飞行员突然发现另一架飞机在同一高度向自己撞来时,同样也会出现难以抑制的恐惧心理。

两架飞机在同高度同方向上飞行,若带有一定会聚角,则有在航路上某点相撞的可能。飞行员通过其他飞机与云层或地面的相对运动可以察觉到它的所在,但是如果其他飞机以几乎

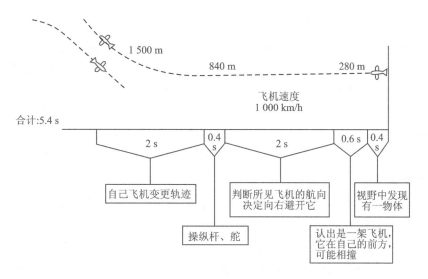

图 7 - 9　飞行员为规避其他飞机所需的反应时间[4]

一样的航向匀速飞行时,就很难发现它在移动,甚至不能察觉到它的存在,如图 7 - 10 所示。带会聚角飞行的飞机给视角带来的变化速度非常的小,以至于飞行员难以感觉到它正在向自己逐渐靠近。因此,飞行员很难察觉到带一定会聚角的飞机,即使察觉到了也往往很难引起高度重视。带会聚角的相撞可能性与两架飞机靠近时的角度也有密切关系,角度越小,飞行员越难以发现和重视,发生相撞的可能性越大。

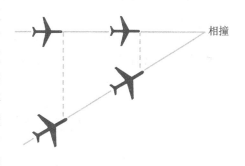

图 7 - 10　两机带会聚角相撞

　　爬升和下降过程中发生两机相撞的原因,除了空管指挥错误、飞行员错误以外,还可能是因飞机盲点引起。由于飞机盲点的存在,使得飞机爬升时飞行员看不到后方,下降时看不到前下方。

　　减少空中飞行时两机相撞的方法,除了训练飞行员以正确方式扫视和克服视觉障碍以外,安装空中防撞预警系统是帮助飞行员规避空中相撞的有效措施。

7.2.6　视觉固着、运动物体和闪光的影响

1. 视觉固着

　　视觉固着指的是视觉过分地集中于某物而忽略了其他物体的存在。严格来说,视觉固着并不是单纯视觉问题,它与注意力有密切关系,也称为管状注意。例如,一架飞机的仪表指示灯该亮起时没有亮起,令飞行机组将注意力都集中在处理这个指示灯问题上,他们如此专注,以至于忘记了监视飞机的飞行状态,甚至在近地警告响起时都没有注意到,最后飞机坠毁在沼泽地里。视觉固着的克服需要飞行员在"大画面"和"小细节"之间切换,保持适当的视觉扫描,始终保持对主要飞行任务的注意力。

2. 运动物体对视觉的影响

当自然界的运动物体或人造物体以某种形式运动而对飞行员视觉造成部分遮挡时,就会给飞行员视觉信息输入带来不利影响。例如,在雨中或雪中飞行,雨滴或雪花冲击在风挡或其周围时,会分散飞行员注意力,令飞行员难以看清驾驶舱外的物体。这种情形可能引起空虚视野近视,还容易使飞行员进入到催眠状态,令飞行员精神恍惚,难以集中注意力,无意识地改变飞机姿态和速度。若再加上风挡刮水器重复单调的运动,则上面的症状会进一步加重。飞行员需要对这些情况重视,避免凝视雨滴、雪花或刮水器,在仪表进近过程中坚持仪表飞行。

3. 闪光性眩晕

每秒 4～20 次的闪烁光能引起闪光性眩晕,这种现象的人群个体差异较大,有的人抵挡力较强,有的人则对闪烁光非常敏感。一旦发生闪光性眩晕,就可能引起类似癫痫症状的痉挛、恶心,甚至意识丧失。例如,下面这些情况是可能引起闪光性眩晕的:

● 在螺旋桨飞机的下降、着陆或滑行阶段,螺旋桨慢速转动,转速在 120～240 r/min 时,若飞行员透过螺旋桨看前方的太阳,或者飞行员注视由飞机后方的太阳映射到螺旋桨上的反射光,就可能引起闪光性眩晕;

● 直升机旋翼将阳光反射进驾驶舱,也可能引起闪光性眩晕;

● 在云中或霾中使用脉冲型防撞灯飞行时,规律重复的闪光反射进驾驶舱,可能引起闪光性眩晕。

7.3　听觉和前庭觉系统

7.3.1　听觉和前庭觉系统的结构和功能

听觉和前庭觉同属人耳功能。听觉器官由外耳、中耳和内耳组成。耳廓收集外界声波,声波传到外耳道,引起外耳道内气压变化而产生振动,鼓膜随之振动,该振动通过中耳的听小骨放大之后传递到内耳,刺激耳蜗内的纤毛细胞(听觉感受器)产生神经冲动,神经冲动沿听神经传至大脑皮层听觉中枢,形成听觉。

● 外耳包括耳廓和外耳道。如果耳廓上戴耳套,将会减少声波进入耳内。如果外耳道内戴耳塞或者因耳垢过多等原因堵塞外耳道,将会减少传导到鼓膜的气压。

● 中耳是一个含气空腔,包括三块听小骨。鼓膜振动推动听小骨运动,从而把声波能量转变为机械运动能量,此能量被传导到内耳耳蜗。听小骨的排列像是一系列杠杆一样,可以提高向内传播能量的效率。若听小骨关节错位或运动受阻,则会歪曲或降低声音信号。例如,当发生中耳气压性损伤,耳部感染,耳咽管堵塞时,则可能发生上述症状。

● 内耳包括两个重要的感觉装置,一是耳蜗,二是前庭装置。耳蜗将听小骨传来的机械信号转化为神经冲动,并沿听神经传导到大脑,经大脑予以解释,产生听觉。前庭装置由三个半规管和一个耳石器(椭圆囊和球状囊)组成,是人体感受加速度的重要器官,其结构如图 7-11 所示。

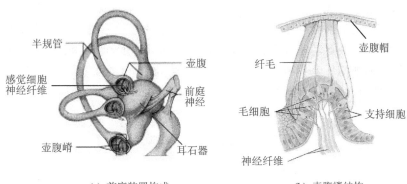

（a）前庭装置构成　　　　　（b）壶腹嵴结构

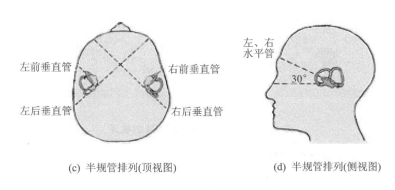

（c）半规管排列（顶视图）　　　（d）半规管排列（侧视图）

图 7 - 11　前庭装置

7.3.2　前庭装置感受加速度的机理

前庭装置由三个半规管和一个耳石器组成,其中三个半规管负责感知角加速度,耳石器负责感知线加速度。

1. 半规管感知角加速度的机理

三个半规管位于三个相垂直的平面内,能感受三个平面上的角加速度,类似于一架飞机的俯仰、滚转和偏转平面,如图 7 - 12 所示。半规管感受角加速度的机理如图 7 - 13 所示。在角

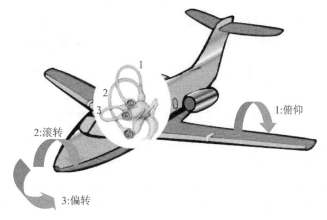

图 7 - 12　分管俯仰、滚转和偏转的三个半规管

加速度运动时,对应的半规管也随之做同向加速运动,位于半规管内部的淋巴液因惯性作用而反向冲击感觉纤毛,使毛细胞纤毛弯曲而产生角加速度的运动感觉。当停止角加速度运动而变为匀速运动时,淋巴液运动速度逐渐追赶上半规管运动速度,此时淋巴液与半规管之间不再有速度差异,从而毛细胞纤毛不再弯曲,而是回到正常位置,于是加速运动感觉也就随之消失。半规管的这个特性是许多飞行错觉产生的生理原因。

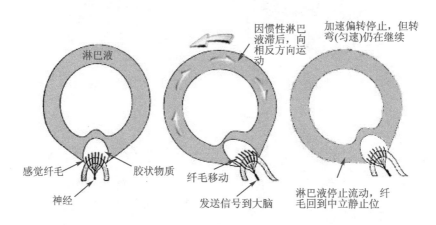

图 7 - 13　半规管感受角加速的机理

2. 耳石器感知线加速度的机理

在半规管下方有两个充满淋巴液的囊,分别是椭圆囊和球状囊,它们构成了耳石器。在囊内有许多感觉细胞盘状体,即囊斑。它们和半规管壶腹内感觉细胞相似,也有许多纤毛样突起。如图 7 - 14 所示,当人的头部在正常直立位置时,耳石膜和毛细胞的相对位置一定,大脑将此信息解释为纤毛直立。此时耳石膜受到的是 $1g$ 的垂直作用力。当人头部倾斜或前后运动时,在重力作用下耳石膜产生运动,使耳石膜和毛细胞的相对位置产生改变,纤毛弯曲牵拉刺激毛细胞产生兴奋,并传递到大脑,从而产生头部倾斜或者前后加速运动的感觉。

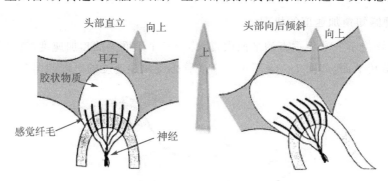

图 7 - 14　耳石器感受头部位置改变的机理

耳石器只能察觉加速度合力,不能分辨构成合力的各分力来源。当飞机做协调转弯时,人只能感受到重力和向心力的合力,这容易令飞行员产生错觉。例如,当飞机以 $60°$ 作协调转弯时,飞行员感受到的是座椅施加了 $2g$ 的作用力给他,并且这个力的方向是从座椅指向头部,也就是说,飞行员感受到的是重力和向心力的合力。如果飞行员闭上眼睛,他会感觉自己仍是直立位,感觉不到飞机是在带坡度飞行,如图 7 - 15 所示。因此,在这种情况下,如果飞行员仅凭身体感觉来判断飞机姿态，将会非常困难。

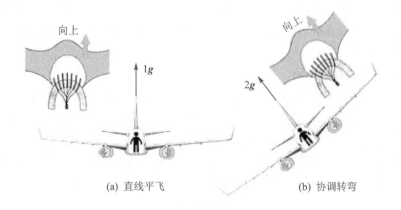

(a) 直线平飞　　　(b) 协调转弯

图 7-15　协调转弯产生的错觉

　　耳石器除了感受重力加速度以外，也能感受其他方向的线加速度。如图 7-16 所示，当人体做线加速度运动时，耳石器内淋巴液冲击耳石膜，令耳石膜和毛细胞发生相对位置改变，纤毛弯曲刺激毛细胞产生兴奋，传至大脑，从而产生加速或减速感觉。当停止加速而转为匀速运动时，耳石膜和毛细胞相对位置恢复正常，从而使人感觉不到飞机在匀速运动。

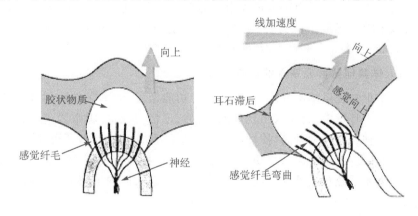

图 7-16　耳石器感受线加速度的机理

7.4　飞行中常见的听觉和前庭觉问题

7.4.1　航空噪声及其危害

　　按照人的主观体验，可以把噪声定义为令人不愉快、心烦意乱、讨厌的杂乱声音。实际上，凡是个体不喜欢的、影响生活质量和工作效率的声音，都可以归为噪声。航空飞行中的噪声主要源于以下几方面：

- 动力源（发动机）噪声；
- 空气流经飞机表面产生的飞机附面层空气湍流噪声；
- 驾驶舱和客舱空调系统、加压系统、通讯设备等产生的噪声；

● 超音速爆音。

噪声不仅影响人体听觉器官,可能造成功能障碍和病理损伤,而且对中枢神经系统、心血管系统、消化系统、免疫系统、内分泌系统等也有不良影响。噪声还会降低操作者工效,对通话产生掩蔽等不良影响。

1. 噪声对听觉器官的影响

人耳接受一定强度噪声刺激一段时间后,使听觉阈值(听阈)升高,这种现象称为听阈偏移,其表现就是听力损失。按照听阈偏移持续时间长短,一般将其分为暂时性听阈偏移和永久性听阈偏移。进入强噪声环境后,短时间内会感觉声音刺耳、耳朵不适、耳鸣,随后这些感觉趋于不明显或者消失,同时出现暂时性的听力下降,听阈升高可达 10~15 dB,如果迅速离开这个噪声环境,经过数分钟以后听觉即可完全恢复正常。因此,这种暂时性的听力下降是一种保护性生理反应,称为听觉适应。但是,听觉适应是有一定限度的,如果接触强噪声时间较长,听阈升高超过 15 dB,那么脱离噪声环境以后需要数小时甚至更长时间才能完全恢复,这种现象称为听觉疲劳。听觉疲劳仍属正常生理现象,是可恢复的功能性变化,也是病理前状态。永久性听阈偏移是指在高噪声长期或反复刺激下,听觉疲劳不能获得恢复,听觉器官出现器质性病变,发生不可逆转的永久性的听力损失或听力丧失。

民航飞行中较为常见的是暂时性听阈偏移。但如果持续暴露时间长,也可能发展为永久性听阈偏移或听力丧失。对听力产生负面影响的噪声强度一般在 65 dB 以上。终身职业性的暴露在 65 dB 以上噪声环境中的人群,约有 10% 可能出现对一些频率声音的永久性听阈偏移,但不一定达到听力丧失直至噪声性耳聋的程度。

2. 噪声对人体其他器官或系统的影响

噪声可引起中枢神经系统不良反应,使脑血管功能紊乱、大脑条件反射异常和功能失调。长期反复暴露在噪声环境中,会使人出现烦躁、头痛、记忆力减退、睡眠障碍等神经衰弱症状。噪声还可引起交感神经紧张度升高,使动脉血压产生波动、心率加快,还可能引发消化液分泌量减少、肠胃蠕动减慢,出现消化系统功能失调症状。在噪声作用下,可能出现甲状腺、性腺、肾上腺皮质等内分泌系统功能紊乱。此外,噪声还可引起人体内电解质(钙、钾、钠离子等)失调,血液中葡萄糖含量改变。

3. 噪声对工效的影响

噪声使人烦躁、注意力分散、疲劳增加和导致听力损失,因此噪声在一定条件下会降低人的操作工效。噪声对工效的影响程度因任务性质和难易程度而不同,和人的身心状态也有关系。就工作性质和难易程度而言,简单、重复性工作,噪声的影响不太明显,即使噪声高达 100 dB,也可能不会出现明显影响;但对于需要复杂智力活动、要求注意力高度集中、需要记忆和辨别、精细操作的任务,那么即使 70~80 dB 的噪声,也可能对工效产生有害影响,当噪声达到 90 dB 以上时,会造成反应时间延长、差错增多。显然,噪声对心理过程的影响必然会降低工效,尤其再加上其他不利环境因素,如振动、G 值、温度等,这些因素交织在一起,噪声对飞行员的影响就更加不容忽视。

4. 噪声对通讯的影响

噪声对飞机驾驶舱通讯的影响主要表现为语言掩蔽,这包括对驾驶舱无线电通话和机组成员对话的掩蔽,造成在飞机噪声环境下的通话和对话困难。通常用语言可懂度作为评价噪

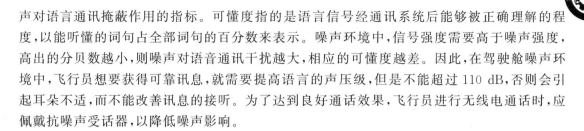

声对语言通讯掩蔽作用的指标。可懂度指的是语言信号经通讯系统后能够被正确理解的程度,以能听懂的词句占全部词句的百分数来表示。噪声环境中,信号强度需要高于噪声强度,高出的分贝数越小,则噪声对语音通讯干扰越大,相应的可懂度越差。因此,在驾驶舱噪声环境中,飞行员想要获得可靠讯息,就需要提高语言的声压级,但是不能超过110 dB,否则会引起耳朵不适,而不能改善讯息的接听。为了达到良好通话效果,飞行员进行无线电通话时,应佩戴抗噪声受话器,以降低噪声影响。

7.4.2　运动病

人受到实际运动或似动运动刺激,而又不熟悉这些刺激时,就不能适应而导致运动病,其症状以恶心、面色苍白、出冷汗、呕吐为主。运动病是一个统称,根据诱发环境和运载工具不同,具体病名包括晕车、晕船、晕飞机(空晕病)、晕秋千(空中震荡病)和模拟装置病等。尽管诱发原因不同,但刺激主要特征和症状反应是一样的,因此统称为运动病。运动病的诱发可以是因为预期运动没有出现,也可以是因为所进行的运动不熟悉。

运动病的发病是逐渐加重的,发病时间长短与刺激强度和个体敏感性有关。最开始的症状是胃部不舒服的异常感,意识到了胃的存在。如果诱发运动继续下去,则恶心加重,健康很快恶化,面部苍白,开始出汗。随着症状加剧,身体发热、口水增多、头发轻,出现明显抑郁和情绪淡漠等表现。继而一般很快会发生呕吐,多数人在呕吐之后症状获得暂时缓解,但也有些人持续较长时间的严重恶心而得不到缓解。

空晕病是在飞行训练期间较为普遍的一个问题。空晕病对飞行能力的主要影响包括：①增加飞行员不舒适感,使其精神涣散,注意力难以集中,飞行动机和热情降低;②损害监视仪表、操纵飞机的能力;③影响沟通和交流能力;④引起教员误解,以为其缺乏飞行才能;⑤飞行学员自己往往将此视作停飞信号,引起自己焦虑和苦恼,导致丧失自信心,对晕机的适应时间延长。

民航运输机乘员发生空晕病的情况相当罕见,大型喷气运输机通常可以避免在湍流中长时间飞行,因此空晕病发病率更低。但是,在飞行员身体健康状态不佳和异常气象条件下,即使有经验的飞行员也容易出现空晕病。

航空活动中的运动病病因有以下方面:

- 在湍流中飞行或操作不当发生飞机颠簸;以较大坡度飞行,人体承受的加速度力超过人体所习惯的1g时,长时间持续处于这种状态则可能诱发运动病。
- 前庭觉的信息和视觉信息不一致时,可能诱发运动病。例如,一位很有飞行经验的飞行员在一个无运动装置的模拟器上进行仪表飞行,这时前庭信息得到的结果是飞机并没有运动(因为是无运动装置的模拟器),而视觉信息显示飞机正在运动(仪表数据),这样,前庭信息和视觉信息的不一致,就可能诱发运动病。这也称为模拟装置病。在真实的仪表飞行中,情况正好和模拟器飞行相反,飞行员从前庭觉获得的信息是飞机在运动,而视觉信息提示飞机没有运动(例如巡航飞行时仪表变化不大)。还有一种情况是目视匀速飞行时,前庭信息提示飞机没有运动(因前庭器官仅能感知加速度),而目视信息提示飞机在运动,此时也可能会诱发运动病。因此,当前庭觉和视觉两种信号相互矛盾时,或者前庭觉和视觉获取的信息与原有经验冲突时,都可能诱发运动病。
- 在诱发、加重运动病方面,心理因素起着重要作用,诸如紧张、焦虑、飞行恐惧、对运动病的不良预期、过分担忧等，都可能诱发和加重运动病。

针对运动病成因，一般通过飞行员训练等方法进行预防和矫正。例如，飞行学员通过固滚、活滚、有动感的模拟器、电动转椅等，加强对抗运动病的前庭机能锻炼；训练中提高自己的情境意识，知晓特定飞行情境可能引起的前庭觉信息和视觉信息冲突，如模拟装置病出现时，意识到因为并非在真实飞机上飞行，因此没有动感是正常的；避免对运动病到来产生强烈预期，尽可能转移注意力，不过分内省运动病症状，集中精力在特定飞行任务上；尽可能避免湍流中的飞行，避免粗猛动作引起飞行姿态急剧变化；不做不必要动作，只要不影响观察，头部动作要减少至最小程度。飞行员不能通过服用抗晕机药来缓解晕机症状，因为这类药物常常含有抑制剂，会使飞行员反应迟钝、判断和决策过程缓慢。

思考题

1. 人类是通过哪些线索来知觉三维空间的？
2. 飞行中常见的视觉问题有哪些？
3. 试阐述前庭装置感受加速度的机理。
4. 什么是运动病？航空活动中诱发运动病的原因有哪些？

第8章　飞行空间定向和定向障碍

飞行空间定向是飞行员主要任务之一,没有良好的空间定向就不可能有安全的飞行。相对于人类长期生活的地面环境,三维飞行空间的定向有其变化和特点。本章将介绍飞行空间定向的实质,影响飞行空间定向的环境、飞机和人自身局限,以及飞行中常见的错觉和发生原理。

8.1　飞行空间定向

8.1.1　飞行空间定向的定义和特点

飞行空间定向是飞行员对飞行中的姿态、运动、时间、空间、地点等的知觉,是飞行中飞行员对自身、飞机和飞行环境的认识能力,属于一种特殊形式的定向活动。仪表飞行的空间定向是飞行员更为复杂的脑力活动。

人类长期生活在 1g 重力加速度环境、二维的大地地面上。只要脚踏坚实的地面,利用周围参照物,很容易保持定向。但是,在三维飞行空间里,由于受到飞行环境、飞行员自身局限和飞机因素的影响,就有可能发生空间定向障碍。相较于地面定向,飞行空间定向具有以下变化和特点:

(1) 参照物系统的变化

地面定向时,很容易找到目标物作为视觉定向的参照物,例如高山、河流、道路、房屋、树木等,都可以作为参照物。而在飞行中,只能参照非常大的地物、地貌和天地线进行定向,小的地标物已经失去意义。随着飞行高度增加或者气象条件变化,能正确反映出飞机空间状态变化的只有飞行仪表,这是飞行员进行定向时唯一可信赖的参照物。

(2) 作用力环境的变化

地面定向时,人一般只受重力作用。身体与重力方向稍有偏离,人体的非视觉感受器就会立刻获得信息,进而通过反射运动令人体得到调整。重力参考系加上视觉参照物,人很容易判断和保持自身各种姿势、运动和位置。而在三维空间飞行中,飞行员不但受重力作用,而且还受大小和方向不断变化的飞机加速度的作用。由于人类前庭器官只能感知合力和加速运动,而不能感知合力的各个分力,也不能感知匀速运动。这些局限使飞行员在视觉受限的情况下容易产生定向障碍或飞行错觉。

(3) 定向方式的变化

在地面上,视觉定向习惯方式以横向定向为主,人们习惯于看到地面和周围物体水平地离开自身。依靠自身周围物体,以反映上下、左右、远近的视觉坐标系,易于建立视觉空间知觉和进行定向。而在飞行空间中,人类这种长期形成的感知和定向习惯被完全改变。在目视飞行中,飞行员看到地面和周围物体垂直地离开,这需要以由上向下的方式来进行地标定向,水平定向和垂直定向需要同时进行或是交错进行。在巡航飞行和复杂气象条件下,必须利用仪表信息,在头脑中形成自己和飞机所处位置、姿态、高度、速度等空间形象。这种感觉习惯和定向方式的改变需要一定时间。

（4）知觉恒常性的改变

在地面上，人们借助各种目标物进行定向，这些目标物的形状、大小、颜色等与其本身实际特性差别极小，也就是人们对这些物体保持着知觉恒常性，因此这些物体可以帮助人们建立准确的定向。而在飞行中，随着高度增加、速度增加、气象条件变化等，人所感知到的地面物体在形状、大小、颜色等方面发生明显变化，从而不再能正确反映出人体和这些物体之间的空间关系。实际上，人的知觉恒常性是有一定限度和条件的，它与观察者的距离、位置和观察方式有关系。一般而言，知觉恒常性的保持距离不超过 30 m，在这个距离之外，人会完全依赖视网膜上的物像大小来做出判断，因而不再能把握物体实际大小。当观察角度改变时，视觉感知到的物体形状会发生变化。如果观察方式改变，在没有周围环境作参照时，恒常性就会消失。地面定向时，由于有恒常性的存在，因而不易产生错觉。但在飞行中，远距离和高速度常常令感知到的物体形状发生扭曲变形，增加定向难度。如果在飞行定向中，依然按照地面定向惯用的知觉恒常性线索，就容易发生飞行错觉。

综上所述，飞行员需要形成飞行空间定向能力，这是为适应飞行环境所必需的。由于飞行中视觉环境和力环境与地面截然不同，这决定了飞行空间定向相较地面定向要更为复杂。飞行空间定向是飞行员主要任务之一，定向障碍会引发飞行事故或事故症候，良好的空间定向能力是安全飞行的基础。

8.1.2　飞行空间定向的感觉器官

飞行空间定向的特点，决定了正确的空间定向取决于飞行员对视觉、前庭觉和本体感觉信号的正确解释。因此，飞行空间定向感觉器官主要包括眼睛、内耳前庭器官和本体感受器。其中，眼睛起着决定作用：在能见度良好条件下飞行时，飞行员通过舱外视觉信息进行定向；在能见度不佳或高空飞行时，飞行员依据舱内仪表识读获得的视觉信息进行定向。前庭信息等其他非视觉信息对定向起辅助支持作用。但是，飞行中的运动刺激有时候达不到或超出前庭觉和本体感觉的感知范围，所以它们有时会提供错误信息，与视觉信息发生冲突，这容易引起定向障碍的发生。

8.1.3　飞行空间定向的分类

根据飞行员所依据定向物的不同，飞行空间定向可分为两类，即地标（空间）定向和仪表（空间）定向。

1. 地标定向

地标定向是指飞行员利用目视地标和天地线等自然定向物，确定自己所操纵的飞机在空间中的位置和状态。地标和天地线等自然参照物直观形象，简单易认，稳定可靠，对飞行员而言是一种直接信号，但只适用于简单气象条件下昼间中低空飞行。

（1）地点定向

地点定向指的是在飞行中要确定飞机当前在什么地点上空、飞行朝向是哪里。任何一次飞行都涉及地点定向问题，例如，根据飞行任务选择航线、保持航向、判断着陆点等。可以当做地点定向参照的地标很多，比如山脉、河流、城镇、道路、岛屿等。在可见度良好的气象条件下，地点定向比较容易，但在气象条件不佳、低空、海上或地形复杂情况下飞行时，目视地点定向变得非常困难。如果出现地点定向错误,可能导致迷航。

（2）飞机状态定向

天地线是从驾驶舱风挡看出去,天地相接处的一条巨大弧形线或水平线。目视飞行中,飞行员以天、地这两个巨大定向标系统和飞机风挡为参照系来确定飞行状态,利用天地坐标系统在飞机风挡上的投射和机头相对位置,可以对飞机状态作出判断。天地线实际上是一个大弧形线,但飞行员通常将天地线视作一条水平线。只有到了万米以上高空飞行时,才会有地球弧线的影响。

2. 仪表空间定向

仪表空间定向是指在飞行中,飞行员通过对导航系统信息分析和综合,以及表象转换而建立的空间定向。在可见度不佳的夜间、不利气象条件（如雨、雪、雾、霾等）和高空飞行时,目视信息来源的地标和天地线等自然定向标不可见了,飞行员无法凭自身感觉判断飞机高度、速度、航向及飞机状态等飞行参数,无法进行准确空间定向。因此,这些情况下飞行员必须依靠仪表进行空间定向。相较地标定向,仪表定向有以下特点:

（1）信息的间接性

不同于地标定向的以自然定向物为目视信息源,仪表定向是以导航系统提供的信息为依据进行间接的空间定向。航空仪表信息显示有数字信号和模拟信号两种类型。数字信号是用数码、指针、刻度等向飞行员呈现定向线索,如高度表、空速表和升降速度表等都属于数字信号。模拟信号是通过模拟和再现呈现客体信息,其特点是模拟和客体之间保持着直接联系,这种联系的读取不需改造信号,辨认信号和辨认客体似乎是融合在一起的。由于利用模拟信号认识客体只需简单的类似联想,因此能够提高飞行员对信号的接受速度和准确性。但是,模拟信号不如数字信号那样能够定量精确。因此,一些仪表综合使用了数字信号和模拟信号,如地平仪和飞行姿态仪,它们所呈现的信息既有数字信号特点,又有模拟信号特点。在仪表飞行时,飞行员必须综合分析多个仪表的信息,才能进行准确空间定向,因此仪表定向信息具有间接性,仪表定向的过程是个复杂的脑力活动过程。

（2）信息的间断性

在仪表飞行中,飞行员兼有两项相互关联的基本任务,即操纵飞机和进行空间定向,这需要飞行员手眼协调活动。当两者发生冲突或矛盾时,仪表信息就有了间断性的特点。例如,在训练飞行学员初次进行仪表飞行时,常出现只顾操纵飞机而忘记观察仪表,或只观察个别仪表的情况。在实际仪表飞行中,如果飞机发生故障,飞行员可能会只顾处理故障,而脱离了飞行仪表,这也使得获取的仪表信息有了间断性。在仪表飞行中,如果飞行员长时间不观察仪表,出现仪表信息间断,那么在间断定向期间就会容易产生空间定向障碍。

（3）定向的不稳定性

人类在地面的定向能力是经过长期进化和个体生长而发展起来的,飞行员目视飞行时的空间定向能力也是经过大量小时数的飞行训练后才建立起来的,并且目视飞行时地标定向的信息源是形象直接的自然定向物,因此具有相对稳定性。仪表定向是在地标定向的基础上发展起来的,相较目视地标定向而言,仪表定向具有不稳定性。主要原因在于仪表定向信息的间接性,这意味着仪表定向过程是复杂的脑力活动,飞行员必须用意志克服按直接感知自然定向物来定向的不自主意向,而有目的地选择导航系统信息来建立空间定向,这样复杂的脑力活动容易受到疲劳、情绪紧张等因素影响,也增加了仪表定向的不稳定性。

8.2　飞行空间定向障碍

8.2.1　飞行空间定向障碍的定义

飞行空间定向障碍是飞行员对飞行中的姿态、位置、运动状态等的不正确感知和理解，是对飞机真实状态的歪曲。飞行空间定向障碍也称为失定向或飞行错觉，下文将会用到飞行错觉这个称谓。

飞行错觉是任何一位职业飞行员都会亲身经历的一个普遍现象。飞行错觉的发生率和飞行条件、飞行员个体情况等有关系，复杂气象飞行、健康状态不佳的飞行员、经验少的飞行员，飞行错觉的发生率高。飞行错觉的危害高，尤其是进近和着陆阶段，因对高度、速度、距离的判断错误，容易导致飞行事故。令人欣慰的是，飞行错觉是可预防的，飞行错觉的出现具有客观条件和主观因素规律，通过飞机设计、飞行员选拔与培训、机载安全设备等措施可以积极预防。

8.2.2　飞行错觉的分类

飞行错觉可以按照飞行员主观体验、飞行员认知水平、错觉产生的病理性质、引起飞行错觉的感知系统等进行分类。

（1）按照飞行员的主观体验，飞行错觉有以下类型：

- 倾斜错觉——飞机实际在平飞，但飞行员错误认为飞机在带着坡度飞行（即飞机倾斜）；或者飞机实际带坡度飞行，但飞行员错误认为飞机在平飞。
- 俯仰错觉——飞机实际在平飞，但飞行员错误认为飞机在上升或下滑。
- 方向错觉——飞机实际航向与飞行员主观（错误）认定的飞行方向不符。
- 倒飞错觉——飞机实际在平飞，但飞行员感觉飞机在倒飞，飞行员头朝下倒悬在空中飞行。
- 反旋转错觉——飞机实际已停止转动，如水平转弯已改出，但飞行员感觉飞机进入了反方向旋转。
- 速度错觉——飞机实际是恒定速度，但飞行员感觉：由海上进入陆上时，飞机速度加快了；由陆上进入海上时，飞机速度减慢了。
- 距离/高度错觉——飞行员对距离/高度判断错误，如误近为远、误远为近、误高为低或误低为高。
- 时间错觉——在高空单调的飞行环境中，或在远海飞行中，以及焦虑情绪影响，飞行员感到飞行时间比实际时间长。
- 复合型错觉——两种或两种以上错觉复合在一起出现。

陆上飞行时，倾斜错觉和俯仰错觉的发生可能性较高；海上飞行时，倾斜错觉和距离、高度、速度、时间错觉等发生可能性都比较高。按飞行员主观体验的分类描述了飞行错觉外部表现，来源于飞行员自身主观体验，因而飞行员易于接受，常作为向飞行员进行错觉调查的入门手段。

（2）按照飞行员认知水平，飞行错觉有以下类型：

- Ⅰ型——认识不到型，即飞行员未察觉已发生了飞行错觉，造成事故的可能性最大。

● Ⅱ型——认知型,即飞行员意识到发生了飞行错觉,能够体验到自身感觉和实际空间状态的矛盾冲突。

● Ⅲ型——不可抵御型,即飞行员意识到发生了飞行错觉,但是无法抵御错觉带来的强烈感受,导致身心失能,难以操控飞机,失去对飞机正常操控的能力。

(3) 按照错觉产生的病理性质,飞行错觉有以下类型:

● 生理、心理性飞行错觉——飞行员全身体检、与空间定向有关各人体器官均正常,引起错觉的原因是三维飞行空间环境中人体自身生理和心理功能特点。

● 病理性飞行错觉——飞行员健康状况不佳、与空间定向有关器官患有疾病,如各种引起视功能下降的眼科疾病、引起(双侧)前庭功能不对称的耳科疾病、与空间定向有关的神经通路疾病(如颅内损伤)。

(4) 按照引起错觉的感知系统,飞行错觉有以下类型:

● 视性错觉——与视觉信息的获取和解释有关的错觉,如虚假天地线错觉、光线引起的错觉、视性距离/高度错觉和视性运动错觉。

● 前庭本体性错觉——视觉信息受限时,与前庭觉和本体觉信息有关的错觉,如矫正性倾斜错觉、躯体重力和眼重力错觉、躯体旋动和眼旋动错觉、科里奥利错觉。

按照引起错觉的感知系统进行分类,可以进一步分析飞行错觉来源,从而有助于提出预防和解决措施,下面将重点介绍视性错觉和前庭本体性错觉。

8.3　视性错觉

视性错觉是指飞行员利用视觉信息进行飞行空间定向所产生的错误知觉。视性错觉的主要原因在于视觉器官向大脑提供了错误信息,或提供的信息正确,但被大脑进行了错误解释。飞行中常见的视性错觉有虚假天地线错觉、光线引起的错觉、视性距离/高度错觉和视性运动错觉。

8.3.1　虚假天地线错觉

当自然天地线模糊不清或不明显时,飞行员误将虚假天地线当作了自然天地线,并依照虚假天地线进行定位和操纵飞机。虚假天地线错觉常发生在以下情境:

① 起飞和着陆过程中,飞行员误将城市灯光或海岸线当作自然天地线,并依此来操纵飞机。如图 8-1(a)所示,飞行员误将公路灯光当作了天地线,并依此校准飞机航线和姿态,使飞机进入危险姿态;如图 8-1(b)所示,飞行员误将海岸线当作了天地线,因感觉到机头上仰,飞行员会压低机头进行姿态修正,使飞机对准海岸线下方飞行。

② 在巡航飞行中,当带斜坡的云层线非常显眼突出时,飞行员易将倾斜的云层线误当作自然天地线,如图 8-2 所示,使飞机进入倾斜状态。由于云层通常都是平的,因此飞行员认为这次看到的云层也很可能是平的,这样就产生了错误估计和判断,依据"云层是平的"这个错误的观念操纵飞机,将使飞机进入倾斜状态。

8.3.2　光线引起的错觉

人在地面上进行定向时,习惯将天和地作为自然定向物进行上、下定向,天空亮侧为上,地

图 8-1　虚假天地线错觉

图 8-2　比自然天地线更突出的斜坡云层引起强烈的虚假天地线错觉

面暗侧为下。飞行员常用来进行目视定向的自然天地线,是一个上亮下暗的水平明暗交界线。飞行员借助光线分布和光线强度形成了空间定向概念,这一概念在飞行中不断巩固和加强,从而形成了上明下暗的定向习惯。如果在夜间或复杂气象条件下仍继续沿用这一定向习惯,就可能发生视性错觉。光线引起的错觉常发生在以下情境:

① 如图 8-3 所示,夜间复杂气象条件下飞行时,飞机的上方及左侧没有云,飞行员可以看到月亮和星星,而飞机右侧有斜坡状的乌云遮住了天空,此时飞机虽然在作直线平飞,但飞行员易产生飞机有右倾坡度飞行的错觉。这是由于飞行员按照上明下暗的定向习惯,把亮侧认为是天空,暗侧认为是地面的结果。

② 在云中飞行时,若明亮光线从机头的方向透射进来,则飞行员易产生上仰错觉;若明亮光线从飞机尾部的方向透射进来,则飞行员易产生下滑错觉。这是由于飞行员按照上明下暗的定向习惯,将明亮处视作天空,阴暗处视作地面的缘故。

③ 在两个云层之间飞行时,若飞机上面的云层较厚较黑,下面的云层较薄较亮,则飞行员易产生倒飞错觉。原因同样是飞行员沿用了上明下暗的定向习惯。

④ 如图 8-4 所示,若有大面积斜坡状云层,当飞机在向云层上坡方向平飞时,容易使飞行员感到飞机是带着俯角在下降;反之,当飞机在向云层下坡方向平飞时,容易使飞行员感到飞机是带着仰角在上升。这是因为飞行员将黑云当作了地面,将远离黑云当作了远离地面。

⑤ 在复杂气象条件下飞行时,如果地面或水面亮度比天空亮,比如因雨雪令地面或水面

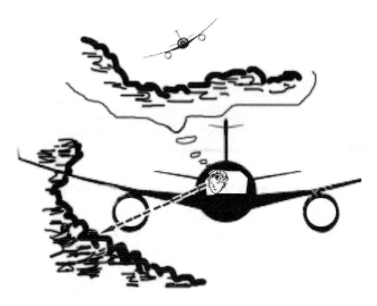

图 8 - 3　斜坡云层引起的视性倾斜错觉

图 8 - 4　飞机向云顶方向平飞

反光,看起来比较明亮,这易使飞行员误将地面/水面当作天空,从而产生倒飞错觉。

8.3.3　视性距离/高度错觉

视性距离/高度错觉是由于不适宜的视觉信息,以及大脑对视觉信息错误理解,从而造成距离/高度判断错误所致。视性距离/高度错觉常发生在以下情境:

① 在斜坡状云层附近飞行时,不同高度飞行的飞机容易被误认为会在同一高度上相遇。如图 8 - 5 所示,受云层斜坡影响,下方飞机的飞行员误认为上方平飞的飞机是带俯角向自己俯冲过来,相反,上方飞机的飞行员也可能误认为下方平飞的飞机是带仰角爬升,从而产生两架不同高度的飞机有可能发生空中相撞的错觉。

② 跑道坡度引起高度错觉。图 8 - 6 所示是在五边进近中,飞行员在同一点看到的向上倾斜跑道和向下倾斜跑道形状。结合图 8 - 7(a)来分析,当机场跑道带向上倾斜坡度时(沿飞行方向看),会使飞行员感觉进场偏高,如果飞行员依据此错觉操纵飞机,则会向前顶杆,降低

图 8-5　斜坡云层诱发的两架飞机处于同一高度的错觉

飞行高度,使飞机离着陆点过近,甚至不能到达跑道,造成飞机在跑道前方着地。结合图 8-7(b)分析,当机场跑道带向下倾斜坡度时,则会使飞行员产生进场偏低错觉,依此操纵将使飞机离着陆点过远,甚至飞过跑道,造成飞机跑道后方着地。

向上倾斜
水平
向下倾斜

图 8-6　五边进近中的同一点看向上和向下倾斜跑道的形状

③ 地形坡度引起高度错觉。如图 8-8(a)所示,当跑道周围地形带向上坡度时(沿飞行方向看),会使飞行员产生错觉,认为进场偏高,如果飞行员依据此错觉操纵飞机,则会向前顶杆,降低飞行高度,使飞机离着陆点过近,甚至不能到达跑道,造成飞机在跑道前方着地。如图 8-8(b)所示,当地形带向下坡度时,则会使飞行员产生进场偏低错觉,依此操纵将使飞机离着陆点过远,甚至飞过跑道,造成飞机跑道后方着地。

④ 跑道宽度引起高度错觉。如图 8-9 所示是在五边进近中的同一点飞行员看不同宽度跑道形状。宽跑道使飞行员产生进场偏低的错觉,据此操作将使飞机接地过晚;相反,窄跑道使飞行员产生进场偏高的错觉,据此操作将使飞机接地过早。

⑤ 黑洞效应和白洞效应。在黑夜进近着陆时,机场周边没有城镇灯光,也没有周围自然地形参照,飞行员仅能看到的是跑道边灯,这会引起飞行员进场高度偏高的错觉,这种现象就是黑洞效应,如图 8-10 所示。如果依照此错觉操纵飞机,就会压低机头令飞机进场偏低。黑洞效应常在岛屿机场、沙漠机场进近时发生。

白洞效应是指跑道及周围被白雪覆盖,在进近过程中飞行员找不到参照物,导致难以发现跑道,并会产生进场偏高的错觉,如图 8-11 所示。依据此错觉操纵飞机,则会使飞机进场偏低,导致在未到达接地点之前接地的后果。

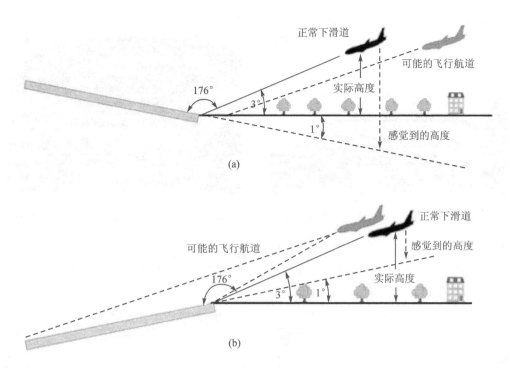

图 8 - 7　由斜坡跑道诱发的进近高度错觉

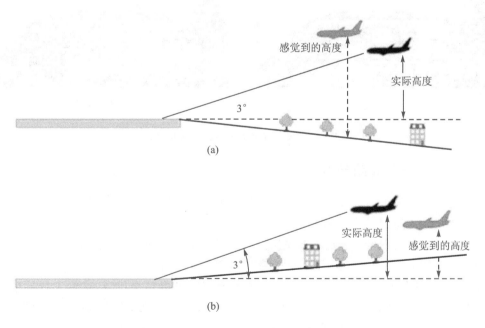

图 8 - 8　由斜坡地形诱发的进近高度错觉

　　⑥ 空气透视引起的距离错觉。由于空气透视的作用,越远处的物体,其形状、细节、色彩等衰变的越严重,根据远处物体清晰度可进行距离判断。前文已经提及,空气透视受气象条件影响很大,如果天气晴朗、空气透明度大,则看到远处物体就觉得近些;如果天气阴雾沉沉、空气透明度小,则看到远处物体就觉得远些。在天气良好条件下,清晰的机场看起来比实际距离

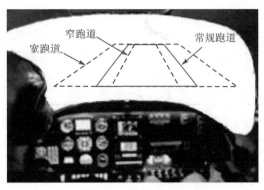

图 8 - 9　五边进近中的同一点看不同宽度跑道的形状

图 8 - 10　黑洞进近情境中视觉信息非常少

要近些,从而在进近阶段会使飞行员误远为近,感觉进场偏高,若据此错觉进行操纵将使飞机接地过早;相反,在气象复杂条件时,模糊的机场看起来要远些,从而使飞行员误近为远,感觉进场偏低,若据此错觉进行操纵将使飞机接地过晚。

(a) 白洞进近中,白雪限制了视觉信息

(b) 无白雪的正常视觉线索

图 8 - 11　白洞进近情境中视觉信息非常少

8.3.4　视性运动错觉

视性运动错觉是由不适宜的视觉信息引起的虚假运动错觉,有以下常见情况:

① 诱导运动错觉。飞机落地后滑向登机桥时,如果飞行员产生静止登机桥在滑向自己的错觉,此时采用刹车,则可能引起乘客受伤。在登机桥滑离飞机时,如果飞行员产生自己飞机在向前移动的错觉,此时飞行员采用刹车,一般不会有严重后果。

② 吹雪影响速度知觉。在冬季的雪天,吹雪有时会席卷整个机场,这给飞行员造成了虚假的相对运动印象,可能令飞行员采取不适当的操纵动作。例如,当飞机仍在地面滑行时,受吹雪影响,飞行员误以为飞机已静止,受这种错觉支配,有可能使飞机撞到障碍物,待发现时可能进行紧急刹车,又可能引起乘客受伤。在起飞过程中,如果飞行员受吹雪影响,还可能会干扰其进行正常的方向控制。

③ 飞机滑行时,飞行员眼睛离地高度可能造成飞行员对滑行速度的错误判断。大型飞机驾驶舱比小型飞机驾驶舱要高,因而大型飞机的飞行员坐得也较高,眼基准位置设计得离地距

离较大,亦即眼睛离地距离较大,在选择视觉参照物时,大型飞机飞行员选择的要离飞机远一些,这令飞行员产生滑行速度较慢的错觉,从而导致实际滑行速度过快。这种现象尤其出现在那些以往驾驶小型飞机,刚开始驾驶改装大型飞机的飞行员。

8.4　前庭本体性错觉

在夜间或能见度不佳的条件下飞行时,飞行员视觉信息受到限制,而前庭本体觉信息异常突出,此时所产生的错误知觉称为前庭本体性错觉。飞行中常见的前庭本体性错觉有矫正性倾斜错觉、躯体重力和眼重力错觉、躯体旋动和眼旋动错觉、科里奥利错觉。

8.4.1　矫正性倾斜错觉

矫正性倾斜错觉是指飞行员把飞机的平直飞行错误知觉为带坡度飞行,或把带坡度飞行错误知觉为直线平飞。矫正性倾斜错觉常发生在仪表飞行中,当飞行员因阅读航图等原因而未注意仪表时,就可能出现此类错觉。矫正性倾斜错觉主要出现在以下情境中:

① 飞机滚转角加速度低于前庭知觉阈限时。前庭器官知觉角加速度的阈限通常为 $0.5\sim5°/s^2$,如果飞机当前是平飞状态,那么当飞机以低于此阈限的角加速度缓慢倾斜时,飞行员前庭器官因感知不到适宜的角加速度刺激,就会感觉不出飞机已经发生了滚转状态变化,仍然以为飞机在平飞。

② 飞机做协调转弯时。在飞机做协调转弯时,飞行员受到的合力矢量与其头-盆轴(Z轴)一致,因此,飞行员感受不到耳石器和其他感受器反映他处在倾斜状态的信息。如图 8-12 所示,这时飞机处于倾斜飞行状态,但飞行员仍认为是在平飞。一旦飞行员通过地平仪发现飞机处于倾斜状态,通常会以很快的动作将飞机改为平飞。改平动作做得很快,因此滚转角加速度会明显高于半规管感觉阈限,因此飞行员可以感受到飞机做了一个滚转动作。但是,在飞机改平之前,飞行员的感觉是飞机处在平飞状态,所以在改平之后,飞行员会产生与实际滚转方向反向的倾斜错觉。

③ 当飞机以飞行员能感受到的角加速度(前庭觉阈上值)进行滚转,之后又以飞行员不能感受到的角加速度(前庭觉阈下值)将飞机恢复到平飞状态,此时也会发生倾斜错觉。例如,突如其来的颠簸气流令飞机倾斜,由于倾斜刺激强度在感觉器官阈限以上,因此飞行员能够正确感知到飞机处在了倾斜飞行状态。此时,如果飞行员非常缓慢地将飞机恢复到平飞状态,或者飞机由自身横侧安定性而自动缓慢地恢复到平飞状态,恢复过程中角加速度很小,在飞行员感觉阈限之下,此时飞行员感知不到飞机发生了缓慢滚转,已恢复到了平飞状态,仍然感到飞机在倾斜状态。

如果飞行员看到地平仪指示飞机是平直飞行状态,而飞行员本身感觉飞机是倾斜状态,这就出现了视觉信息和前庭觉信息的冲突。在这种情况下,多数飞行员能够不顾本身感觉而依照仪表指示,从而保持飞行状态的正确。但是,也有部分飞行员注意力集中在错误感觉上难以消除。倾斜错觉持续时间短则几分钟,长则可达一小时以上。持续性的感觉冲突会将飞行员弄得精疲力竭,因为当飞行员的感觉被倾斜错觉主导时,飞行员会被迫矫正自己的身体,但这种矫正不是按飞机垂直轴向来矫正,而是按他感觉上认为的垂直线来矫正,参见图 8-12,这也是矫正性倾斜错觉的由来。当飞行员把头部和直立躯体倾向一侧时,驾驶盘会被无意的压

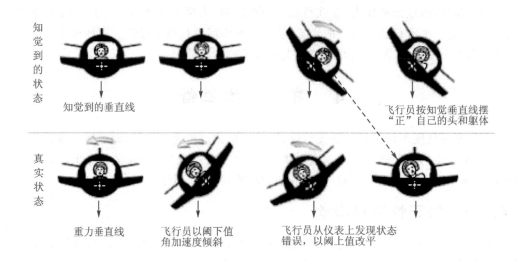

知觉到的状态

知觉到的垂直线

飞行员按知觉垂直线摆"正"自己的头和躯体

真实状态

重力垂直线　　飞行员以阈下值角加速度倾斜　　飞行员从仪表上发现状态错误，以阈上值改平

图 8-12　一种发生倾斜错觉原因的示意图

向飞行员认为的垂直位，引起飞机状态变化，当飞行员发现时则又需要感觉阈限之上的刺激来纠正，这可能产生更强烈的倾斜错觉。

8.4.2　躯体重力和眼重力错觉

躯体重力错觉是飞机作直线加减速或径向加速运动时，所产生的惯性力作用于耳石器和本体感觉器而引起的错误知觉。眼重力错觉是伴随躯体重力错觉产生的，是躯体重力错觉在视觉上的表现。躯体重力错觉发生的情境主要有以下几种：

离心力

合力

重力

图 8-13　转弯飞行中的躯体重力错觉

① 在视觉受限或减弱的情况下，飞机以缓慢速度由平飞进入转弯，此时飞行员会感到飞机在上升，而不是在转弯；当飞机由转弯进入平飞时，飞行员感到飞机在下滑，而不是在改平，如图 8-13 所示。飞机由平飞进入转弯使飞行员产生躯体重力错觉，其原因在于飞机转弯时，飞行员同时受到重力和惯性离心力的作用，它们形成的合力方向与飞行员头-盆轴（Z 轴）一致。这个合力作用于耳石器，便产生了上升感。同时，合力还把飞行员沿身体垂直轴紧压在座椅上，根据以往飞行经验，飞行员认为身体哪些部位受到压力最大，则哪些部位作用力就是向下的。在飞机上升时，臀部受到压力最大。因此，如果臀部受到压力最大，那么就认为飞机在上升。当飞机由转弯进入平飞时，情况正好相反，飞行员产生飞机下滑的错觉。

② 飞行作直线加速或减速飞行时，重力和惯性力的合力作用于飞行员前庭本体感受器，同时将飞行员紧压在座椅上，此时，飞行员容易将合力方向误认作重力方向，从而产生躯体重力错觉。如图 8-14 所示，当飞机加速向前飞行时，重力和惯性力组成的合力方向向后，此时飞行员会感到自己和飞机处于上仰状态；当飞机减速时，重力和惯性力组成的合力方向向前，

此时飞行员会感到自己和飞机处于下俯状态。

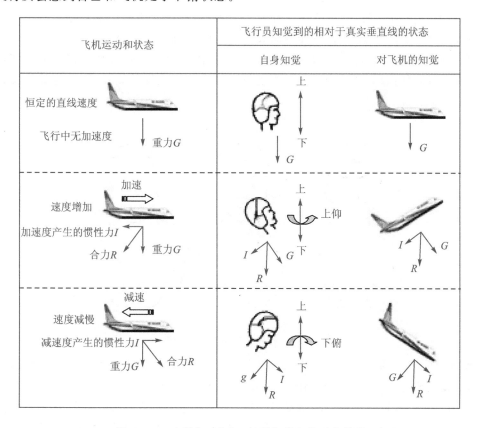

图 8-14　直线加、减速飞行引起的躯体重力错觉

在夜间或能见度不佳的条件下起飞时,发生躯体重力错觉是非常危险的。当飞行员错误感觉飞机上仰角过大时,有可能随即向前推杆作出调整反应。如果这时飞行高度低、时间短,则可能来不及发现并改正错误。在产生了上仰错觉之后,若飞机接着做转弯曲线飞行,则产生的径向加速度将使错觉加重。重力、沿飞机纵轴方向的加速度惯性力、离心力这三者产生的合力会使飞行员感到飞机上仰姿态在进一步增加,飞行员就可能继续向前推杆,进而使作用力方向进一步转动。

眼重力错觉伴随躯体重力错觉产生,是躯体重力错觉在视觉上的表现。当出现机头上仰的躯体重力错觉时,同时产生前方被注视物向上移动的错觉;当出现机头下俯的躯体重力错觉时,同时产生前方被注视物向下移动的错觉。眼重力错觉和躯体重力错觉的主观感觉方向是相互矛盾的,这种矛盾会加重飞行员心理冲突而难以处置。

8.4.3　躯体旋动和眼旋动错觉

躯体旋动错觉是指飞行员受到角加速度作用后,前庭本体感受器输入信息产生的与原旋转方向相反的旋转错觉,也称反旋转错觉。眼旋动错觉是躯体旋动错觉在视觉上的表现,指的是因半规管感受到角加速度,引起眼震反射,使被观察物发生虚假运动而出现的错误知觉。躯体旋动和眼旋动错觉发生在飞机做转弯、盘旋、横滚、螺旋等旋转运动情况下。

由于半规管只能感受角加速度,因此只能反映匀角速运动起始和终结时候的状态。如图

8－15所示,当飞机开始做等角速度的转弯时,半规管内淋巴液因惯性作用落后于管壁,令半规管壶腹嵴胶顶弯向一侧,产生的神经冲动传入中枢,从而产生躯体旋转感觉。一段时间之后,飞机进入匀速运动状态,半规管壶腹嵴胶顶逐渐恢复直立状态,使旋转感觉逐渐减弱直至消失。当飞机开始停止转弯改为直线平飞时,半规管内淋巴液因惯性作用仍继续沿旋转方向流动,使壶腹嵴胶顶偏移,从而令飞行员产生与原旋转方向相反的旋转感觉,这就是反旋转错觉的发生机理。

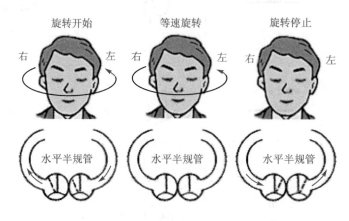

图 8－15　躯体旋动错觉发生的机理

　　眼旋动错觉发生的主要机理在于当飞机开始旋转时,角加速度刺激半规管感受器,引起眼球震颤,眼震快相与飞机旋转方向相同。此时若注视周围物体,则会产生物体沿旋转方向旋动的错觉。当飞机进入持续匀速旋转运动后,刺激半规管感觉的角加速度消失,眼震也就随之消失了。另一种情况是,在黑暗环境中飞行员未感觉到飞机在旋转,当旋转突然停止而改为直线飞行时,则半规管内淋巴液因惯性冲击壶腹嵴胶顶,产生眼震反射,眼震快相和原旋转方向相反,此时注视物体,则会产生周围物体与原旋转方向相反的旋动错觉。

8.4.4　科里奥利错觉

　　科里奥利错觉也称交叉力偶错觉,是指当人体绕一旋转轴(如垂直轴,Z轴)转动时,同时头部绕另一轴(如纵轴,X轴)倾动所会产生的绕第三轴(横轴,Y轴)的滚转知觉。科里奥利错觉常常突然发生且强度大,可令人产生强烈植物性神经反应,如翻转感、旋转感、眩晕感等,是一种非常严重的飞行错觉。实际飞行中,当飞机做盘旋、改坡度、横滚的同时,若飞行员做头部转动(低头、仰头、左右倾动)或弯腰等动作,则极易发生科里奥利错觉。例如,飞机做下滑转弯时,飞行员转头操纵侧仪表板上的旋钮、开关,则易诱发科里奥利错觉。

　　科里奥利错觉的产生机理如图 8－16 所示,当人体绕垂直轴 Z 轴作向右匀速旋转时,旋转平面内仅有一对水平半规管,因是匀速旋转、没有角加速度,因此人体不产生旋转感觉。因两对垂直半规管未进入旋转平面,因此也不产生旋转感觉。此时头部向左倾动 $90°$,则水平半规管退出旋转平面,其受到 $\omega_z \to 0$ 的角减速度,引起左水平半规管内淋巴液向壶腹流动,从而产生向反方向旋转感 ω_s。水平半规管退出旋转面的同时,两个前垂直半规管进入了旋转平面,它们受到 $0 \to \omega_z$ 的角加速度,引起内淋巴液离壶腹流动,从而产生向前下方的翻转感 ω_s。这样,左水平半规管产生的左旋转感(反旋转感)和前垂直半规管产生的前下方翻转感同时传入大脑,经大脑综合后形成绕第三轴翻转的错误知觉,即科里奥利错觉。

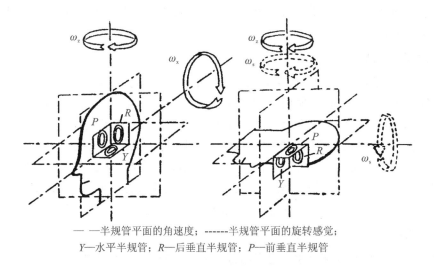

— —半规管平面的角速度;------半规管平面的旋转感觉;
Y—水平半规管;R—后垂直半规管;P—前垂直半规管

图 8 - 16　三对半规管交叉力偶刺激和旋转感觉[4]

科里奥利错觉的预防和克服,主要采用错觉体验性训练,即通过地面模拟和空中运动诱发科里奥利错觉,再进行生理和心理训练,这不但使飞行员建立起对科里奥利错觉的正确认识,同时通过科里奥利加速度刺激训练,能够形成科里奥利加速度预适应,当飞行员再次经受科里奥利加速度刺激时,使其错觉持续时间减少和强度降低。

8.5　飞行错觉影响因素

飞行错觉影响因素可归为两方面,即信息输入错误和大脑加工错误。信息输入错误是指将不适宜的或错误的感觉信息传给了大脑,引起了飞行错觉;大脑加工错误是指传递给大脑的感觉信息是正确的,但大脑进行了错误解释,引起了飞行错觉。

8.5.1　信息输入错误

信息输入错误可归因于以下四个方面:

1. 外界视觉信息

当气象条件良好、能见度高时,飞行员能获得外界清晰的视觉信息,此时极少发生定向障碍。但是,当在夜间飞行,或因雨雪云雾等能见度低的条件下飞行时,除非使用仪表飞行,否则极易发生定向障碍。在缺乏视觉信息的情况下,即使飞行员是操纵飞机平直飞行,飞行员能正确保持操纵的时间仅有 1 min 左右;倘若飞机转弯飞行,则保持正确操纵的时间更短。由于视觉信息受限,前庭觉和本体觉等非视觉感觉为大脑提供了不适宜或不正确的信息,致使飞行员失去对飞机的正确操纵。各类前庭本体性错觉都属于这种情况。

即使在能见度很好的情况下,单靠视觉获取的地形外貌信息来判断飞机高度等状态,有时候也是有困难的。例如,在平静水面环绕的小岛、没有地貌特征的沙漠或雪地等地带着陆时,仅仅依靠外界视觉信息是很难判断高度的,如直升机在这样的地带悬停,很难准确保持住与地面的距离。夜间着陆时,如果仅靠飞机灯光照射的一小块地面来判断高度,难度就更大了。直

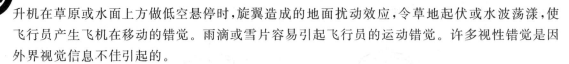

升机在草原或水面上方做低空悬停时,旋翼造成的地面扰动效应,令草地起伏或水波荡漾,使飞行员产生飞机在移动的错觉。雨滴或雪片容易引起飞行员的运动错觉。许多视性错觉是因外界视觉信息不住引起的。

2. 仪表视觉信息

在夜间、气象条件差等外界目视信息受限的情况下,飞行员需要进行仪表飞行,依靠读取仪表信息获得飞机高度、速度、航向、姿态等重要飞行参数。尽管设计师和制造商竭力保证仪表可靠、准确,但不可能保证完全没有故障发生。倘若仪表出现了故障,飞行员获取的仪表视觉信息是错误的,如果正在按错误信号操纵飞机,则意味着飞行员正在发生定向障碍。飞行员也许能意识到仪表出现了故障,但倘若没有告警指示仪表故障,那么在尚未综合其他仪表对故障作出判断之前,飞行员有可能察觉不到飞机已处于危险状态。另外,如果仪表因反应滞后造成信息显示不准确,也可能造成飞行员按不准确的仪表信息操作,发生定向障碍。

3. 视觉障碍

振动是飞行中使视网膜影像不稳定的常见原因,有时会严重影响飞行员认读仪表。固定翼飞机在湍流区作大速度飞行或直升机悬停时发动机功率加到最大,所产生的振动都会使飞行员难以认读仪表,同时再加上力环境改变,更增大了发生定向障碍的可能性。

飞行员在改出转弯时发生反旋转错觉,相伴出现的前庭性眼震,即眼旋动错觉会损害飞行员获取定向信息唯一可靠的感觉通道——视觉,令飞行员看不清仪表甚至飞机外部信息,难以判断飞机是否已经停止了旋转。

4. 前庭和本体觉信息

前庭和本体感受器和人体其他感受器一样,要求刺激必须在感觉阈限之上,并维持一定时间,若不能满足这样的条件,那么前庭本体感受器将不能准确感知。

前庭和本体觉信息有可能是错误的,这些错误信息大概有两类,一类是半规管发出的错误信息,如由旋转运动改出时产生的躯体旋动错觉、身体旋转的同时头部转动产生的科里奥利错觉;另一类是耳石器和本体感受器共同发出的错误信息,如躯体重力错觉。

不适宜的和错误的前庭本体觉信息是造成空间定向障碍事故最重要的原因。

8.5.2 大脑加工错误

传递给大脑的感觉信息是正确的,但飞行员受疲劳、期望、情绪、激活水平等影响,对传来的正确信息未能合理利用和解释。

1. 注意力管状集中或固着

当飞行员工作负荷过大、过度紧张、焦虑时,其注意范围缩小成管状,局限在任务某一方面,或固着在个别仪表上,忽略了其他飞行状态的改变,这就容易发生定向障碍。例如,当飞行员要应付一项紧急任务时,如在指示灯提示起落架故障的情况下,在不利天气条件下执行着陆,此时飞行员可能将注意力局限在个别问题和个别仪表上,不能从大局出发兼顾仪表和操纵,不能发现飞机状态有潜在危险的改变,从而易发生定向障碍。

2. 估计/期望错误

飞行员对当前情形的准确知觉依赖于过去经验的支持,如果当前情境与过去经验不匹配,就容易导致知觉错误。许多视性错觉的发生与此有关,例如误将因反光而明亮的水面当做天空,误将昏暗的云层当做地面等。

3. 觉醒水平过低或过高

觉醒水平过低容易让人昏昏欲睡,过高则令人惊慌失措。当飞行员处于困倦、精神涣散状态时,觉醒水平低,容易发生遗漏差错,漏掉重要的定向信息;而处于过高觉醒状态,则飞行员技能可能出现退化,新技能和复杂技能受到明显破坏,飞行员行为倒退至牢固且较原始的状态。例如,新手飞行员在进行仪表飞行时,如果觉醒水平过高,则可能会注意来自本身的前庭信息,甚至按错误的前庭信息进行飞机操纵,仪表飞行技能降低。

4. 情绪状态

情绪状态对空间定向障碍有一定影响,二者往往互为因果。例如,对所操纵飞机的脱离感是负面情绪对空间定向产生影响的特例。这种现象是飞行员感到自身离开了所操纵的飞机,产生远隔感或孤独感,同时常伴有对飞机状态的过敏,似乎是在刀刃上保持飞机的平衡,一不小心就可能从空中坠落。这种脱离感或孤独感是高空飞行或单调环境飞行时飞行员产生的错误知觉。在发生脱离现象时,有些飞行员会伴有恐惧不安、动作笨拙等表现,另一些则感到轻松快慰、飘然自如。发生脱离现象的同时常引发空间定向障碍,例如,发生脱离现象时,飞行员可将平直飞行误认为是在转弯。可见,情绪和空间定向障碍密切相关。

思考题

1. 飞行空间定向与地面定向有何不同?
2. 飞行空间定向的感觉器官有哪些?
3. 飞行中视性错觉产生的主要原因是什么?
4. 什么是飞行中的前庭本体性错觉?

第9章　疲劳和应激

疲劳是影响飞行安全的重要因素,与飞行员疲劳直接相关的事故多发生在凌晨,主要原因在于睡眠缺失和昼夜生物节律紊乱。夜航飞行员不得不打破原有睡眠习惯,国际航班飞行员在跨时区飞行时不得不经历迅速时区变换,这使人体生物钟和环境时间失去同步,造成睡眠缺失和生物节律紊乱,其累积效应是飞行疲劳的首要原因。应激(压力)是飞行员的常见情绪,伴随着飞行员的判断、决策和操纵,影响着飞行安全和效率。

9.1　人体昼夜生物节律

9.1.1　人体昼夜生物节律的含义

人体昼夜生物节律是指人体生理和心理功能具有近似 24 h 为一个周期的内源性节律。这个定义有两层含义:

第一,人体昼夜生物节律并不严格遵循 24 h 进行节律波动,有时稍长些,有时稍短些,其周期长短甚至可以人为改变。例如,在北极圈内夏季极昼条件下,安排两组被试者根据特殊手表来安排自己的活动,其中甲组用的手表比实际时间走得快,表针走 24 h 实际是 21 h;乙组用的手表比时间走得慢,表针走 24 h 实际是 28 h。由于外界环境缺乏昼夜明暗变化,因此所有被试者生理节律均是自由运转状态。一段时间之后,他们的生理周期变得长短不等,周期最短 21 h,最长 28 h,大多数被试者接近 25 h。结果表明,人体昼夜生物节律并非严格按 24 h 进行节律波动,而是近似以 24 h 为周期的昼夜节律现象。

第二,人体昼夜生物节律属于一种内源性节律。排除所有环境时间线索的条件下,如将被试者安置在不能接触自然光线和没有时钟的地下室,使其不能从外界环境获得时间线索,在对人体昼夜生物节律性质进行了系列研究之后,结果发现人体许多生理生化指标仍以 24 h 为周期呈现出节律性变化[23]。这说明人体昼夜节律是属于内源性的,即使没有外界时间线索,仍能继续保持其周期变化。

昼夜生物节律可用以下参数描述,如图 9 - 1 所示:

● 日平均值——24 h 内各时刻节律值的平均数;
● 相位——一个周期内各个时刻的节律值,或周期内的特定点,节律值最大的点即峰值相位;
● 振幅——日平均值和最高值之差,或日平均值和最低值之差;
● 周期——节律循环重复的时间。

9.1.2　人体昼夜生物节律的表现

人体至少有一百种以上的生理和心理机能具有昼夜节律性,如体温、肾上腺素、血压、氧耗量、脉搏、激素分泌水平、觉醒水平、反应能力等。如图 9 - 2 所示,是人体体温昼夜节律,可以看到,凌晨 4:00~6:00 体温最低,7:00~9:00 快速升高,之后缓慢上升,17:00~19:00 达到最

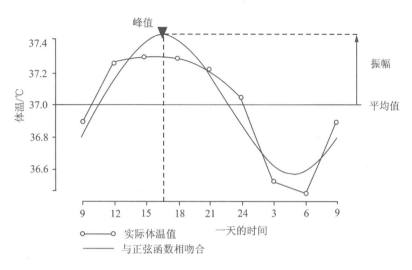

图 9-1 昼夜生物节律功能的各种参数

高,22:00 之后缓慢下降。最高体温与最低体温相差 1℃ 左右。体温昼夜节律与人体活动状态是密切相关的,体温下降时睡眠逐渐到来,体温转向升高时则从睡眠中醒来。

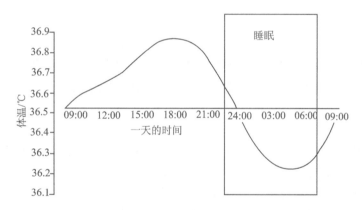

图 9-2 口腔温度昼夜节律

不仅人体体温具有昼夜节律波动,人的心理和工作能力也具有昼夜生物节律。Klein 等对人的工作能力进行了大量实验研究,得到图 9-3 所示的结果。可以看到,在掷球实验中,手眼协调能力从上午 9:00 逐渐上升,下午 15:00 达到最高,之后逐渐降低,至凌晨 4:00～6:00 达到最低;在反应时实验中,反应能力在上午 9:00 达到最高,之后逐渐下降,凌晨 3:00～6:00 降至最低;在符号画消实验中,注意搜寻能力和警觉能力从上午 9:00 逐渐上升,在 12:00～18:00 达到最高,之后表现逐渐下降,尤其 24:00 之后急速下降,凌晨 4:00～6:00 达到最低;在数字递加实验中,计算能力从上午 9:00 成绩逐渐提高,18:00 达到其最好成绩,之后逐渐下降,凌晨 3:00～6:00 成绩降至最低。

对照图 9-2 和图 9-3 可以看到,凌晨 4:00～6:00,体温达到最低,此时包括心理运动能力、反应速度、注意搜寻和警觉能力、运算能力都是最差的时候,说明人的工作能力和体温节律波动有相关关系。实验中涉及的心理运动能力、反应速度、注意搜寻能力和警觉能力、数字运算能力等均是飞行员的必备心理品质,可看作为飞行员的能力倾向。结果表明,飞行员工作能

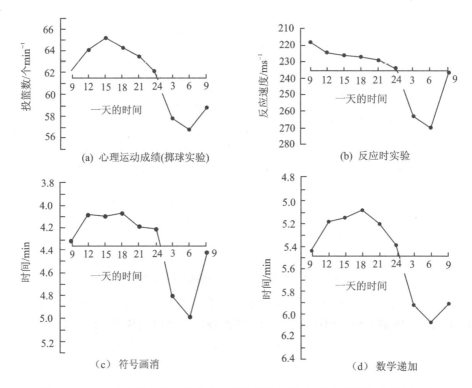

图 9-3　一天中人的各种工作能力表现的节律性波动，它常随体温变化而变化

力具有昼夜节律性，凌晨 4:00～6:00 最差，这一结果和实际飞行中凌晨 4:00～6:00 事故率高发的事实相吻合。因此有人提出在午夜后飞行，尤其是凌晨飞行要格外小心，最好是避免在这一时段飞行[7]。

虽然人的工作能力有昼夜节律性，但并不意味着一成不变。练习、反复实践、工作动机提高、努力程度增高、睡眠充足等均能改善工作能力，使工作能力曲线上升或变得平坦；另外，内倾或外倾个性的差异等因素能使工作能力曲线发生左移或右移，如图 9-4 所示。相较于简单任务，复杂任务工作能力的波动范围更大。这些事实说明，虽然体温、工作能力等昼夜生物节律是随时间变化的自然现象，属于内源性节律，但是它是会受到内在、外在因素影响的。

9.1.3　人体昼夜生物节律的形成机理

要理解人体昼夜生物节律的形成机理，有必要先了解生物钟概念。生物钟是指包括人类和动植物体在内的生物体内有许多机构控制机体的生理活作周期性变化，是生物体内在的生命活动节律性。高等脊椎动物的下丘脑前端视交叉上核、脑垂体、松果体、肾上腺内等均可能存在生物钟控制机构。生物钟有三种类型，即高频生物钟、中频（或昼夜）生物钟和低频生物钟，其中中频和低频生物钟与外界环境关系密切，高频生物钟与环境没有明显关系。

① 高频生物钟——控制生理机能作高频节律活动的结构，例如每秒几十次的细胞放电、每分钟几十次的心跳、每分钟十几次的呼吸等；

② 中频（或昼夜）生物钟——控制生理机能作昼夜节律活动的结构，如体温、觉醒、反应等；

③ 低频生物钟——控制生理机能按月、年进行节律活动的结构，如体力以 23 天为循环周

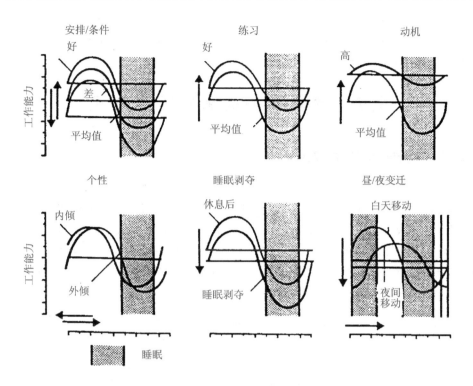

图 9 - 4　人的行为表现节律可通过各种因素而获得改变

期进行节律活动,情绪以 28 天为循环周期,智力以 33 天为循环周期。

　　人体生物节律是生物钟作用的必然结果。关于生物钟的作用机理,存在两种理论。一种理论认为生物钟是由遗传因素决定的,是来源于生物体的内部作用,是生物体内固有的,这种内源性节律是长期进化的结果,节律周期是由基因确定下来的。该理论认为,在千百万年漫长的进化过程中,只有那些生理和行为适应自然节律的生物才能生存下来。身体的一些特殊器官、组织或细胞由生物体内固有的时钟机制所控制,并且其节律与新陈代谢率(即生物体内复杂的物理化学变化的发生率)有着非常密切的关系。另外,生物钟似乎完全不受环境因素影响,因为在实验室人为控制条件下,排除了外界因素之后,昼夜节律仍能起作用。这个事实也成为了内源性节律由遗传因素决定理论的有力证据。

　　另一种理论认为,生物节律是生物体功能对来自环境外部信号的反应,受外力调节,是外源性的。例如,昼夜节律是由外界环境的光、温度、气压、电磁等物理因素与机体代谢功能相作用而产生的。地球有节律的自转是同昼夜节律有明显联系的环境因素,因此地球自转是引起生物节律的原因之一。人体生理和心理昼夜节律与社会活动周期也有关系,如生活在北极圈的因纽特人,由于极昼或极夜占主导,缺乏昼夜交替的自然线索与时间相联系,因此,他们的昼夜节律就与每天规律的社会活动周期保持同步。在这种同步状态下,生理功能昼夜节律和社会活动时间周期密切相关,如在机体活动时体温升高,机体活动和体温之间有内在性同步关系。

　　两种理论在昼夜节律形成机理上各有相应实验和观察结果为证据,但是,仅强调一种理论并不能对昼夜节律作出圆满解释。因此,目前获得一致认同的观点是:遗传因素决定的、生物机体内固有的内源性节律是昼夜节律形成的内因,由人体生物钟控制;外界环境周期性变化是

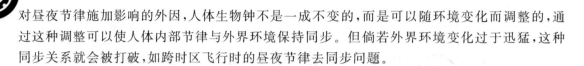

对昼夜节律施加影响的外因,人体生物钟不是一成不变的,而是可以随环境变化而调整的,通过这种调整可以使人体内部节律与外界环境保持同步。但倘若外界环境变化过于迅猛,这种同步关系就会被打破,如跨时区飞行时的昼夜节律去同步问题。

9.2 时差与昼夜生物节律重建

9.2.1 时差和时差效应

时差是指不同时区当地标准时间(地方时)之间的差别。如图 9-5 所示,地球每 24 h 自转一周 360°,每小时转动 15°,这 15°即为一个时区,地球表面按经线可划分为 24 个时区。每一个时区对应 15 条子午线,日光每 4 min 从一条子午线转到下一条子午线,亦即地球转动 1°。这样,任一时区当地标准时间和相邻两个时区世界标准时间(GMT,格林威治时间)相差 1 h,即当地标准时间比东邻区晚 1 h,比西邻区早 1 h,这就是时差现象。地球沿南北方向没有时差。

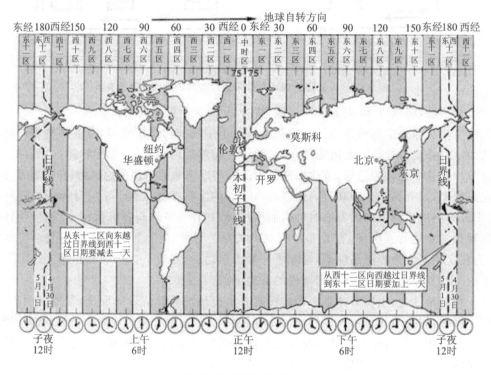

图 9-5 时区和日界线

现代航空运输机的跨时区飞行,可令飞行员和乘客的昼夜生物节律与抵达地昼夜之间产生数小时相位差,发生"去同步"现象,造成时差不适应和一系列生理、心理、行为能力节律失调,这种现象称为时差效应。时差效应会对人的生理功能和智力功能造成负面影响。跨时区飞行后,人体体温、新陈代谢、心血管、内分泌等生理机能昼夜生物节律均发生去同步现象,在植物神经功能上表现为疲劳、失眠、胃肠道不适、排泄机能失常和性机能障碍等。人的智力功能能在凌晨 3:00 为最低,跨时区飞行后,智力最低时间受到飞行方向的影响,例如,向西飞行跨越 8 个时区后,在目的地傍晚 19:00,智力功能最差;向东飞行跨越 8 个时区后,则在目的地中午 11:00,智力功能最差。对飞行员而言,智力功能差主要表现为难以迅速集中注意力思考、精神抑郁、决策时间和操纵反应时间延长等。

昼夜生物节律是人体生物钟和外部环境计时系统相互作用的结果。生物钟是昼夜节律内因,外界环境(如光线明暗变化、生活和工作规律等)是昼夜节律外因,外界环境对昼夜节律有调制作用。正常情况下,人体的内源性节律是与外界环境时间线索保持同步的。但是,当外界环境急剧改变时,人体的内源性节律因其固有惰性而不能立即跟上外界时间动因急剧变化,从而造成内源性节律和环境节律短暂的去同步。人体各机能节律重建的完成时间是不同的,因此身体各种机能之间的同步也发生分离,各机能的时相不再一致,其日平均值、振幅、峰值等关系出现变化。因此,当机体固有昼夜节律与外界环境节律的同步关系急剧破裂时,就出现了昼夜节律去同步这种特殊状态,结果必然是干扰到人体脆弱的自稳态系统,引发身体不适和疲劳。

现代运输机向西飞行可以追赶太阳,向东飞行则压缩了时间。现代运输机可在 1 h 左右飞越 1 个时区,使时差效应成为了国际航班飞行中的一个严重问题。飞机向西飞行,一日时间"延长",所延长的时数等于飞行跨越的时区数;飞机向东飞行,一日时间"缩短",所缩短的时数也等于飞行跨越的时区数。例如,乘飞机从甲地向西飞行 8 个时区后到达乙地,两地时间相比较,乙地比甲地推迟了 8 h;从乙地向东飞行 8 个时区后到达甲地,则两地时间相比较,甲地比乙地提前了 8 h。于是,新抵达目的地的人,其昼夜生物节律和当地环境时间周期不再保持同步,即产生了去同步现象,从而便会引起时差效应。

9.2.2　昼夜生物节律重建

跨时区飞行破坏了人体昼夜生物节律和外界环境节律的同步关系,即使二者处于了去同步状态。但人的适应能力令人体昼夜节律具有可塑性,在新环境昼夜周期影响下,人体可以逐步改变原有节律相位,从而获得再同步或节律重建,如图 9-6 所示。在重建阶段,人体昼夜节律相位每天向当地环境昼夜节律相位移近大约 1 h。例如,跨越 8 个时区,一般需要经过 8 天左右才能完全适应新地区昼夜节律。飞行实践发现向西飞行较容易应付时差效应,向东飞行则相对较难。

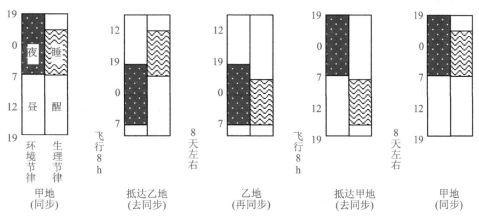

图 9-6　往返甲、乙两地(时差 8 h)环境节律与生理节律的关系示意图

昼夜生物节律重建是个复杂过程,主要受到以下因素的影响:

1. 飞行跨越时区数

飞行跨越时区数是影响时差效应的基本因素。飞越 4 及以上时区数时,人体昼夜生物节律与外界环境节律之间的协调同步关系会明显受到干扰,引起不同程度节律扰乱。飞越时区数越多,影响也相应越严重。美国学者曾研究了飞行里程和时间大致相同、但飞跃时区数不同三组人员的时差效应:第 1 组从美国华盛顿飞至智利圣地亚哥(跨越 1 个时区),第 2 组从美国俄克拉荷马飞至意大利罗马(跨越 7 个时区),第 3 组从俄克拉荷马飞至菲律宾马尼拉(跨越 10 个时区)。这三组飞行最大的区别是跨越时区数不同。在飞行前和飞行后对被试人员进行生理和心理功能检查,结果显示出了明显不同:第 1 组人员昼夜节律变化很小或没有变化,表现没有明显变化;第 2 组和第 3 组人员表现出了精力不集中、判断反应时间明显延长等现象。到达新时区后,昼夜节律相位每天大约向当地昼夜环境节律相位移近 1 h,亦即跨越多少个时区就大约需要多少天适应时间,才能完成节律的完全重建。因此,跨越时区数越多,节律重建所需要的时间也越长。

2. 飞行方向

相较于跨时区向西飞行,向东飞行对人体昼夜节律影响较重,节律重建时间相对较长。向东和向西飞行之后,人体完成节律重建的方式也有较大差异,出现方向上的不对称性。向西飞行之后,人体机能通过自身节律相位延后而达到节律重建;向东飞行之后,人体机能可能通过相位延后,也可能通过相位提前的方式,来达到节律重建,其中以相位提前的方式能更快更好地达到节律重建。

3. 停留时间

机组成员跨时区飞行抵达目的地之后,如果不超过 24 h 就返回了常住地,这样的短暂停留一般不会使昼夜节律发生明显障碍。如果停留时间较长,能够完成节律重建,那么也不会对飞行操纵造成不良影响。但是,如果停留时间产生了时差效应,但又不足以完成节律重建,在这种情况下的返回,则会对飞行操纵构成严重影响[7]。

4. 个体差异

跨时区飞行对人体昼夜生物节律的影响、节律重建的难易程度和节律重建时间等,均存在较大个体差异。一般猫头鹰型(傍晚型)的人比云雀型(早晨型)的人能更快完成节律重建;外倾性格的人、年轻人、非敏感型、低脉搏率和呼吸率的人能更容易、更快地完成节律重建。

5. 睡眠状态

有研究表明,长期在中午开启长途飞行的机组成员,其工作能力有 10%～15% 的降低;长期在午夜开启长途飞行的机组成员,其工作能力有 35% 的降低。这说明在跨时区飞行前或飞行中,若得不到充足休息和睡眠,则会给适应新时区的环境节律带来困难。

除了以上因素,还有一些其他因素也对昼夜生物节律重建产生影响。例如,具有充足时间线索、时相延滞(向西飞行)、低振幅能力特性等能更快的完成节律重建。

9.2.3 克服时差效应的措施

合理安排作息时间是克服时差效应的最有效措施。保证飞行员在飞行前 24 h 内有足够睡眠和休息时间。例如,跨时区飞行后不超过 24 h 即返航的机组成员,要保证至少 14 h 的休息时间;飞行超过 4 个时区、停留时间超过 24 h 的机组成员,必须增加休息时间,其关系如下:

$$RH = Z \times C$$

式中,RH——增加的休息时间,h;

　　Z——飞行跨越的时区数;

　　C——经验系数,取常数 8。

例如,飞行跨越的时区数是 8,则应增加休息时间 $8 \times 8 = 64$ h;若飞行跨越的时区数是 10,则应增加休息时间 $10 \times 8 = 80$ h。

Buley 公式是一种计算跨时区飞行后休息时间的公式,可用于安排国际航线飞行休息时间的参考。Buley 公式如下:

$$RP = \Delta T/Z + (Z - 4) + C_D + C_A$$

式中,RP——跨时区飞行后需休息的时间,天;

　　ΔT——飞行小时数;

　　Z——时差;

　　C_D——起飞时间系数;

　　C_A——抵达时间系数。

C_D 和 C_A 反映的是与起飞、抵达时间相关的飞行疲劳因素,具体数值如表 9-1 所示。

表 9-1　起飞和抵达时间系数

当地时间	起飞时间系数 C_D	抵达时间系数 C_A
08:00~11:59	0	4
12:00~17:59	1	2
18:00~21:59	3	0
22:00~00:59	4	1
01:00~07:59	2	3

对上式计算出的休息天数四舍五入取整。中途停留超过两天的视为飞行终止,之后继续的飞行作为新的飞行另行计算。

9.3　睡眠与睡眠缺失

睡眠是人类必要的生理心理现象,正常睡眠是保证觉醒阶段工作和生活质量的前提。与飞行安全相关的睡眠问题主要有两个方面:①长途飞行对个人睡眠习惯的扰乱;②夜间飞行或不定时飞行对睡眠节律时相的扰乱。这些睡眠问题产生的后果必然是睡眠缺失,更严重的是,连续的睡眠缺失具有累积效应,最终导致疲劳。

9.3.1　睡眠脑电图和睡眠类型

1957 年,Kleitman 等人记录了人在睡眠各阶段的脑电波特征,建立了睡眠各阶段的特征编码。根据睡眠脑电图的特点,人类睡眠可分为慢波睡眠和快波睡眠两种类型。夜间整个睡眠 75% 左右的时间是处于慢波睡眠状态,其脑电图特征为高振幅同步化慢波,身体功能方面表现为心率减慢、呼吸频率减少、血压下降、体温略为降低、基础代谢率降低等。在慢波睡眠状态，垂体前叶生长激素的分泌明显升高，而在快波睡眠状态，生长激素的分泌减少，这表明慢波睡眠更利于生长发育和体力恢复。成人快波睡眠约占整个睡眠 20％～25％，其脑电图特征为低振幅去同步快波，身体功能方面表现为心率、呼吸、血压等植物机能出现短暂的不规则波动，脑血管扩张、脑血流量比慢波睡眠增加，躯体肌紧张明显下降或消失，颜面肌肉和四肢末端有时出现不规则运动。快波睡眠具有加工和储存信息、恢复心理疲劳的作用。慢波睡眠和快波睡眠都是人类所必需的睡眠形式。

成年人睡眠开始时，先进入慢波睡眠持续 90～120 min 左右，之后转入快波睡眠持续 20～30 min 左右，然后又转入慢波睡眠。在整个睡眠期间，这种反复转化约进行 4～5 次。但快波睡眠每次持续的时间并不相同，一般是越临近早晨，持续时间越长。成年人无论在慢波睡眠状态和快波睡眠状态，都可以直接转为觉醒状态，但觉醒状态只能先转入慢波睡眠，而后才能进入快波睡眠。

日常生活中，我们可以体验到这样的现象：熬夜很晚在上半夜出勤，或者起床很早在下半夜出勤，二者产生的主观体验是不同的。熬夜很晚在上半夜出勤（下半夜睡眠），引起的睡眠缺失主要是慢波睡眠；而起床很早在下半夜出勤（上半夜睡眠），引起的睡眠缺失则主要是快波睡眠。对缺失的睡眠进行补足时，在增加的睡眠时间内，首先要补足缺失的那类睡眠。

9.3.2 睡眠模式和节律

不同个体具有不同睡眠模式，这主要表现在睡眠方式和睡眠需要量上。从睡眠方式来看，一些人习惯早睡早起，属于云雀型；另一些人习惯晚睡晚起，属于猫头鹰型。有的人习惯午睡一觉，有的人则没有这个习惯。从睡眠需要量来看，相较于年轻人，老年人需要的睡眠较少，但睡眠更有规律。这个特点正是老年飞行员在跨时区飞行后易发生睡眠缺失和疲劳的原因。大多数人一般需要 8 h 睡眠才能够维持 16 h 工作，即 8 h 睡眠状态维持 16 h 正常觉醒状态。但也有个别人仅需要 6 h 睡眠，也有人需要 10 h 睡眠才能够维持正常觉醒状态。

从一般意义来说，睡眠和活动的理想安排应该是 1 比 2，即 1 h 高质量睡眠维持 2 h 高质量工作，亦即每天 8 h 睡眠可为 16 h 工作提供能量储备。如果觉醒时间超过 16 h，能量水平就会降低，因而感到疲倦和想要睡觉。此时若没有及时睡觉，就会引起睡眠缺失，进而导致工作能力、警觉性等下降。理想睡眠模式如图 9-7 所示。

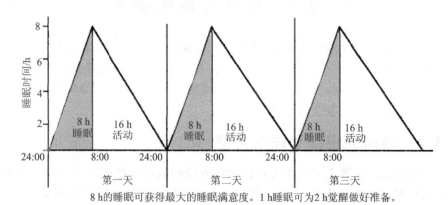

8 h 的睡眠可获得最大的睡眠满意度。1 h 睡眠可为 2 h 觉醒做好准备。

图 9-7　理想睡眠模式

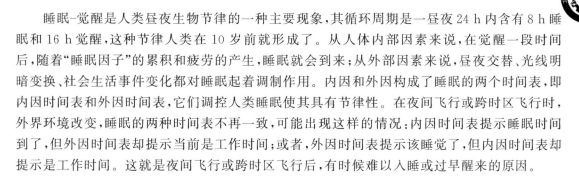

睡眠-觉醒是人类昼夜生物节律的一种主要现象,其循环周期是一昼夜 24 h 内含有 8 h 睡眠和 16 h 觉醒,这种节律人类在 10 岁前就形成了。从人体内部因素来说,在觉醒一段时间后,随着"睡眠因子"的累积和疲劳的产生,睡眠就会到来;从外部因素来说,昼夜交替、光线明暗变换、社会生活事件变化都对睡眠起着调制作用。内因和外因构成了睡眠的两个时间表,即内因时间表和外因时间表,它们调控人类睡眠使其具有节律性。在夜间飞行或跨时区飞行时,外界环境改变,睡眠的两种时间表不再一致,可能出现这样的情况:内因时间表提示睡眠时间到了,但外因时间表却提示当前是工作时间;或者,外因时间表提示该睡觉了,但内因时间表却提示是工作时间。这就是夜间飞行或跨时区飞行后,有时候难以入睡或过早醒来的原因。

9.3.3　飞行员的睡眠扰乱和缺失

睡眠节律扰乱和睡眠缺失是与夜间飞行和跨时区飞行密切相关的问题,往往与昼夜节律去同步存在一定因果关系。睡眠缺失是指正常睡眠习惯遭到了扰乱、破坏或没有睡足通常的时数,并不是整夜或几夜一点没睡。睡眠剥夺是指整夜或几夜睡眠全部丧失。飞行员群体多数情况属于睡眠缺失,例如,夜间飞行或跨时区飞行后难以入睡或早醒,在日常睡眠时间里不得不飞行,而在日常觉醒时间却需要睡觉,这些情形都属于睡眠扰乱或缺失。当然不排除有极个别情况,飞行员不得不通宵执行飞行任务。

睡眠缺失有累积效应,连续几夜睡眠不足会逐步累加,对飞行员身体和飞行安全造成严重威胁。飞行员在执行夜间飞行任务期间,每日睡眠时间会显著缩短,反复执行夜间飞行,会导致飞行员中度累积性睡眠缺失。随飞行时日延长,长途飞行也会引起累积性睡眠缺失。

失眠是指不能获得充足睡眠或不能睡眠,主要有情境性失眠和临床性失眠两种类型。情境性失眠也称急性失眠,是指短时间特定情境,因心理或物化因素造成睡眠困难的现象。例如,参加考试前或跨时区飞行后,因担心考试或时差效应造成的难以入睡或早醒,这都属于情境性失眠。这类失眠持续时间较短,通过调整睡眠习惯、创设良好睡眠情境等,很快就能恢复正常睡眠。临床性失眠也称慢性失眠,是指在正常睡眠时间和适宜睡眠情境中仍难以获得良好睡眠的现象。例如,长期处于应激状态、因疾病而持续数周以上的睡眠困难,这都属于临床性失眠。临床性失眠表现为难以入睡(睡眠启动困难)、中途醒来不能入睡、早醒。临床性失眠需要就医进行治疗。显然,飞行员常见的失眠是情境性失眠。但情境性失眠是可以和临床性失眠相互转化的,若情境性失眠长期得不到及时矫正,则有可能转为临床性失眠,造成睡眠节律紊乱。

跨时区飞行之后,睡眠各阶段的关系发生了变化。相较于向西飞行,向东飞行后睡眠波型改变更明显,表现出睡眠波型不稳定和变化无规则。其原因可能是向东飞行和夜间任务相联系,也与时间提前有关,结果是令飞行员对白天的缩短感到难受。此外,向东飞行的目的地抵达时间常常在凌晨,新地区昼间时间代替了出发地夜间时间,接下来在目的地的夜间睡眠时间则是人体内因认为觉醒的时间,上半夜更容易惊醒,睡眠脑电图呈紊乱状态。而向西飞行之后在目的地的第一夜,除了下半夜容易惊醒外,受到的干扰不明显,睡眠的质和量都较好。下半夜容易惊醒主要是由原有昼夜睡眠节律引起的,即目的地与出发地环境时差要求的睡眠时相存在冲突。

如果睡眠时相被人为提前或延后 2~4 h,飞行员警觉性和计算能力将会遭到严重破坏。如果连续两夜睡眠缺失达到 2~5 h,飞行员就会遗漏许多重要信息,操作表现变得时好时坏不稳定。由于情境意识的丧失，飞行员常常感到操纵的不是真实飞机，而是个机械玩具。随着工作负荷增加，操作效率下降的也更为明显。此外，睡眠缺失还会令飞行员工作态度和心境变差，影响飞行效率。睡眠缺失令飞行员感到疲劳，表现为下意识的遗漏或省略一些重要信息。更为危险的是，即使飞行效率因睡眠缺失影响而降低了，但飞行员自己很难察觉，这与缺氧作用很类似，令飞行员对自己和飞机状态缺乏情境意识，对飞行安全极为不利。

9.4 飞行疲劳

9.4.1 飞行疲劳的概念

在飞行条件下，因应激的发生和发展而造成飞行员生理和心理的不平衡状态，就是飞行疲劳。飞行环境、飞行任务、飞行员自身生理和心理状态等都可能是飞行员应激的重要因素。

按照疲劳的产生原因，可以将疲劳分为生理疲劳和心理疲劳。生理疲劳是指由过度体力劳动或环境物化因素而引起的体力衰竭、体力工作能力下降的现象。心理疲劳是指由过度脑力劳动或情绪等心理性因素而引起的心理能量耗竭、脑力工作能力下降的现象。早在第二次世界大战期间，就有人指出飞行疲劳的本质特征不是耗损体力，而是消耗心理能量，常表现为难以保持注意力集中和不能发挥飞行技能。这一说法与飞行实际是吻合的。但由于引起生理疲劳和心理疲劳的原因以及两种疲劳的表现症状往往交织在一起而难以鉴别，因此，疲劳这一术语往往包含了生理疲劳和心理疲劳两个方面。

NASA 在 1980 年开始启动了一项疲劳课题研究，旨在确定民航飞行中疲劳、昼夜生物节律扰乱以及睡眠缺失的程度，检验疲劳对飞行员操作技能的影响，制定疲劳程度评定手段和疲劳缓解措施。该项研究虽然由 NASA 发起，但英国、德国、日本等国家的航空团体和研究机构也参与了协作研究，这也说明了飞行疲劳问题早已超越国界而成为了全球关注的问题。该项研究共有两大部分，一是短程飞行疲劳，二是长途跨时区飞行疲劳，得到了以下主要研究结果：

① 短程飞行疲劳
- 与飞行前相比，飞行期间的睡眠较浅，且醒来的次数增多；主观疲劳感变强、心境变差。
- 咖啡和酒精饮用量增多。咖啡主要是在早晨起床之后以及驾驶舱内的饮用增多，理由是驱除疲劳和提神；酒精主要是在睡眠之前饮用增多，理由是消除疲劳、帮助睡眠。
- 与巡航阶段相比，起飞下降着陆阶段的心率较快；在各个飞行阶段，仪表飞行条件下的心率比目视飞行条件下的快。

② 长途跨时区飞行疲劳（跨 5 个时区以上）
- 跨时区飞行对第一次睡眠影响最大，表现为入睡困难、睡眠时间缩短，即使体温降至最低时也易惊醒。
- 飞行员飞行时打盹的现象被多次观察到。
- 机组成员轮流小睡 40 min，有助于缓解疲劳、维持后半程的飞行耐力。

9.4.2 飞行疲劳的症状

飞行疲劳对飞行员身体和飞行安全都有严重危害，要达到预防和克服的目的，首先需要识别疲劳症状，这样飞行员才能保持对自己和机组其他成员身心状态的情境意识。疲劳的主要症状包括：

①　意识缺失——遗漏无线电讯号、遗漏检查单项目；

②　运动技能下降——飞行动作不精细、粗心、草率,记录飞行许可或气象报告的笔迹潦草；

③　强烈的疲倦感——头耷拉、眼睛半睁半闭、无意识地凝视某物；

④　视觉下降——目光散乱、视线难以集中；

⑤　反应时间减慢；

⑥　短期记忆障碍——回忆不起来经过复述的飞行许可、不能准确把它写出来；

⑦　注意力管状集中——注意力固着在单一问题上、忽视其他问题、对飞行丧失整体观念；

⑧　易被不重要的事件分心、难以转移注意力；

⑨　仪表飞行质量变差——注意力难以集中在仪表上、或注意力固着在个别仪表上而不顾其他仪表、睡意时来时去、由于手眼协调能力下降而导致运动技能降低；

⑩　错误率增高——判断和决策能力下降、或根本不能决策、简单问题也要思索许久而难以决策；

⑪　心境异常——心境时好时坏、情绪时而忧郁时而高涨、感到自己强壮有力、降低飞行标准；

⑫　言语减少、兴趣降低——随着疲劳的发展,变得不爱说话、对周围环境不感兴趣；

⑬　睡眠紊乱——是过度疲劳的特有症状。轻度和中度疲劳之后,一般入睡快、睡眠深且时间长;重度疲劳之后,容易因高度紧张而推迟入睡、睡眠浅、早醒、多梦,甚至失眠。

在军事航空中,常用疲劳检查单确定飞行出勤期间飞行员的疲劳程度及其对操作技能的影响。检查单问卷的测试指标是飞行员的主观疲劳感觉,总分为 20 分。满分 20 分表示没有疲劳感、警觉水平非常高、能出色完成操作;最低分 0 分则表示疲惫不堪、体力和心理能量衰竭、飞行技能会受到破坏,建议临时停飞。疲劳分级及其对飞行操纵的影响如表 9-2 所列,从高分向低分的转移,意味着疲劳程度增高和操作技能下降。

表 9-2　疲劳分级及其对飞行操纵的影响

类　型	主观疲劳感觉	疲劳程度和操作技能
Ⅰ	20～12	有足够警觉水平,无操作技能破坏
Ⅱ	11～8	轻微疲劳,操作技能有所下降,但不明显,可允许出勤
Ⅲ	7～4	中度疲劳,个别操作技能失常,可允许出勤,但不提倡
Ⅳ	3～0	严重疲劳,操作技能明显下降,建议临时停飞

9.4.3　飞行疲劳的原因和对策

飞行疲劳的产生原因非常广泛,飞行环境、飞行任务和身心状态等因素都与疲劳产生有关。下面四个方面是比较公认的飞行疲劳致因：

①　睡眠不足或休息不好；

②　夜间飞行和跨时区长途飞行引起的昼夜节律扰乱和时差效应；

③　生理性应激,如座舱温度、湿度、缺氧、噪声、吸烟、饮酒等引起的生理性应激均可使飞行员逐渐感到疲劳；

④ 心理性应激,如气象条件差、故障、人际关系不佳、生活重大事件等造成的心理紧张和焦虑等可引起飞行员疲劳。

与疲劳致因相对应,预防和消除的最好方法是排除引起疲劳的因素。其中,工作时间和工作强度是疲劳发生和发展的决定性因素。对于民航飞行,尤其是长途跨时区飞行而言,消除飞行员累积疲劳,以保证飞行安全和效率的可靠方法是制定飞行时限,即对飞行员的飞行时间加以限定。

目前,世界各国民航对航线飞行员的飞行时限规定基本要求是,每月飞行时数乘以 10 为全年飞行时数,即保证每年有两个月的休息时间。航线运输机飞行员的飞行时限安排大致是每月不超过 100 h,每三个月不超过 300 h,每年不超过 1 000 h。各国规定的数字稍有不同,但差别不大。中国民用航空规章 CCAR - 121 第 121.487 条"飞行机组成员的周、月、年飞行时间限制"规定:大型飞机飞行机组成员飞行时间任何 7 个连续日历日内不得超过 40 h,任一日历月飞行时间不超过 100 h,任何连续三个日历月内的总飞行时间不得超过 270 h,任一日历年内不得超过 1 000 h。

9.5 应 激

9.5.1 应激、应激源及其分类

应激(stress)也称为压力,是源于工程学的术语,原意是施加于物体上的力量引起的紧张、变形或破裂。应激对于人类而言,则是指施加于人体的各种刺激所引起的反应。这些刺激有的令人愉快,有的令人不愉快;有的属于生理刺激,有的属于心理刺激。如果这些刺激产生的压力反应过大,人体就会受到不良影响,这也就产生了应激。引起应激的一切原因称为应激源。飞行员可能面对的应激源包括温度、湿度、噪声、振动、工作负荷、紧急情况、缺乏训练、缺乏经验、职务问题、健康问题、家庭问题、经济问题等。应激和差错经常有密切联系,当存在高水平应激时,容易发生差错;当差错产生并被我们意识到时,会诱发应激。

应激的概念可以用图 9 - 8 的应激效应加以描述。可以看到,应激源有三种特性:①人会产生主观上的体验,常是情感或情绪方面的感觉;②经常能观察到与主观感觉密切联系的生理变化,既可能是短期变化,也可能是持续影响;③应激源可能对信息加工产生影响,但这种影响不一定影响绩效。

根据应激持续时间的长短,应激源可分为急性应激源和慢性应激源。急性应激源是指持续时间短、会快速消失的应激源,例如迫使飞行员考虑紧急备降的意外风暴、降落阶段的意外风切变、赶往机场途中发生的交通违章等;慢性应激源是指持续时间长、短期难以消除、令人精疲力竭的应激源,如长期紧张的人际关系、没完没了的家庭纠纷等。急性应激源一般较易应付,慢性应激源则相对较难。

根据应激源性质不同,应激源可分为生理性和心理性应激源。生理性应激源主要指疲劳、睡眠缺失、身体不适等一切生理学因素;心理性应激源指的是心理压力过大、人际关系紧张、时间压力、难以抉择、缺乏自信等一切心理学因素。生理和心理应激可能会同时出现,并相互作用。当人处于应激情绪状态时,必定会伴随一定的情绪体验、情绪行为和生理变化。

根据与飞行活动是否有直接关系,应激源可分为两类:一是与飞行活动有关的应激源,二

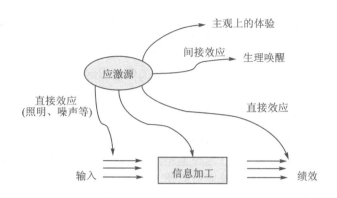

图 9－8　应　激

是飞行活动中的应激源。具体包括以下内容。

（1）与飞行活动有关的应激源

● 环境因素：①物理因素,如温度、湿度、气压、亮度、噪声、振动、加速度和前庭刺激等；②化学因素,如缺氧、烟雾、有害气体等；③生物因素,如旅客或运载货物中的细菌、病毒、寄生虫感染等。

● 职业因素：①工作量过大,如空中飞行时间过长、飞行架次过多等；②缺乏激励,如工作负荷过低因而感觉无聊、厌倦、兴趣低落等情绪；③转换机种,这意味着要重新学习和训练、克服旧有技能干扰等。

● 社会因素：①技术停飞,这将使飞行员面临人生道路重新选择的问题,不免引起情绪波动和困扰；②人际关系,如机组成员之间、与空中交通管制员之间、上下级之间、朋友之间等关系紧张,这会引起强烈情绪反应和受挫感；③生活单调,如社会活动和娱乐活动的参与时间少,感到生活单调乏味,令人丧失工作兴趣,影响工作和生活质量；④家庭事件,如婚恋、离异、夫妻关系紧张,子女升学、就业等问题,均可能会成为引起飞行员应激的潜在应激源；⑤结束飞行生涯,飞行员因年龄期限或身体不合格等原因需要转换职业,结束飞行生涯,这将产生强大的心理冲击,会引起严重心理挫折感。

（2）飞行活动中的应激源

● 短时紧张情境：进近、着陆等时间紧迫或其他紧急情况下,要求快速辨明情况并进行操纵。

● 长时紧张情境：飞行员必须长时间保持注意力集中,造成身心疲劳,例如,在持续不良气象条件下飞行。

● 存在不确定性的紧张情境：必须从两个或多个矛盾方案中作出唯一选择,其结果在实施之后方能验证,这令飞行员陷入心理冲突。例如,目的地机场气象条件不稳定,时好时坏,飞行员就可能陷入是改飞备降机场、返航还是坚持飞往目的地机场的矛盾心理之中。

● 含有虚假信息的紧张情境：例如,飞行错觉、调度指挥错误、仪表故障等,各种信息处于矛盾状态,这会使飞行员产生紧张或应激。

● 因注意力过分集中而造成的紧张情境：例如,因能见度差,着陆时看不清跑道,注意力过分集中于寻找跑道,忘记了放下起落架,如果此时告警信号突然响起或亮起,飞行员便会产生高度紧张。

与各种类型的应激源相对应,飞行员应激类型也是形式多样的,主要类型包括:

① 急性应激和慢性应激。前者由急性应激源引起,后者由慢性应激源引起。

② 飞行应激和生活应激。前者由飞行直接相关事件引起,后者由飞行员所在的社会和家庭等生活事件引起。

③ 生理性应激和心理性应激。前者由疲劳、昼夜节律扰乱、睡眠缺失、药物等生理学因素引起,后者由不良认知方式、过高自我要求、过高他人要求等心理学因素引起。

这些分类仅仅是相对意义的划分,实际上,各种应激是相互影响、制约、转换的。例如,接踵而来的几个急性应激事件,其累积效应可能使人进入长期性的慢性应激状态;长期处于家庭纠纷、人际关系紧张这种慢性应激状态的飞行员,如果突然面对一个急性应激源,其紧张程度要比没有慢性应激的飞行员高得多,这反过来又会进一步加重其慢性应激程度。同样,心理性应激和生理性应激之间也会相互影响和转换。

应激是人对知觉到的压力的反应,亦即必须经过大脑认知和评价,才能够产生压力。例如,在夜间飞行时,一道光线当空划过,会令飞行员下意识地紧张而产生应激,因为这道光线被知觉为了一架飞机飞过,而当飞行员发现这道光线是流星而不是飞机时,应激就会逐渐消失。因此,知觉到的应激有可能是一些并不存在的事情,只不过是过分担心罢了,当知觉了并无危险时,应激自然也就消失了。

不同个体应付应激的能力有较大差异,有些人能承受很大压力,有些则不能。同一个人在不同情况下承受压力的能力也有很大差异。应付应激的能力主要和应激水平、应激产生时间(生物钟)、年龄等因素有关。例如,在降落时遭遇意外风切变,相较于有经验的老飞行员,新飞行员会感觉这种情况难应付,相应所引起的应激水平也会更高;一位有经验的老飞行员,如果此时处在疲劳状态或正在处理其他紧急情况,那么风切变进近时的应激水平也会很高。

9.5.2 应激效应

应激效应包含积极影响,同时也包含消极影响。适宜的应激水平可提高人的觉醒水平,使人处于最佳激活状态,从而维持良好的技能。但过高或过低的应激则会使人偏离最佳觉醒状态,降低操作效率。应激水平和工作输出质量的关系可用图9-9的叶克斯-道森定律来描述,这是一个倒 U 形曲线。

如图9-9所示,在既不过低也不过高的中等适宜强度应激水平上,存在着一个最佳觉醒区,或称最佳表现区。在这一区域内,飞行员感觉敏锐、注意力集中、思维活跃清晰、反应迅速、动作准确,飞行技能常可超水平发挥,人的心理状态达到最佳,因此能使飞行操作获得最佳表现。

① 图9-9曲线左侧显示了低应激水平和工作输出质量的关系,曲线左侧列出了诱发低应激的一些常见因素,同时也是应激结果。在低应激水平状态下,飞行员表现出:

- 情绪淡漠。工作热情不高、对飞行缺乏兴趣、干什么事都觉得没有意思、显得无精打彩。
- 工作动机不足。缺乏工作动力、飞行目的不明确、不知道为谁飞行、为什么要飞行。
- 睡意。心理动机不足导致生理上睡意朦胧、呵欠连天、意识模糊。
- 厌倦。因对飞行动机不足和缺乏兴趣,逐渐对飞行产生厌倦情绪,从而表现为不愿

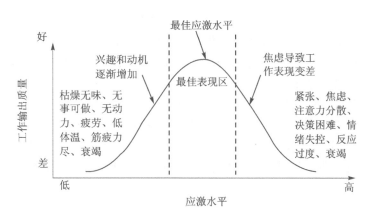

图 9 - 9　叶克斯-道森定律

飞行。

- 反应迟钝且不准确。因缺乏适宜的觉醒水平,没有心理准备,所以突然出现意外情况时不能及时察觉,也不能及时反应,并且反应准确性也会下降。
- 注意涣散。因动机不足、厌倦等原因,注意力没集中在飞行任务上,表现为思维飘逸、注意涣散。
- 遗漏。因动机不足、意识不清、注意涣散等因素,导致遗漏重要信息和必要程序,如通话信息、仪表信息、检查单项目等。
- 省略。因动机不足而马虎、草率,省略一些应该执行的程序。
- 出现意外情况时惊慌失措。因缺乏心理准备,一旦意外情况出现,则表现得惊慌失措,且难以恢复常态。
- 缺乏情境意识。对自己、飞机和周围环境缺乏清晰认识,很晚才察觉异常情况。

②图 9 - 9 曲线右侧显示了高应激水平和工作输出质量的关系。使飞行员处于过高应激状态的因素很多,任何应激源达到一定强度都能使飞行员进入高应激状态。并且,应激有累积效应,几个微小应激事件同时出现、或很快地相继出现,都有可能导致过高应激状态。曲线右侧列出诱发高应激的一些常见因素,同时也是应激结果。应激过低和过高的不良影响,有时有互换性和共性,如注意涣散、反应迟钝、省略与遗漏等,这都是两种状态共有的表现。在过高应激衰竭期,也常表现出过低觉醒水平或过低应激状态;在过低应激状态下,若突然出现意外情况,也会使低应激水平跃升为高应激水平。在高应激水平状态下,飞行员表现出:

- 管状注意、注意涣散。注意固着于个别仪表、告警或情境,对其他信息视而不见、充耳不闻,注意范围管状收缩;有时候则表现为注意涣散,不能集中注意力来寻找解决方案,而是飘忽在当前情境和后果或其他担心的事情之间,贻误时机。
- 思维困难、犹豫不决。因情绪过度紧张,以致不能迅速、准确分析当前情境和选择处理方案,表现得犹豫不决、举棋不定。
- 工作程序混乱。过高估计情境危险性,表现出冲动性动作、工作计划性不强、程序混乱、手忙脚乱。
- 语速过快或过慢、结巴、肌肉震颤。过高觉醒水平令生理和心理能量动员过其,导致语速过快或过慢,甚至结巴、肌肉震颤,后果是动作协调性降低,交流质量差。
- 反应迟钝、准确性降低。因思维不清晰、心理负荷过重,因此反应迟钝、准确性降低。

● 行为倒转。因情绪过于紧张，而自动呈现出原有行为，如执行旧有飞行应急程序、寻找以前飞机按钮或手柄、用家乡土语代替座舱标准通话等。

● 省略或遗漏。因过分夸大时间紧迫性、思维不清晰、注意力不集中，因此常省略或遗漏检查单项目或其他飞行程序。

● 木僵。极度紧张状态下，出现呆滞的现象。

叶克斯-道森定律除了倒 U 形特点以外，另一个特点是，简单任务的曲线"顶端"（最佳应激水平）较高，复杂任务的曲线"顶端"较低，亦即对于简单任务而言，需要较大的外部压力来获得最佳工作表现，而复杂任务则较少的外部压力有助于获得最佳工作表现，如图 9 - 10 所示。

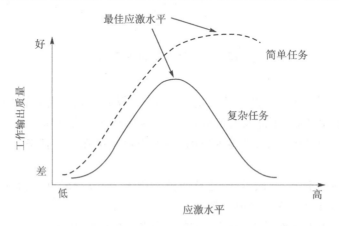

图 9 - 10 　任务复杂程度影响下的叶克斯-道森定律

9.5.3 　应激反应阶段

当压力施加于人体时，人体产生的应激反应可以分为三个阶段，即警觉反应、抵抗、衰竭。这三个阶段来源于我们祖先"战斗或逃逸"的反应，是人类原始的生物学机制。

在警觉阶段，人体对应激源进行识别，并做出战斗或逃逸的准备。这时，肾上腺素分泌增多进入血液、心率加快、呼吸频率增加、开始出汗，并且血糖增高、瞳孔放大、消化减慢，主观感觉自己突然变得很强大，肌力增强、听觉和视觉、警觉性等均得到提高。所有这些有助于提高对问题的分析和解决能力，并迅速找到解决方法。由于应激属于复合性情绪，由紧张、恐惧、焦虑、忧伤、愤怒、甚至狂喜等多种情绪成分复合而成，因此它们所引起的人体反应是不同的。在警觉阶段，如果主导情绪是恐惧，则人体反应将血压降低、心跳加速、呼吸急促、脸色苍白，由于血压降低还可能伴有轻微头痛；如果主导情绪是愤怒，人体将分泌去甲肾上腺素，使血压增高、脸色发红，因为血压增高令人思维不清，会降低制定解决方案的能力。因此，飞行中的愤怒情绪是非常危险的情绪；相对而言，恐惧情绪如果强度不太大、持续时间不太长，则产生的危害不会太严重。

在抵抗阶段，由应激引起的生理心理损伤开始获得修复。某些情况下，人体逐渐适应应激源，例如，对寒冷、体力劳动、焦急的适应。如果应激源持续时间不是特别长，那么多数时候人体能轻松应付它们。

如果应激源一直存在，那么人体将长时间处于警觉阶段。例如，因雷暴天气而需要调整航线备降其他机场、因燃油不够可能到不了目的地等，这时，飞行员将长时间处于警觉阶段，可能

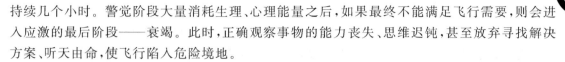

持续几个小时。警觉阶段大量消耗生理、心理能量之后，如果最终不能满足飞行需要，则会进入应激的最后阶段——衰竭。此时，正确观察事物的能力丧失、思维迟钝，甚至放弃寻找解决方案、听天由命，使飞行陷入危险境地。

前两个阶段有助于解决所面临的危险，第三个阶段是必须避免的。

人们能够有意识地采用某些策略来应付知觉到的应激，这可以用适应性应激模型来描述，如图 9－11 所示。这是以霍凯的思想为基础而提出的适应性闭环应激模型。图的上方是对应激处理能力的评价。根据评价结果可相应选择四类策略：动员资源加速操作、消除应激源、策略性适应、什么也不做。这些策略对作业绩效有不同程度影响，从而导致新的评价。需要指出的是，持续增强的资源调动会引起长期生理疲劳，提高操作速度则会降低操作准确性。

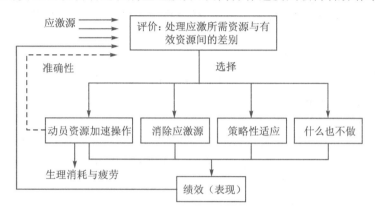

图 9－11　适应性应激模型

9.6　飞行员面临的应激源和应激

9.6.1　环境或生理性应激

如果在不舒适的环境工作，飞行员很快就会进入疲劳、紧张或厌倦状态，如过热或过冷、过分潮湿或干燥、缺氧、光线过亮或过暗、噪声过大、振动太强等，都是不受欢迎的应激源。

（1）由过热引起的应激

在 35 ℃ 以上的温度环境中，人体不断进行热调节，以保持体内温度在 37 ℃ 以下。此时，心率、血压、代谢率都会升高。但是，如果座舱内环境潮湿，人体热能不能很好散发，就可能使身体过热而发生过热性应激，造成过热症。

（2）由寒冷引起的应激

在寒冷环境里，人体会自动将较多血液送至体内，减少体表血流量，从而减少皮肤表面热量丧失，将体内核心温度保持在 37 ℃。低温环境里，人的四肢末端感到冷、肌肉僵硬、颤动，人会感到疲乏和嗜睡。

（3）由震动引起的应激

飞机、地板、座椅引起的人体震动，令飞行员感到不舒服和疲劳，还会分散注意力。强烈震动令飞行员难以识读仪表，甚至引起眼球震颤而几乎完全不能识读仪表和扫视空域。

（4）由湍流引起的应激

湍流能引起飞机不规则运动。穿越轻微湍流区所引起的飞机不规则运动程度较轻,强烈湍流则会引起剧烈颠簸,甚至损坏飞机。湍流令飞行员和乘客来回颠动,引起不舒适的体验。此外,和震动后果一样,还会令飞行员难以识读仪表,甚至引起眼球震颤而严重影响视力,操纵质量亦受到影响。

（5）由噪声引起的应激

座舱内噪声过高,尤其是音频过高和响度过大的噪声,可引起飞行员应激和疲劳。工业噪声限制一般为 85 dB,高于此水平则要配置噪声防护装置。飞机座舱里的背景噪声多为 75～80 dB,若加上无线电讯号噪声,则可高达 90 dB 以上,这会令飞行员产生应激、觉醒水平过高,而导致操作表现变差,易激惹和疲劳。因此,噪声高于 80 dB 时,就应使用噪声防护装置或高质量耳机保护听力。

（6）由座舱不适引起的应激

工作性质决定了飞行员不得不长时间坐在狭小的驾驶舱内,长时间忍受噪声、震动等应激源,还要不断处理操纵、通话、故障、颠簸等一系列飞行问题,这会引起应激和疲劳的累积。

（7）由身体不适引起的应激

如果飞行员有晕机、饥饿、呼吸道发炎等身体不适,容易进入负荷过载状态,很容易引起疲劳。这种情况下,因人体动员许多能量来抵抗不适和疾病,从而能投入到飞行任务的能量就减少了,工作能力也比正常时下降许多。

（8）由视觉不适引起的应激

座舱照明不良引起的视觉不适可令飞行员产生应激。仪表灯亮度不足令其识读困难,夜间座舱灯光太亮使内外明暗对比度过大等,都会让飞行员视觉产生不适,给仪表识读、空域扫视等带来不利影响。

（9）由闪光灯引起的应激

闪光灯的设计目的是引起其他飞机的注意。一般情况下,闪烁光能够提高人的警觉水平,但在没有要求飞行员注意闪光灯时,落入飞行员视野的闪光灯会引起飞行员注意力分散或疲劳。例如,夜间飞行前准备时,机头侧前方停靠的加油车琥珀色闪烁光,会很容易分散飞行员注意力;云中飞行时,云层反射出自己飞机的频闪光灯的闪光,也会令飞行员产生注意力分散。

（10）由注意力长时间高度集中引起的应激

为了维持飞行操作,如果需要长时间保持高水平注意力集中,则会令飞行员产生技能性应激,最终导致身心疲劳。例如,扰动气流中的 IFR 非自动驾驶仪飞行,需要飞行员注意力长时间高度集中,会引起技能性应激而导致疲劳。

（11）由睡眠缺失引起的应激

睡眠缺乏会使飞行员疲劳,为满足飞行任务需要,飞行员需要付出艰辛努力以保持清醒。当飞行员不得不强迫自己驱赶睡意、集中注意力时,会导致很高水平的应激水平,最终造成重度疲劳。

9.6.2 情绪或心理性应激

引起情绪或心理性应激的因素很多,既可能来自工作相关因素,也可能来自社会或家庭因素。情绪或心理性应激可分为工作性应激和焦虑两类。

如果飞行前计划不够周密,对未来飞行任务和预期考虑不足,那么诸如气象条件不佳、飞行计划安排得太紧、飞机故障、空域繁忙拥挤、短时间内起降次数太多、飞行速度太快等问题,都会成为飞行中引起情绪或心理性应激的因素。没有预期的等待,例如飞行计划改变、等待乘客或货物、假起飞、气象延误、维护延误、ATC 延误等,也同样会使飞行员产生情绪或心理性应激,令他们感到受挫、沮丧、恼怒,甚至引起疲劳,对飞行动机造成损害。

焦虑是预料到压力但无能为力应付的复合性负性情绪反应。每个人都曾经历过焦虑的痛苦,焦虑持续时间和痛苦程度因人而异。焦虑既可以是具有适应意义的正常情绪状态,也可以发展为严重的异常神经性焦虑症。正常焦虑和异常焦虑的区别在于:正常焦虑体验持续时间短、程度浅,异常焦虑持续时间长、程度深;正常焦虑原因经过分析和解释之后,会变得比较清楚,并且易于消除;异常焦虑常常找不到直接原因,并且焦虑消减后还会反复出现,来去突然。

焦虑是飞行员处于负荷过载状态,尤其是长期过载状态所产生的极度担忧、不安和恐惧。处于焦虑状态的飞行员总是担心将要发生什么,体验着弥漫性的恐惧,受焦虑情绪的影响,操作表现会变差。机组成员或其他敏锐观察者常使用以下征兆来识别其他人是否处于焦虑状态:

- 身体不舒服,如口干、呼吸困难、出汗、心跳加速或心悸、神经性抽搐或颤动;
- 异常行为,例如,不恰当时间大笑或唱歌、情绪变化迅速、极不协调、过分约束自己、埋头苦干、有冲动行为、极端消沉;
- 心境变化快,例如,刚刚还心情轻松愉快,过一会儿就变得忧郁起来;
- 对他人采取不易理解的行为,如不必要的发怒、忍耐、粗野行为等;
- 极度疲劳和厌倦;
- 错误的思维过程、注意力固着、注意力难以集中、分不清主次、遗漏一些重要项目等。

9.7　应激不利效应的补救

1. 环境方法

尽可能将应激源从环境中消除。该方法对诸如温度、噪声等外界应激源尤为有效,但对焦虑等有关内在应激源的消除比较困难。

2. 设计方法

通过设计消除应激源。如对于显示器设计,若飞行员出现知觉狭窄或无法进行系统信息获取,则通过减少不必要信息量、提高信息组织性,可以一定程度缓解应激不利影响。对应急处理程序的设计应特别注意,因为与正常情况相比,应急程序对使用者相对不熟悉,且是在高度应激条件下执行。

3. 训　练

通过训练可以减缓应激的不利效应。应急程序训练应优于日常程序培训,尤其当应急程序与日常操作不一致时。应激抵御培训和应激暴露培训课程包括对应激作业影响、应对办法的讲解。

思考题

1. 什么是昼夜生物节律？什么是时差效应？影响昼夜生物节律重建的因素有哪些？昼夜生物节律对飞行安全有何影响？

2. 引起飞行员睡眠扰乱和缺失的因素有哪些？

3. 飞行疲劳的症状有哪些？

4. 什么是应激？应激水平和工作输出质量有怎样的关系？

第10章 人为因素适航法规

航空器设计是空气动力学、飞行力学和航空器结构学等多学科的综合。为了保证航空器能作为常规交通工具安全运行,在投入市场之前,有必要证明航空器的设计和构造是符合安全要求的,这就是适航符合性审定,这个任务由民用航空管理当局执行。适航概念的引入,可以帮助航空工程领域的研究者、设计者、制造者、运营者和适航当局相互了解,他们应该协同一致地工作,为了一个共同目标——飞行安全。在过去一个多世纪,飞机设计积累了大量经验。随着技术不断发展,飞机系统愈加复杂,系统集成和自动化应用更加广泛。无论技术如何发展,飞行安全始终是飞机设计首要关注的问题,现代运输机任何时候都离不开人的主导,人为因素是飞机设计过程中必不可缺的要素。

10.1 飞机设计过程及各阶段人因内容

飞机设计过程主要包括六个阶段,即需求定义→概念设计→总体设计→详细设计→试飞取证→交付运营,这六个阶段的任务和人为因素工作内容如下。

1. 需求定义

需求定义阶段的主要任务是市场和用户调研,分析航空运输量、市场需求和竞争等,确定飞机设计目标,提出设计理念、功能需求和主要性能指标。此阶段的人为因素相关工作内容主要是通过访谈和问卷调查确定机组人数,并从用户飞行员那里获得飞机设计理念的宏观需求信息。

2. 概念设计

概念设计阶段的主要任务是初步确定全机布局、主要参数、发动机选择、分系统架构和主要几何参数等,给出详细技术要求和目标。此阶段人因工作主要是使用任务剖面法、功能流程图法等,进行系统功能流程分析和操作需求分析,并通过对用户飞行员的问卷调查验证概念设计方案和设计理念的匹配度。设计理念(设计计划)是产品设计的最顶层文件,它统一设计中的各种原则。设计理念通过设计原则、标准和流程来获得落实。

3. 总体设计

总体设计阶段的主要任务是飞机总体气动外形优化、总体结构布置、各种机载设备和子系统布置方案设计,给出总体布置图。此阶段人因工作主要是通过数字人体模型、主观评价、问卷调查、时间线分析、试验台测试与评估等方法,确定驾驶舱布局、人机界面、人机功能分配、任务操作流程,这需要进行大量分析、测试和评估工作,并且经过多次迭代,最终确定总体设计方案。

4. 详细设计

详细设计阶段的主要任务是对总体设计方案的具体实施,进行系统部件设计和测试。此

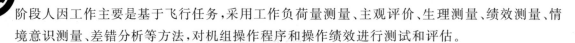

阶段人因工作主要是基于飞行任务,采用工作负荷量测量、主观评价、生理测量、绩效测量、情境意识测量、差错分析等方法,对机组操作程序和操作绩效进行测试和评估。

5. 试飞取证

试飞取证阶段的主要任务是按照适航要求进行试飞试验,取得适航证件。此阶段人因工作主要是选择适航符合性方法,对人为因素进行集成演示,验证机组工作负荷量水平以及其他人因项目符合适航条款要求。

6. 交付运营

交付运营阶段的主要任务是机组训练、飞机维护以及持续适航管理。此阶段人因工作主要是训练和维护中的人为因素。

现代飞机驾驶舱人为因素设计是人因要求最为集中的地方,需集成考虑各种因素,包括人机界面、人身安全和健康危害、系统安全、个人能力和局限、人力资源、生存和营救、训练等都在人因工程师应考虑的范畴。驾驶舱人因设计是一个不断迭代优化的过程,其应用贯穿从需求分析、设计、认证,直到交付运营的全生命周期。有效规划驾驶舱设计中的人为因素,将会提高飞机安全性,并降低成本。

10.2 适航性概念

适航性是航空器安全的本质特征,是由设计赋予、制造实现、验证表明、审查确认、维护保持的固有属性。根据意大利民航技术规范,适航性指的是在许用范围内,为了满足安全飞行,航空器或航空器部件所拥有的必要要求[24]。这一定义中有三个关键因素,即安全性条件、拥有必要要求和许用限制,它们的含义如下:

- 安全性条件。这是与正常飞行过程的圆满完成相关的,指免于造成人员伤亡、设备或财产损失、环境破坏的状况。
- 拥有必要要求。这是指在安全性条件下,航空器及其任何部件,是依据条例要求而设计和制造的。这些条例以适航标准等形式体现,它们包括了一系列的设计要求,如结构要求、飞行性能要求、系统要求、设计准则要求、试验要求、飞行和维修手册要求等。条例目的是通过消除或缓解可能导致人员伤亡或设备损坏的状况来提升安全性。
- 许用限制。航空器被设计成在一定的"飞行包线"内飞行,这主要取决于结构载荷和飞行速度。根据使用类型的不同,可以确定航空器不同最大起飞重量。飞行的运行条件,如目视飞行、仪表飞行、结除冰条件等也要确定。超出这些条件和限制则可能造成事故发生,典型的超出限制飞行的例子包括超重起飞、超出飞行速度限制、以非特技飞行载荷设计的飞机用于特技飞行等。飞行员通过培训、学习飞行手册和驾驶舱中的标识等,掌握这些限制。

飞行安全从航空器设计之初就开始考虑,并且必须在航空器使用寿命期间通过持续维护而继续保持其结构、飞行性能和品质、系统等符合适航要求。

10.3　适航相关机构

10.3.1　国际民用航空组织(ICAO)

在航空发展最初阶段,拥有远见的人们意识到航空运输将是一种能超越国界的运输方式。1910 年,18 个欧洲国家在法国巴黎召开了首届航空国际法大会。一战促进了航空技术的极大发展,也证明了航空输送货物和人员的潜力。战后,航空迅速转向民用,其速度优势凸显,而跨地区运输问题也迫切需要国际关注。1919 年,巴黎和会的讨论促成了航空委员会的成立,38 个国家签订了国际航空公约。公约考虑了民航业各个领域,提出建立国际航空协会来监控民航业发展并提出发展措施。二战中因战争需要,飞机技术获得了迅猛发展,远距离运输成为现实。基于 1944 年早些时候美国政府和其他联盟国家的探索性讨论结果,1944 年 11 月,52 个受邀国出席了芝加哥会晤,12 月与会国签订了《国际民用航空公约》,也称《芝加哥公约》,它包括一份序言和 96 条条款。

1947 年 4 月 4 日,《国际民用航空公约》正式生效,国际民用航空组织(ICAO)也因之正式成立,总部设在加拿大蒙特利尔。目前 ICAO 成员国数量已超过 190 个。

ICAO 的宗旨是制定国际民用航空的原则与技术,促进国际民航运输的规划与发展,以便:

① 确保全球国际民航安全有序增长;
② 鼓励用于和平目的的航空器设计和运行;
③ 鼓励用于国际民航的空中航线、机场和航空导航设施的发展;
④ 满足世界人民对航空运输安全、有序、高效和经济的需要;
⑤ 防止不合理竞争导致的经济浪费;
⑥ 确保缔约国的权利得到完全尊重,确保每个缔约国拥有使用国际航线的公正机会;
⑦ 避免缔约国之间的歧视;
⑧ 提升国际航空的飞行安全性;
⑨ 普遍促进国际民航各方面的发展。

ICAO 的主要技术任务是推进安全、高效、有序空中运行服务的标准化,使民航业在航空器、工作人员、航线、地面设施、附属服务等诸多领域达到高可靠性。标准化工作通过修订《国际民用航空公约》的附件来完成,作为国际标准和建议措施(standards and recommended practices,SARPs)。SARPs 是 ICAO 成员国同意遵循的标准,若成员国有不同标准,则必须告知 ICAO 其中的差别。SARPs 是期望准则而非强制性的标准。决定某一议题能否成为 SARPs 中的内容,基本原则是"所有成员国应用该统一的标准是必须的"。

ICAO 的 SARPs《国际民用航空公约》19 个附件内容如下。

附件 1. 人员执照的颁发

向飞行机组成员(飞行员、飞行工程师和飞行领航员)、空中交通管制员、航空器维护人员、航空营运人、飞行签派员颁发工作执照。人是航空器运行环节中关键的一链,人也是最灵活和多变的,因此有必要进行适当培训,把人的失误减至最少,并提供有能力、有技能、熟练的和合格的人员。附件 1 和 ICAO 培训手册描述了在各工种中精通业务所需的技能,从而有助于胜任工作。附件的体检标准,要求定期进行健康检查,对可能的造成能力丧失的体格状况提供了早期警报,有助于飞行机组和管制员的总体健康。人为因素计划处理了已知的人的能力和局限性,向各国提供了关于这一课题的基本信息,以及设计适当培训方案所需的材料。ICAO 的目标是,通过提高各国对民航运行中人的因素的重要性的认识并做出回应,从而提高航空安全。

附件 2. 空中规则

航空旅行必须安全、高效,这就需要有一套国际上一致同意的空中规则,这些规则由本部分所载的一般规则、目视飞行规则和仪表飞行规则所组成。它们无例外地适用于公海上空,并且在与被飞越国家的规则不冲突的情况下,也适用于这些国家的领土上空。航空器的机长负责遵守这些空中规则。

附件 3. 国际航空气象服务

飞行员需要知悉要飞行的航路和目的地机场的气象条件。本部分中所述的气象服务的目标是促进空中航行的安全、效率和正常。实现这一目标的手段是向经营人、飞行机组成员、空中交通服务单位、搜寻和援救单位、机场管理部门和其他与航空有关的各方提供必要的气象信息,以及报告从航空器上观察到的气象情报。在国际机场,通常由气象室向航空用户提供气象情报。各气象信息提供者和使用者之间的密切联络是至关重要的。

附件 4. 航图

本部分是在航空中使用的航图规范。对各国提供各种类型航图所承担的义务做了规定,并详细地规定了航图的覆盖范围、格式、识别和内容,包括标准化地使用符号和颜色。其目的是为了满足按照统一和一致的方式提供航图的需要,使它包含符合规定质量的有关资料。出版的航图如果在标题中列明"ICAO",则说明航图制作者遵守了附件 4 的普遍标准和与 ICAO 特定类型航图有关的标准。

附件 5. 空中和地面运行中所使用的计量单位

本部分规范了空中和地面运行中使用的度量尺度。以公制为基础的 ICAO 计量单位表,涵盖了空中和地面运行的所有方面,而不仅仅是空地通讯。采用称为 SI(système international d'unités)的国际单位制,作为民用航空中使用的基本标准化制度。除了 SI 单位外,承认航空中可能与 SI 单位一起永久使用的多个非 SI 单位,包括升、摄氏度、测量平面角的度数等。有些非 SI 单位在航空中具有特殊地位,需要保留,至少暂时保留,如海里和节,以及仅在测量高度、标高或高时使用的英尺。在终止使用这些单位方面有些实际问题,因此还没有规定一个终止日期。附件 5 第 14 次和第 15 次修订时引入了对米的新定义,删除了对临时的非 SI 单位的援引。

附件 6. 航空器的运行

此部分为国际商用航空运输的航空器运行标准和准则。包括承运人的审定规范、一般航空行为(包括维护)技术和运行规范。其实质是从事国际航空运输的航空器运行必须尽可能地实现标准化,以确保最高程度的安全和效率。本附件分 3 部分:第 1 部分,国际商业航空运输——固定翼飞机;第 2 部分,国际通用航空——固定翼飞机;第 3 部分,国际运行——直升机。内容涵盖航空器的运行、性能、通讯和导航设备、维修、飞行文件、飞行人员的职责和航空器保安等领域。

人的因素是航空器安全和有效运行的一个重要组成部分。附件 6 明确规定了各国对其经营人、特别是飞行机组监督的责任。主要的规定要求对监督飞行运行制定一种方法，以便保证持续安全程度。它要求对每种型号的航空器提供运行手册，并要求每个承运人承担责任，确保对所有运行人员的职责和义务，并对这种职责同航空公司整体运行的关系进行正确指导。机长对保证飞行准备是全面的、并符合所有要求承担最终的义务。经营人制定限制飞行机组成员的飞行时间和飞行值勤期的规则，还要求经营人提供充沛的休息时间，以便飞行中或连续飞行时间之后产生的疲劳不危及飞行安全。劫持民用航空器给机长带来了额外的负担，除了纯粹的技术性质的预防措施之外，ICAO 对这种行为所需要的各种安全预防措施做了研究，尽可能多地涵盖各种紧急情况。

附件 7.　航空器的国籍和登记标志

指定对航空器分类、登记、识别的要求。本附件是 ICAO 最简短的附件，它涉及了航空器国籍和登记标志，并在不同的列表中根据航空器如何保持持续空中飞行做了分类。附件规定了 ICAO 缔约国从国际电信联盟分配给登记国的无线电呼叫信号所包含的国籍代号中挑选国籍标志的程序。它规定了国籍和登记标志中所使用的字母、数字和其他图形符号的标准，并明确说明了这些字符用在不同类型飞行器的位置。本附件还要求对航空器予以登记，并为 ICAO 缔约国使用而提供了这一证书的样本。航空器必须随时携带证书，并且必须有一块至少刻有航空器国籍或共用标志和登记标志的识别牌，固定在航空器主舱门的显著地方。多年来的大量努力使得航空器的分类简明，包含了人类智慧所能够发明的所有类型飞行机械。

附件 8.　航空器的适航性

针对航空器审定和检验，指定了统一程序。为了安全，航空器的设计、构造和运行必须符合航空器登记国的有关适航要求。各国通过向航空器颁发适航证宣布该航空器适于飞行。附件 8 包括一系列广泛的标准，供国家适航当局使用，同时也包含了对民用航空局组织、职能的规定。这些标准就它国航空器进入或越过其领土的飞行，规定了国家承认适航证的最低基础，因而除其他事项外还达到了保护其他航空器、第三者和财产的目的。附件承认 ICAO 的标准不应取代国家规定，而且国家适航性规定是必须的，其中应包含个别国家认为必要的、范围广泛且详尽的细节，作为其审定每架航空器的适航性的基础。每个国家可自由地制定其本国的综合和详尽的适航规定或选择、采用或接受另一缔约国所制定的综合和详尽的规定。要求国家规定保持的适航水平体现在附件 8 广泛的标准之中，必要时还有 ICAO《适航技术手册》（Doc 9760 号文件）中所提供的指导材料的补充。附件 8 分为 4 个部分；第 1 部分是定义；第 2 部分是航空器合格审定程序和持续适航性；第 3 部分包括新的大型固定翼飞机设计合格审定的技术要求；第 4 部分是直升机。

附件 9.　简化手续

提供标准化和简单化的过境手续。对海关、移民、公共卫生和农业当局提出了具体要求，为航空器和商业运输地面放行手续提供便利。附件对国际机场运行的规划者和经营者提供了一个参考框架,它详细规定了航空界最高程度的义务和政府提供的最低限度的设施。此外,附件 9 也按照既能满足有效地执行国家法律又可以提高经营人、机场和政府检查部门生产率的双重目标方式,对执行放行手续的方法和程序做了规定。

附件 10. 航空电信

国际民用航空中的三个最复杂和最根本的要素是航空通讯、导航和监视。这些要素由公约的附件 10 涵盖。第 1 卷:提供标准化通讯设备和系统;第 2 卷:提供标准化通讯程序。内容包含了与航空通讯、导航和监视系统有关的 SARPs、航行服务程序(PANS)和指导材料。

附件 11. 空中交通服务

空中交通管制、飞行情报和告警服务,一并称为空中交通服务,在不可或缺的地面支持设施中占有重要地位,保证了全世界空中交通的安全和高效运行。本附件的内容包括空中交通管制、飞行情报和报警服务等。

附件 12. 搜寻与救援

组织搜寻与援救服务是为了解救明显遇险和需要帮助的人。由于需要迅速找到和援救航空器事故的幸存者,因此本附件纳入了一套国际上协商一致的标准和建议措施,包括搜寻与救援所需设备、服务组织和工作程序。规定了 ICAO 缔约国在其领土之内和公海上的搜寻与援救服务的设立、维持和运作,另有一个由三部分组成、处理搜救的组织、管理和程序的《搜寻与援救手册》对之加以补充。

附件 13. 航空器事故调查

此部分涉及航空器事故的通知、调查和报告。航空器事故或严重事故征候的原因必须查明以防止重犯。查明原因的最好办法是通过以适当方式进行的调查。为了强调这一点,附件 13 声明事故或事故征候调查的目的在于预防。

附件 14 . 机场

包括机场设计和设备规范。第 1 卷:机场的设计和运行;第 2 卷:直升机场。其包含的题目范围广泛,跨越了从机场和直升机场的规划到具体的细节,如辅助电源的切换时间,从土木工程到照明设计,从提供复杂的救援和消防设备到保持机场去除鸟类的简单要求。机场所必须支持的行业的迅速变化,加重了这些题目对附件的影响。新的航空器机型、增长的航空器运行、低能见度条件下的运行以及机场设备的技术进步,共同使附件 14 成为变化最为迅速的附件之一。

附件 15. 航空情报服务

航空情报服务的目标是保证国际空中航行的安全、正常和效率所必要的资料的流通。本附件规定了收集、播报飞行所需航空情报的方法,包括航空情报服务如何接收和/或签发、整理或汇总、编辑、编排、出版/储存和分发详细的航空情报/数据,其目的是实现按照统一和一致的方式提供国际民用航空运行所需要的航空情报/数据。

附件 16. 环境保护

此部分目的是保护环境免受航空器噪声和航空器发动机排放的影响。第 1 卷包含用于土地使用规划的航空器噪声审定规范、噪声监控规范和噪声接触单位规范,第 2 卷包含航空器发动机排放规范。环境保护已成为民用航空在 21 世纪最大的挑战之一。附件 16 不断在发展以便解决新的环境关注点并容纳新的技术。ICAO 牢记实现民用航空安全和有序的发展与环境质量之间最大兼容性的目标,继续不断地对该附件进行审查。

附件 17. 保安

为了维护国际民航安全,抵御非法侵害,附件 17 对包括抵御非法侵害国际民航安全行为的规范进行了说明。主要涉及管理及协调方面,以及保护国际航空运输安全的技术措施,要求各成员国建立自己的民用航空保安方案,包括其他适当机构提出的附加保安措施。

附件 18. 危险品的安全运输

世界上各种运输形式所承运的货物,有一半以上是危险品——爆炸物、腐蚀物质、易燃物质、毒性物质,甚至放射性物质。为了能够安全承运此类货物,附件 18 和文件《危险品安全航空运输技术指南》,规定了确保航空器安全运输危险品的必要要求,提供保护航空器及其持有人避免不必要风险的安全标准。

附件 19. 安全管理

随着安全管理体系(SMS)和国家安全方案(SSP)等有关安全管理理念的引入,国际民航界提出将各附件中的安全管理条款整合和完善后,形成一个新的附件的要求。2013 年该附件和《安全管理手册(第三版)》发布,对各成员国及其服务提供者的安全管理提出了要求,包括有关安全管理职责和流程、民航安全管理体系实施要点和各要素相互关系等。

随着航空技术不断发展,附件常根据需要进行修订和更新。附件的典型内容基于四类:① 拟作为规范的标准;② 拟作为规范的推荐措施;③ 处理前述问题的附件;④ 术语定义。

成员国发布的标准包含了以上附件要求的原则或目标。航空器审定的 FAA,EASA 以及其他各成员国适航标准,其颁发需要符合 ICAO 附件的规定。适航审定是基于适航标准,而非直接基于 ICAO 国际标准。以上附件中与适航直接相关的有附件 6(航空器运行)、附件 8(航空器适航)和附件 16(环境保护)等。

10.3.2　美国联邦航空局(FAA)

美国联邦政府于 1926 年 5 月 20 日通过了商业航空法案,这是美国民用航空规章的基础。商业航空法案是应航空企业要求而通过的法规,这些航空企业相信只有依靠政府行为来提高和维护安全标准,航空器才能完全发掘其商业潜力,航空运输业才能有更好的发展。该法案责成商务部颁布航空规章、审定航空器、认证机组资质、监管航线运营、维持航空援助,商务部还新成立了航空分部承担航空监督的职能。在商务部履行民航职能中,起初集中于制定规章、航空器审定、飞行员颁证的职能上。1934 年航空分部更名航空贸易局,反映了它在部里地位的上升。航空贸易局支持航空公司沿航线建立空中交通管制(ATC)中心,1936 年该局接管了中心,并扩张 ATC 系统。

1938 年民用航空法改变了联邦民用航空的职能,航空贸易局变更为民用航空管理局。1940 年,民用航空管理局一分为二:民用航空管理司(CAA)、民航委员会(CAB)。CAA 负责ATC、飞行员和航空器审定、航空安全执法和航空公司拓展。CAB 负责航空安全规章立法、事故调查。二者都是商务部的一部分。

　　喷气客机的引入和一系列空中相撞事故,促使 1958 年通过联邦航空法。该法案将 CAA 职能转变为了新的独立实体,即联邦航空局(Federal Aviation Agency,FAA)。根据该方案,联邦航空局在航空安全方面具有更广泛的权力,安全立法也从 CAB 转了过来,FAA 增加了制定适航规章的职责,同时赋予了联邦航空局独家发展、维护航空安全、空中交通管制系统的职能。同年,第一架喷气式飞机 B707 通过了 FAA 审定,该飞机一直生产到 1991 年。从 1958 年开始,FAA 逐步制定联邦航空规章(federal aviation regulation,FAR)。

　　1966 年,议会授权建立联邦运输主要职责政府部门,1967 年 4 月 1 日新的运输部(DOT)开始运行。至此,FAA 成为运输部代表机构之一,并被赋予新名字——联邦航空局(Federal Aviation Administration,FAA)。同时,CAB 事故调查职能转移到了国家运输安全委员会(NTSB)。FAA 负责民航安全性,主要作用包括:管理民航以提升安全性、鼓励发展民航技术、发展运用于军民航空器的导航和空中交通管制系统、发展国家空域系统、发展执行航空器噪声控制和其他环境保护计划、管理美国商业航天运输。

10.3.3　欧洲航空安全局(EASA)

　　空客公司的成立,以及欧盟和美国在民航界的竞争需求,促成了 20 世纪 70 年代初欧盟范围内的联合航空局(Joint Aviation Authority,JAA)诞生,当时 JAA 主要负责大型运输类飞机和发动机的适航技术要求。1987 年,JAA 工作范围扩展到了运营、维修和人员执照。1990 年,塞浦路斯协议的签订标志着欧洲 JAA 的成立,它由欧洲一些国家的民用航空局组成,在欧洲统一了民用飞机安全要求——联合航空规章(joint aviation regulation,JAR),但这时的 JAA 不是一个法律框架下的机构,而是一个协会,在每个主权国家同时存在适航当局。适航审查时 JAA 组成的审查组由各国适航当局参加,审查报告提供给各国适航当局,最后由各国适航当局单独颁发证件。

　　随着欧盟国家一体化发展步伐,以及欧洲在民用航空界竞争的需要,2002 年欧盟决定成立欧洲航空安全局(European Aviation Safety Agency,EASA),全面接替原 JAA 的职能,并按欧盟法律在成员国内具有强制性的法律权限。EASA 的建立目的是为了在欧洲航空安全和环境管理领域设立通用规范。2003 年 9 月 28 日 EASA 开始运行,2004 年正式宣布成立,欧盟国家被授权参与该机构。

　　EASA 的主要职责是安全性分析和研究,提议并起草欧盟法规,执行和监测法规在成员国和工业界的实施,采用 EASA 审定规范和指导材料进行技术检查及颁发证书,包括授权国外运营者、飞机及组件型号认证、批准航空产品设计、制造和维护机构。EASA 在航空安全和环境保护的所有领域发展自己的专门技术,以便在以下方面制定统一规则:航空产品、零部件和设备的审定;从事以上产品维护工作的组织机构和人员批准;空中运行的批准;机组人员工作执照;机场和运营者的安全性监督。EASA 总部包括执行委员会、立法委员会、审定委员会、质量和标准化委员会、管理委员会。目前,EASA 总部设在德国科隆,空客产品设计及生产制造全部由 EASA 进行审查颁证和管理;其他产品设计由 EASA 进行审查批准,而制造由所在国适航当局进行审查批准。

10.4　适航标准体系

目前除了滑翔机、气球等小产品外,国外适航标准体系主要是欧美两大体系。美国联邦法规总共有 50 部,其中与航空业相关的是第 14 部(title 14)航空和航天法规。第 14 部又分为 5 卷,其中第 1~3 章是民用航空法规,如表 10-1 所示。

表 10-1　FAA 规章系统

部	卷	章	部分	规章制定部门
14 航空和航天法规	1	I	1-59	交通运输部联邦航空局
	2	I	60-139	
	3	I	140-199	
	4	II	200-399	交通运输部秘书处(民航局)
		III	400-1199	交通运输部联邦航空局商业航天交通处
	5	V	1200-1299	国家航空航天局
		VI	1300-1399	航空运输系统稳定部门

1958 年以来,航空业内一般使用 FAR 作为 Federal Aviation Regulations 的缩写,由于该缩写容易与另外一部联邦法规 Federal Acquisitions Regulations(title 48)引起混淆。为了避免这种情况出现,FAA 使用"14 CFR part XX"来引用航空法规。大多数法规使用奇数编号,这是因为 1958 年 FAA 在对联邦航空法规重新编号时,为将来新的法规做了编号预留。FAA 有时也会根据需要发布 Special Federal Aviation Regulations(SFAR)。SFAR 一般作为某些 FAR 的补充法规或针对特殊情况而颁布的法规。SFAR 与其他 FAR 法规没有直接关联,且超过有效期后就会废除。SFAR 编号一般是连续的,SFAR 也是强制执行的,如 SFAR88 是关于油箱防火防爆的要求,SFAR92 是关于安装增强型驾驶舱门的要求。

针对民用航空的法规分为三个大类:管理类、适航取证类和适航运行类。有三个基本的法规管理航空器满足基本的适航要求,即 Part21,Part43 和 Part91。FAR 法规之间的关系如图 10-1 所示[25]。

美国建立了以联邦航空规章为基础的适航标准体系,涵盖运输类飞机、正常类飞机、实用类飞机、特技类飞机和通勤类飞机适航标准,载人自由气球适航标准,正常类和运输类旋翼航空器适航标准,航空发动机和螺旋桨适航标准。FAA 已经制定的规章包括:

- FAR 1(定义和缩写)
- FAR 11(一般立法程序)
- FAR 21(航空器产品和零部件合格审定程序)
- FAR 23(正常类、实用类、特技类和通勤类飞机)
- FAR 25(大飞机)
- FAR 27(小旋翼机)
- FAR 29(大旋翼机)
- FAR 31(载人自由气球)
- FAR 33(发动机)

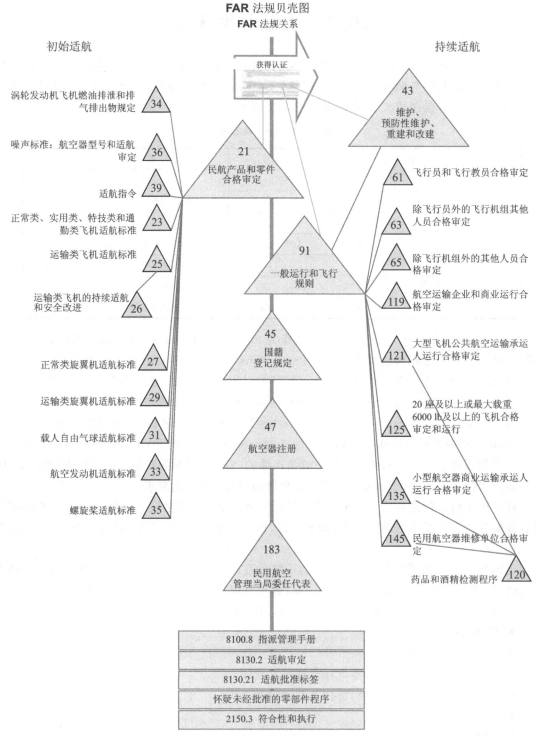

FAR 法规贝壳图

FAR 法规关系

初始适航　　　　　　　　　　　　　　　　　持续适航

获得认证

涡轮发动机飞机燃油排泄和排气排出物规定　34

噪声标准：航空器型号和适航审定　36

适航指令　39

43　维护、预防性维护、重建和改建

21　民航产品和零件合格审定

正常类、实用类、特技类和通勤类飞机适航标准　23

运输类飞机适航标准　25

运输类飞机的持续适航和安全改进　26

91　一般运行和飞行规则

61　飞行员和飞行教员合格审定

63　除飞行员外的飞行机组其他人员合格审定

65　除飞行机组外的其他人员合格审定

119　航空运输企业和商业运行合格审定

正常类旋翼机适航标准　27

运输类旋翼机适航标准　29

载人自由气球适航标准　31

航空发动机适航标准　33

螺旋桨适航标准　35

45　国籍登记规定

47　航空器注册

121　大型飞机公共航空运输承运人运行合格审定

125　20 座及以上或最大载重 6000 lb 及以上的飞机合格审定和运行

135　小型航空器商业运输承运人运行合格审定

145　民用航空器维修单位合格审定

183　民用航空管理当局委任代表

药品和酒精检测程序　120

| 8100.8 指派管理手册 |
| 8130.2 适航审定 |
| 8130.21 适航批准标签 |
| 怀疑未经批准的零部件程序 |
| 2150.3 符合性和执行 |

图 10 - 1　FAR 法规关系图

- FAR 34（涡轮发动机飞机燃油排泄和排气排出物规定）
- FAR 35（螺旋桨）
- FAR 36（航空器噪声）
- FAR 39（适航指令）
- FAR 43（维护、预防性维护、重建和改建）
- FAR 45（国籍登记规定）
- FAR 91（一般运行及飞行规则）
- FAR 101（系留气球、风筝、无人火箭和自由气球）
- FAR 103（超轻型飞行器）
- FAR 119（合格证：航空承运人和商业运营人）
- FAR 121（运行要求：国内、标识以及补充运行）
- FAR 125（审定与运行）
- FAR 129（运行：适用于在美国注册的参与公共运输的外国航空承运商或者运营者）
- FAR 133（旋翼飞行器外载荷运行）
- FAR 135（运行要求：通勤类和按需类航空器机组人员操作规则）
- FAR 137（农用飞机运行）
- FAR 145（维修站）
- FAR 147（航空维修技校）
- JAR - AWO（全天候运行）
- AR/CS - VLR（甚轻型旋翼航空器）

在 FAR 之下，FAA 还颁发许多不同形式的支持性文件，一般有 AC（advisory circular），Order，Policy，AD（airworthiness directive），NOTAM（notices to airmen），TFR（temporary flight restriction），NPRM（notice of proposed rulemaking），Notice。

- AC 即咨询通告，作为对规章要求的符合性方法的建议性和解释性材料，不需要强制执行。AC 提供了满足规章的方法，但这并不是满足法规要求的唯一方法，FAA 也会接受其他满足法规要求的等效方法。AC 不会改变、增加、或偏离现行的法规要求。
- Order 是 FAA 内部的工作文件，一般作为永久有效的指令。
- Policy 一般作为法规及 AC，Order 的解释性、补充性文件，指导用户如何符合法规的指南和可接受的程序。Policy 一般以备忘录的形式存在，不要求强制执行。
- AD 即适航指令，由 FAA 按照 FAR39 的要求，为纠正航空器、发动机、或部件的不安全状况颁发的文件，是强制用户执行的指令。
- NOTAM 即航空情报。
- TFR 是航空情报的一种，提供航空器飞行航路上因战争、火山等危险状况需避开的限制区域。
- 在更改法规前，FAA 会发布 NPRM，供公众讨论并提出意见。NPRM 一般包括要修改的规章内容及相应支持信息。
- Notice 属于 FAA 内部通知类的文件，是临时性指令，一般有效期为一年，在紧急情况或需要立即采取措施时颁布。若文件需要修改或延期，Notice 将会转变成 Order，并指定一个新的序号。

● 另外,对于机载设备,FAA还颁发技术标准规定(technical standard order,TSO),引用工业界标准作为机载设备的适航标准。近年诸如动力滑翔伞、轻型体育飞机等的小型航空器,FAA直接采纳美国材料试验协会(American Society for Testing and Materials,ASTM)标准来建立这类航空器适航标准,这也构成了美国适航标准的一部分。

在欧洲,1991年欧盟议会颁发第3922/91号欧盟议会规章——民用航空领域规章和管理程序的协调,规定JAA成员国应采纳联合航空规章(JAR)作为协调一致的民航规章。由此,整个欧洲都采用JAR中的适航规章部分作为统一的适航标准。2002年,欧盟议会颁发第1592/2002号欧盟议会规章——民用航空领域的通用规则和建立欧洲航空安全局,以此为标志,欧洲开始建立一个在欧洲范围内统一的民航当局EASA,并得到制定欧洲范围内统一的、具有法律地位的、强制性的民航规章的授权。2003年,欧盟议会颁发第1702/2003号欧盟议会规章——航空器及其产品、零部件和机载设备的适航和环境合格审定以及设计、生产机构合格审定的实施规则,从此EASA开始制定欧洲范围内统一的适航规章——合格审定规范(certification specifications,CS)。与美国的适航标准体系不同,欧洲将类似咨询通告类型的法律文件作为规章的一部分列在规章中,称为可接受的符合性方法(acceptable means of compliance,AMC)和指导材料(guidance material,GM)。

EASA已经制定的规章包括:
● CS-定义
● CS-21(航空器及其产品、零部件和机载设备以及设计、生产机构的合格审定)
● CS-22(滑翔机和动力滑翔机)
● CS-23(正常类、实用类、特技类和通勤类飞机)
● CS-25(大飞机)
● CS-27(小旋翼机)
● CS-29(大旋翼机)
● CS-VLR(甚轻型旋翼机)
● CS-VLA(甚轻型飞机)
● CS-E(发动机)
● CS-P(螺旋桨)
● CS-34(航空发动机排放与燃油排泄)
● CS-36(航空器噪声)
● CS-APU(辅助动力装置)
● CS-ETSO(欧洲技术标准指令)
● CS-AWO(全天候运行)

10.5 人为因素适航条款

10.5.1 FAR25 涉及人因的条款

以FAR25为例,涉及人因的条款如表10-2所列[17]。

表 10 - 2　FAR25 涉及人因的条款

B 分部　飞行	
25.143 总则	

C 分部　结构		
操纵面和操纵 系统载荷	25.391 操纵面载荷:总则	25.399 双操纵系统
	25.397 操纵系统载荷	25.405 次操纵系统

D 分部　设计与构造		
操纵系统	25.671 总则	25.679 操纵系统突风锁
	25.672 增稳系统及自动和带动力的操纵系统	25.699 升力和阻力装置指示器
	25.677 配平系统	25.703 起飞警告系统
起落架	25.729 收放机构	25.735 刹车
载 人 和 装 货 设施	25.771 驾驶舱	25.781 驾驶舱操纵手柄形状
	25.772 驾驶舱舱门	25.783 舱门
	25.773 驾驶舱视界	25.785 座椅、卧铺、安全带和肩带
	25.777 驾驶舱操纵器件	25.791 旅客通告标示和标牌
	25.779 驾驶舱操纵器件的动作和效果	25.793 地板表面
		25.795 保安事项
应急设施	25.801 水上迫降	25.812 应急照明
	25.803 应急撤离	25.813 应急出口通路
	25.807 应急出口	25.815 过道宽度
	25.809 应急出口的布置	25.817 最大并排座椅数
	25.810 应急撤离辅助设施与撤离路线	25.819 下层服务舱(包括厨房)
	25.811 应急出口的标记	25.820 厕所门
通风和加温	25.831 通风	25.832 座舱臭氧浓度
增压	25.841 增压座舱	
防火	25.851 灭火器	25.857 货舱等级
	25.853 座舱内部设施	25.858 货舱或行李舱烟雾或火警探测系统
	25.854 厕所防火	25.863 可燃液体的防火
	25.855 货舱和行李舱	

E 分部　　动力装置		
动力装置的操 纵器件	25.1141 总则	25.1153 螺旋桨顺桨操纵器件
	25.1142 辅助动力装置的操纵器件	25.1155 反推力和低于飞行状态的桨距调定
	25.1143 发动机的操纵器件	25.1157 汽化器空气温度控制装置
	25.1145 点火开关	25.1159 增压器操纵器件
	25.1147 混合比操纵器件	25.1161 应急放油系统的操纵器件
	25.1149 螺旋桨转速和桨距的操纵器件	25.1165 发动机点火系统
动 力 装 置 的 防火	25.1189 切断措施	25.1199 灭火瓶
	25.1197 灭火剂	25.1203 火警探测系统

	F 分部　设备		
总则	25.1301 功能和安装 25.1302 飞行机组使用的安装系统和设备 25.1303 飞行和导航仪表		25.1305 动力装置仪表 25.1307 其他设备 25.1309 设备、系统及安装 25.1317 高能辐射场（HIRF）防护
仪表；安装	25.1321 布局和可见度 25.1322 警告灯、戒备灯和提示灯 25.1323 空速指示系统 25.1325 静压系统 25.1326 空速管加温指示系统		25.1329 自动驾驶仪系统 25.1331 使用能源的仪表 25.1333 仪表系统 25.1337 动力装置仪表
电气系统和设备	25.1351 总则 25.1357 电路保护装置		25.1360 预防伤害 25.1365 电气设备、马达和变压器
灯	25.1381 仪表灯 25.1383 着陆灯		25.1385 航行灯系统的安装 25.1397 航行灯颜色规格
安全设备	25.1411 总则 25.1415 水上迫降设备		25.1419 防冰 25.1423 机内广播系统
其他设备	25.1439 防护性呼吸设备 25.1441 氧气设备和供氧 25.1443 最小补氧流量 25.1445 氧气分配系统设置的规定		25.1447 分氧装置设置的规定 25.1449 判断供氧的措施 25.1450 化学氧气发生器 25.1461 含高能转子的设备
	G 分部　使用限制和资料		
使用限制	25.1501 总则 25.1523 最小飞行机组		
标记和标牌	25.1541 总则 25.1543 仪表标记；总则 25.1545 空速限制信息 25.1547 磁航向指示器 25.1549 动力装置和辅助动力装置仪表		25.1551 滑油油量指示器 25.1553 燃油油量表 25.1555 操纵器件标记 25.1557 其他标记和标牌 25.1561 安全设备 25.1563 空速标牌
飞机飞行手册	25.1581 总则 25.1583 使用限制		25.1585 使用程序 25.1587 性能资料
	H 分部　电气线路互联系统（EWIS）		
	25.1705 系统和功能 25.1711 部件识别		25.1721 EWIS 的保护

在 25.1302 条款发布之前，FAR25 中没有对人为因素做出专项要求，而是以系统部件为导向，针对部件本身特性做出工效学要求，因此人因要求分散在各条款，并最终通过条款 25.1523 "最小飞行机组" 的符合性间接表明人因的符合性。因此，25.1302 条款发布之前人因相关条款是分散在各个部分的，人因适航符合性考察以 25.1523 条款符合性为主导。

因多起与自动化驾驶舱中飞行员操作绩效和差错有关的事故，促使 FAA 启动了一项人因研究,项目组成员包括 FAA,JAA(EASA 前身)和人因领域的专家,并与波音公司、空客公司等合作。1996 年,该项目组发表研究报告《飞行机组和现代驾驶舱系统的人机界面》,确认了一系列影响飞行安全的自动化驾驶舱人机界面设计、飞行员人为差错和管理有关的问题,并提出 51 项改进建议,这其中包括补充和修订适航规章中的人为因素条款[26]。

1999 年,美国运输部(Department of Transportation,DOT)要求 FAA 检查 FAR25 条款,提出新条款和相应咨询通告(AC),并协同其他适航当局和飞机制造商共同采取措施,寻找如何有效诊断、减少和管理飞行机组人为差错。FAA 随即启动人因协调工作组,成员包括了 FAA,JAA,波音,空客等。与此同时,JAA 于 2001 年发布了一个过渡性指南文件《驾驶舱设计规章所影响的人因方面(INT/ POL/25/14)》,要求 JAA 认证项目必须考虑人为因素,重点审核新颖的人机界面技术、飞行程序是否会影响飞行机组操作绩效、人为差错和管理。2004 年,人因协调工作组发表报告,指出了 FAR25 人因条款的不足,并建议增加新的 25.1302 条款和相应 AC。25.1302 条款规定了防范和管理飞行机组人为差错的设计要求,这是 FAR25 的第一款以飞行机组任务为导向的条款。EASA 根据此建议于 2007 年在 CS25 中发布了 1302 条款(Amendment 25/3)和相应可接受符合方法 AMC25.1302,FAA 于 2013 年发布 25 – 137 号修正案,在 FAR25 中也加入了 1302 条款,并发布了相应 AC25.1302 – 1。FAA 的此次修订缩减了 FAR25 与 CS 25 规章之间的差异性。

FAR25 包含的驾驶舱设备设计要求中,一些是系统具体要求,如 25.777,25.1321,25.1329,25.1543 等;一些是一般适用要求,如 25.1301(a),25.1309(c),25.771(a);一些是建立最小飞行机组的要求,如 25.1523 和附录 D。25.1302 条款增强了一般适用要求,其方式是加入更多对设计属性更明确的要求,这些设计属性与避免和管理机组差错有关。其他避免和管理机组差错的方法是通过 14 CFR(title 14,code of federal regulations)飞行机组成员和航空器操作的执照和资质的操作要求的规定。总之,这些条款提供了对安全和适航审定的适当水平的要求。

为了指导适航审定和符合性验证工作,FAA 发布相应的咨询通告(AC)、政策(policy)、备忘录(memo)和指南(guidance),与 FAR25 规章中驾驶舱人因相关的辅助材料包括:

- AC25 – 11B 驾驶舱电子显示系统
- AC25.773 – 1 驾驶舱视界设计的考虑
- AC25.1302 – 1 飞行机组使用的安装系统和设备
- AC25.1309 – 1A 系统设计和分析
- AC25.1322 飞行机组警告
- AC25.1523 – 1 最小飞行机组
- AC20 – 88A 飞机动力装置仪表标记
- AC120 – 28D 批准 III 类起飞、着陆和滑跑的最低天气标准
- Policy Memo ANM – 99 – 2 运输类飞机驾驶舱人因审定计划评审指南
- Policy Memo ANM100 – 01 – 03A 驾驶舱审定人因符合性方法考虑

此外,还有一些其他文件与驾驶舱设计和飞行机组界面有关,一些文件含有特殊的约束和限制,特别是那些非航空专用的文件。例如,ISO9241 – 4 有许多非航空专用的有用指导。使用文件时,申请人应考虑诸如预期运行环境、紊流、照明和驾驶舱交叉侧可达等环境因素。这些文件包括:

- SAE ARP 4033 飞行员-系统集成
- SAE ARP 4102/7 电子显示器
- SAE ARP 5289A 航空电子符号
- FAAReport 1996 飞行机组和现代驾驶舱系统界面
- FAA Notice 8110.98 复杂综合航电作为 TSO 的人机界面问题
- FAA/RD－93/5 驾驶舱审定人员的人为因素
- FAA/CT－03/05 人因设计标准
- ICAO 8400/5 空中导航服务 ICAO 缩写和代码的程序
- DOC 9683－AN/950 ICAO 人为因素培训手册
- ISO 9241－4 用视觉显示终端(VDTs)办公的人类工效学要求

10.5.2　25.1302 条款

以 FAR25.1302 为例,1302 条款的内容如下。

25.1302 飞行机组使用的安装系统和设备

本条款适用于飞行机组在驾驶舱正常座位位置处操纵飞机时所使用的机上安装系统和设备。申请人必须表明,这些所安装的系统和设备,无论单独使用还是与其他这样的系统和设备混合使用,设计上都满足:经培训合格的飞行机组成员使用,能安全地执行系统和设备预定功能相关的所有任务。这些所安装的设备和系统必须满足以下要求。

(a)驾驶舱控制器件的安装必须允许完成那些要求设备安全执行预定功能的所有任务,同时必须给飞行机组提供完成规定任务所必需的信息。

(b)飞行机组使用的驾驶舱控制器件和信息必须满足:

① 以明确的、毫不含糊的方式提供,且具有适合于任务的分辨率和精准度;

② 对于飞行机组方便可用,且与任务的紧迫性、频率和持续时间一致;

③ 如果需要安全运行的警告,则能够警告因飞行机组行为而造成的对飞机或系统的影响。

(c) 所安装设备的操作相关活动必须:

① 是可预测的和明确的;

② 设计上能够使飞行机组以适于任务的方式干涉。

(d) 在实际可行的范围内,所安装的设备必须包含能让飞行机组管理差错的方法,这些差错是飞行机组操纵设备所造成的、可合理预测的使用中会产生的差错。本条不适用于下列情形:

① 与飞机人工控制相关的技能差错;

② 由决策、行动或恶意不作为造成的差错;

③ 机组成员的鲁莽决定、行动,或忽视安全引起的遗漏;和

④ 暴力行为或受威胁造成的差错,包括受威胁进行的行为。

25.1302 条款的目的是降低因设计造成的飞行机组差错。新的设计要求将使飞行机组能检测到差错的发生并对差错进行管理,最终减少或避免飞行机组差错。条款确保将所安装系统和设备以适用形式提供给飞行机组所需的信息和控制,使飞行机组完成对预定功能任务的执行,但对所要求的任务并没有过多干涉,因此条款的执行旨在降低设计对差错的影响。

AC25.1302－1 为控制器、显示器、系统行为和系统集成这些人因考虑方面提供了推荐的符合性方法。

10.6　符合性验证

10.6.1　符合性验证的概念

符合性验证是采用各种验证方法,以验证结果证明所验证对象是否满足适航条例要求,检查验证对象和适航条例的符合程度。符合性验证贯穿民机研制全过程,通过它可以鉴定飞机研制质量,只有完成符合性验证,飞机才能取得民航适航证,投入市场运行。

适航符合性验证基础就是审定基础。适航审定工作中有两方,即申请人和民用航空管理当局。申请人依据确定的审定基础和符合性方法,遵循一定的管理程序向民用航空管理当局表明对适航标准的符合性,民用航空管理当局确认符合性。适航审定的结果形式为颁发适航证件。

适航符合性验证基础是民机型号设计适用的适航条款以及该型号设计专用条件。具体说就是飞机以怎样的适航条例、条款和修正案等进行符合性验证,有哪些需要增加的专用条件和标准,以及可以豁免的条款是哪些。这些适航符合性验证基础都要明确规定。例如,正常类、实用类、特技类和通勤类飞机以民用航空规章 FAR23《正常类、实用类、特技类和通勤类飞机适航规定》作为符合性验证的基础。申请这些类型的飞机型号合格证或申请对该合格证进行更改的申请人,必须表明符合 FAR23 中适用的要求。规章中飞机类别的划分如下。

(a)正常类飞机,是指座位设置(不包括驾驶员)为 9 座或以下,最大审定起飞重量为5 700 kg(12 500 lb)或以下,用于非特技飞行的飞机。非特技飞行包括:

① 正常飞行中遇到的任何机动;

② 失速(不包括尾冲失速);

③ 坡度不大于 60°的缓 8 字飞行、急上升转弯和急转弯。

(b)实用类飞机,是指座位设置(不包括驾驶员)为 9 座或以下,最大审定起飞重量为5 700 kg(12 500 lb)或以下,用于有限特技飞行的飞机。按实用类审定合格的飞机,可作本条(a)中的任何飞行动作和有限特技飞行动作。有限特技飞行包括:

① 尾旋(如果对特定型号的飞机已批准作尾旋);

② 坡度大于 60°但不大于 90°的缓 8 字飞行、急上升转弯和急转弯。

(c)特技类飞机,是指座位设置(不包括驾驶员)为 9 座或以下,最大审定起飞重量为 5 700 kg(12 500 lb)或以下,除了由于所要求的飞行试验结果表明是必要的限制以外,在使用中不加限制的飞机。

(d) 通勤类飞机,是指座位设置(不包括驾驶员)为 19 座或以下,最大审定起飞重量为 8 618 kg(19 000 lb)或以下,用于本条(a)所述非特技飞行的螺旋桨驱动的多发动机飞机。通勤类飞机的运行,是指正常飞行所能遇到的任何机动、失速(不包括尾冲失速)和坡度不大于 60°的急转弯。

属于以上类型的飞机,均需采用 FAR23 作为符合性验证的基础。而对于运输类飞机(19座或以上)则需要采用 FAR25《运输类飞机适航标准》作为符合性验证的基础。另外,还有针对民用航空产品和零部件合格审定的 FAR21、针对民用航空发动机的适航标准 FAR33 等。

10.6.2　符合性验证方法

在民机型号审查过程中,为了向审查方表明产品对适航条款的符合性,需要使用不同方法来说明和验证,这些方法称为符合性验证方法。常用的符合性验证方法见表 10-3。

表 10-3　常用的符合性验证方法

符合性工作	方法编码	符合性验证方法	相应文件
工程评审	MC0	符合性声明 ● 引述型号设计文件 ● 公式、系数的选择 ● 定义	型号设计文件 符合性记录单
	MC1	说明性文件	说明、图纸、技术文件
	MC2	分析/计算	综合性说明和验证报告
	MC3	安全评估	安全性分析
试验	MC4	试验室试验	试验任务书 试验大纲 试验报告 试验结果分析
	MC5	地面试验	
	MC6	试飞	
	MC8	模拟器试验	
检查	MC7	航空器检查	观察/检查报告 制造符合性检查记录
设备鉴定	MC9	设备合格性	可能包括前面所有的符合性验证方法

MC0 符合性声明——用图纸、工艺说明书、技术条件等设计技术资料来表明适航性条款要求是否被满足,多用于总则类的条款。

MC1 说明性文件——用文字说明等资料,以工程评审的形式来表明适航性条款要求是否被满足。

MC2 分析/计算——用分析和计算方法表明适航性条款要求是否被满足,如载荷评估、静强度和疲劳强度、性能、飞行品质、统计数据分析,以及其他特性的评估报告。包括同型号验证、使用经验、相似性分析等方法。

MC3 安全性评估——用风险分析、关键性分析、故障树分析、失效模式分析、软件质量计划等故障分析方法,或可靠性分析、故障后果分析、故障排除措施分析等进行安全性评估,表明适航性条款要求是否被满足。条款中有概率极小、危害最小、失效、故障影响等措辞时,必须进行系统安全性分析和评估。

MC4 试验室试验——通过试验室试验表明适航性条款要求是否被满足。试验对象可能是零部件、组件或完整件,实验内容包括这些试验对象的功能、性能、特性、强度、刚度、振动等,也包括各种缩比模型试验(如风洞试验)。

MC5 地面试验——飞机在地面静态或滑行状态(不包括起飞和着陆滑跑)进行设备、系统、性能和功能试验,表明适航性条款要求是否被满足。

MC6 试飞——飞机在飞行中进行飞机性能、品质、过载及各系统功能和性能试验,表明适航性条款要求是否被满足。试飞方法在其他方法不能完全演示符合性或者规章明确要求时采用。

MC7 航空器检查——适航专家在样机或飞机上,对部件、材料、工艺等进行目视和设备仪器进行的检查、测试、测量,以验证适航性条款要求是否被满足。检查的项目不能仅由技术数据证明其满足适航条款的充分性。

MC8 模拟器试验——在工程模拟器上进行模拟试验,表明适航性条款要求是否被满足。该方法主要用于操纵特性和驾驶特性的评估,一般配合试飞或其他方法一起使用。

MC9 设备合格性——用外购的器材、材料、机载设备、发动机、附件等的合格证明文件,表明适航符合性已被满足。如机载设备要求供应商提供验证所需的计算、分析、鉴定试验报告,必要时审定代表可目击鉴定试验。

根据要验证的适航条款内容,各种符合性验证方法可以单独使用,也可以组合使用。一般涉及面广的条款往往需用多种符合性方法验证。符合性方法的选择,以最低成本满足条款要求为原则,并不是试验项目越多越好,而是尽可能少而简单。

10.6.3　人因要求的符合性验证方法

FAA 文件 Policy Memo ANM - 99 - 2 和 Policy Memo ANM100 - 01 - 03A 列举了人因条款取证的七类符合性方法(methods of compliance,MOC)及其特点和一般适用范围。这些方法被 FAA 推荐用于 FAR25 中有关人因条款的符合性验证。

a. 图纸:这是用平面布置图和/或工程图纸,展示硬件或显示图形的几何排列。图纸通常用在符合性表明可以很容易地被降低为简单的几何、排列或一个给定特征的表示,并呈现在技术图纸上。

b. 配置描述:这是一个对要求对象的布局、总体布置、运动方向等进行描述的文件,或者是对相似文件的引用。例如,这样的描述可以用来展示飞行仪器的相对位置、控制功能分组、对显示器和警告的彩色编码配置等。配置描述通常没有工程图纸那么正式,之所以使用它是为了指出设计的特点,以支持对符合性的验证。配置描述可以以易于理解的方式说明设计理念或概念是如何实现一致性的。在某些情况下,这种配置描述可以提供足够的信息来发现对一个特定要求的符合性,然而,更多的时候,配置描述提供了需要演示、试验或其他确认符合性方法的重要的背景信息。配置描述提供的背景信息可以显著降低演示或试验相关的复杂性和/或风险。

c. 声明相似性:这是对申请批准的系统和早先已获批系统的描述。详细描述二者的物理、逻辑和操作在符合规章上的相似性。经过认证的先例是重要的,但这种符合性方法必须小心使用,因为驾驶舱应作为一个整体进行评估,而不仅仅是一套单独功能或系统。此前已获批的不同程序中的两个功能,当它们合并在单个驾驶舱里时,可能不兼容。同时,为了保持一致性和避免混淆,驾驶舱里的一个特征的改变,可能需要其他特征的相应改变。

d. 评价、评估、分析:这是由申请人或其他人进行的(不是民用航空管理当局或指定人员),然后把结果提供一份报告给民用航空管理当局。在需要人作为被试者(例如飞行员)采集数据(主观的或客观的)的情况下,申请人应充分说明对被试者的挑选、什么样的数据将被收集以及如何收集。这将帮助民用航空管理当局审定团队确定在何种程度上进行评价、评估和分析,以便为证明符合性提供有效和相关的信息。评价、评估和分析的具体方法包括工程评价或分析、模拟评价、部分任务评价、模拟器评价、在飞行中的评价。

e. 演示:这与上述评价是类似的,不同的是演示是由民用航空管理当局或指定人员陪同申请方一起进行。申请人可以提供一个报告或总结,其结果要求民用航空管理当局同意。在每一种情况下,申请人应注明演示的局限性,以及这些局限性是如何与要考虑的符合性问题相关联的。民用航空管理当局应仔细考虑哪些专家将参与(例如,飞行员、人为因素专家或系统工程师)、哪些数据将被收集(客观的或主观的)以及如何收集这些数据。这是为了确保演示能够正确地针对符合性问题,并且由合适的民用航空管理当局评价者参与。演示包括模拟演示、部分任务演示和模拟器演示。

f. 检查:这是由民用航空管理当局或其指定人员对规定项目的审查。该方法仅限于那些可以通过观察(或倾听)就能容易确定符合性的项目(例如,存在或缺少一个标牌、控制运动的方向等)。

g. 试验:这些试验由民用航空管理当局或其指定人员进行。试验类型包括台架试验、地面试验、模拟器试验、飞行试验。

这些符合性方法并不是相互排斥的,申请人可以选择任何一个或组合方法来表明符合性。这些方法的覆盖面广泛,从简单的产品描述文档、对系统的局部近似,到对实际飞机的复制及其高精度操作。被审定产品的特点和要评价的人因问题类型是选择符合性方法时要考虑的关键点和基础。需要考虑的一般特征包括产品的集成/独立程度、新颖程度、复杂/自动化程度、对飞行安全影响程度、动态性、判断准则的主观程度等。通过将审定项目的设计特征、各种符合性方法的特点及适用范围进行比较,有助于找出最为匹配的符合性方法。

思考题

1. 飞机设计过程各阶段的人因工作内容有哪些?
2. 什么是适航性?
3. 什么是符合性验证方法?常用的符合性验证方法有哪些?FAA 推荐用于 FAR25 中有关人因条款的符合性验证方法有哪些?
4.《国际民用航空公约》的附件内容有哪些?

参考文献

[1] ICAO. Safety Report 2014[R]. Montreal，Canada：International Civil Aviation Organiza-
tion，2014.

[2] Boeing. Statistical Summary of Commercial Jet Airplane Accidents Worldwide Opera-
tions 1959-2014[R]. Chicago：Boeing Commercial Airplanes，2015.

[3] IATA. Annual Review 2015[R]. Miami：International Air Transport Association，2015.

[4] 罗晓利. 飞行中人的因素[M]. 成都：西南交通大学出版社，2002.

[5] 陈信，袁修干. 人-机-环境系统工程生理学基础[M]. 北京：北京航空航天大学出版
社，1995.

[6] Stone G. The Ergonomie Integrated Flight Deck，SAE Technical Paper 892612[R]. New
York：SAE International，1989.

[7] Hawkins F H. Human factors in flight[M]. Aldershot：Ashgate，1987.

[8] Degani A，Wiener E L. On the Design of Flight-Deck Procedures，NASA Contractor
Report 177642[R]. Sam Francisco：NASA Ames Research Center，1994.

[9] Wickens C D，Hollands J G，Parasuraman R，et al. Engineering Psychology and Human
Performance [M]. 4th ed. New York：Pearson，2012.

[10] Rasmussen J. Human errors：A taxonomy for describing human malfunction in indus-
trial installations[J]. Journal of Occupational Accidents，1982，4：311-333.

[11] O'Hare D，Wiggins M，Batt R，et al. Cognitive failure analysis for aircraft accident in-
vestigation[J]. Ergonomics，1994，37(11)：1855-1869.

[12] Reason J. Human Error[M]. New York，NY：Cambridge University Press，1990.

[13] NTSB. A Review of Flightcrew-involved，Major Accidents of U. S. Air Carriers，1978
Through 1990[R]. Washington，D. C：National Transportation Safety Board，1994.

[14] Edwards E. Introductory Overview[M]// Wiener E L，Nagel D C. Human factors in
aviation. San Diego，CA：Academic Press，1988.

[15] Wiegmann D A，Shappell S A. 飞行事故人的失误分析——人的因素分析与分类系统
[M]. 马锐，译. 北京：中国民航出版社，2006.

[16] Lysaght R J，Hill S G，Dick A O，et al. Operator Workload：Comprehensive Review
and Evaluation of Operator Workload Methodologies，Technical Report 851[R]. Alex-
andria，Virginia： United States Army Research Institute for the Behavioral and Social
Sciences，1989.

[17] FAA. FAR25 Airworthiness Standards：Transport Category Airplanes[M]. Washing-
ton，D. C：Federal Aviation Administration，2003.

[18] FAA. AC25.1523-1 Minimum Flightcrew[M]. Washington，D. C：Federal Aviation
Administration，1993.

[19] Orlady H W，Orlady L M. 多机组飞行运行中的人为因素[M]. 黄为，等译. 北京：中国

民航出版社,2009.

[20] Endsley M R. A Survey of Situation Awareness in Air-to-Air Combat Fighters[J]. The International Journal of Aviation Psychology,1993,3(12).

[21] Endsley M R. Situation Awareness：Where Are We Heading? [C]//Proceedings of the Eighth International Symposium on Aviation Psychology. Columbus，Ohio：The Ohio State University,1995.

[22] FAA. AC120-51E Crew Resource Management Training,Initiated by AFS-210[M]. Washington,D. C：Federal Aviation Administration,2004.

[23] Rütger Wever. The Circadian System of Man：Results of Experiments under Temporal Isolation[M]. New York：Springer-Verlag,1979.

[24] Florio F D. 适航性：航空器适航审定引论[M]. 张曙光,柯鹏,潘强,等译. 北京：北京航空航天大学出版社,2011.

[25] FAA. Aviation Maintenance Technician Handbook：FAA - H - 8083 - 30[M]. Washington，D. C：Federal Aviation Administration,2013.

[26] FAA . The Interfaces between Flight crews and Modern Flight Deck Systems[M]. Washington，D. C：Federal Aviation Administration,1996.

策划编辑：蔡　喆
封面设计：

人为因素与飞行安全

Renwei Yinsu Yu Feixing Anquan

上架建议：航空

ISBN 978-7-5124-2049-6

9 787512 420496 >

定价：35.00元